陕西省建筑行业专业技术人员继续教育培训教程

陕西省建筑职工大学　组织编写

薛永武　安书科　主编

U0209438

中国建筑工业出版社

图书在版编目（CIP）数据

陕西省建筑行业专业技术人员继续教育培训教程/
陕西省建筑职工大学组织编写．—北京：中国建筑
工业出版社，2015.6

ISBN 978-7-112-18222-0

Ⅰ．①陕…　Ⅱ．①陕…　Ⅲ．①建筑工程-工程施工-
继续教育-教材　Ⅳ．①TU74

中国版本图书馆 CIP 数据核字（2015）第 131315 号

　　责任编辑：朱首明　李　阳
　　责任校对：赵　颖　刘　钰

陕西省建筑行业专业技术人员继续教育培训教程

陕西省建筑职工大学　组织编写

薛永武　安书科　主编

*

中国建筑工业出版社出版、发行（北京西郊百万庄）

各地新华书店、建筑书店经销

北京红光制版公司制版

北京云浩印刷有限责任公司印刷

*

开本：787×1092毫米　1/16　印张：19½　字数：470千字

2015年6月第一版　　2015年6月第一次印刷

定价：**48.00**元

ISBN 978-7-112-18222-0

（27482）

本书编写委员会

主　　编　薛永武　安书科

副 主 编　翟文燕　田　芳

主　　审　刘明生

编写人员（按姓氏笔画排序）

王巧莉　王景芹　石　韵　田　芳　刘军生

李西寿　杨文波　时　炜　周亦玲　侯平兰

秦　浩　郭秀秀　韩大富

前　　言

陕西省建筑职工大学是陕西省人力资源和社会保障厅组织专家评估认定的陕西省第一批专业技术人员继续教育培训基地之一，主要承担了陕西省建筑行业专业技术人员的继续教育培训任务。专业技术人员的继续教育培训是一项富于挑战和开创性的工作，2011 年12 月～2012 年 11 月，学校组织专业教师和建筑行业专家召开了多次研讨会，并基于建筑行业专业技术人员继续教育培训需求编写了继续教育培训讲义。至 2014 年底，学校开展专业技术人员继续教育培训工作已有三年时间，三年中，继续教育培训工作取得了可喜的成绩，也积累了比较丰富的教学培训工作经验。

继续教育既是学历教育的延伸和发展，又是专业技术人员不断更新知识、提高创新能力以适应科技进步和建筑业的发展的需要，根据《陕西省人社厅关于做好 2015 年全省专业技术人员继续教育（知识更新工程）工作的通知》精神，学校及时组织专业教师和行业、企业专家，在总结以往三年专业技术人员继续教育培训工作经验的同时，充分论证并考虑全省建筑行业技术人员知识更新的需要和建筑科技发展进步的成果，按照专业科目56 个课时的培训要求，编写了这本《陕西省建筑行业专业技术人员继续教育培训教程》，以满足我省建筑行业专业技术人员继续教育培训之所需。

《陕西省建筑行业专业技术人员继续教育培训教程》的编写得到了陕西建工集团总公司、陕西省建设工程质量安全监督总站领导和行业、企业专家的大力支持和帮助，谨向他们表示衷心感谢！

本培训教程在编写的过程中，内容安排虽经反复推敲核证，但因时间仓促、水平有限，仍难免有不妥和错误之处，恳请给予批评指正。

目　　录

单元1 建筑工程绿色施工

第1节 建筑工程绿色施工概述

建筑业是我国国民经济的支柱产业。近年来，随着能源危机的加剧和生态环境的恶化，人们开始关注建筑业，尤其是工程施工对生态环境产生的诸多负面影响。

传统工程施工存在着管理模式落后，排放大量废弃物，忽视环境和资源保护，片面追求造价低、工期短等弊端。随着国家建设"资源节约型、环境友好型"社会、发展"循环经济、低碳经济"等战略目标的提出和推进，绿色施工脱颖而出，并得到了快速发展。

一、国外发展现状

绿色施工（Green construction）作为可持续发展理念在建筑施工过程中全面应用的具体体现，其理论在国际上最早可以追溯到 20 世纪 30 年代，美国建筑师兼发明家富勒（R·Buckminiser Fuller）所提出的"少费而多用"（more with less）原则，也即对有限的物质资源进行最充分、最适合的设计和利用，用逐渐减少的资源来满足人类不断增长的生存需要。20 世纪 80 年代，在发展循环经济的推动下，发达国家的施工企业开始逐步实施绿色施工（亦称清洁施工、可持续施工），并取得了较好的社会经济和环境效果；与此同时，日、美、德等发达国家所制定的一系列法律法规和政策，也在一定程度上为绿色施工的发展提供了有力的制度保障。国外的建筑施工研究领域中，并没有提出同我国完全一样的"绿色施工"概念，然而同绿色施工"四节一环保"理念近似的研究方向却有很多，如：可持续施工、信息化施工以及精益建造等。

在现场绿色施工、环境管理方面，英国环境管理部门针对各行业包括建筑施工现场提出了有关环境保护的要求。一些行业协会或大型施工企业按照有关要求制定有关作业手册，如英国土木协会制定的《建筑现场环境管理手册》，美国最大的承包商 BECHTEL 公司制定的《SHE 手册》，美国绿色建筑先驱 TURNER 公司制定的《绿色建筑总承包商指南》，但尚未能将施工过程能源、环境、质量、职业健康安全等要素整合融合到分部施工工艺过程。

总之，国外发达国家针对绿色建筑，对施工过程作出了有关建筑许可、管理程序、评价标准或质量验收标准的规定，并对施工现场提出了有关环境保护的要求。在具体技术上，国外对施工废弃物的研究较多，而对施工现场噪声控制、扬尘控制以及施工废水再利用的研究较少。

二、国内发展现状

我国自 20 世纪 70 年代从国外引入绿色建筑概念，2007 年开展绿色建筑星级评价。目前，全国 30 多个省、自治区、直辖市、副省级城市开展了绿色建筑工作，制定地方规范、标准 40 多项；截至 2013 年一季度，全国共评出 851 项绿色建筑评价标识（图 1.1-1）。

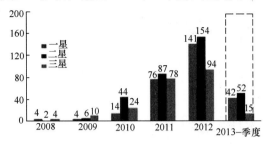

图 1.1-1　绿色建筑标识

从 2003 年北京奥运工程开始，绿色施工在我国逐渐受到关注并逐步推广，住建部、中建协先后出台了《绿色施工导则》《建筑工程绿色施工评价标准》《全国建筑业绿色施工示范工程申报与验收指南》《建筑工程绿色施工规范》等标准规范文件，陕西省也随之出台相关的实施意见，建立了绿色施工评价与示范体系，包括由中建协和地方建协组织的绿色施工示范工程、由住建部科技司和中国土木工程学会咨询工作委员会共同组织实施的绿色施工科技示范工程、中国建筑业协会和中国海员建设工会全国委员会开展的节能减排达标竞赛活动。这些对推动建筑业开展绿色施工起到了重要作用。目前，我国绿色施工推进已取得了一定的成绩，主要包括：

（1）绿色施工理念已初步建立，业内工作人员已经意识到绿色施工的重要性，并在逐步推进绿色施工。

（2）绿色施工相关技术和政策研究已在一些企业逐步展开，有效支撑并推动了绿色施工的开展。

（3）指导绿色施工评价和评比的《建筑工程绿色施工评价标准》、《建筑工程绿色施工规范》已经发布实施，建立在绿色技术推进基础上的工程施工已有明显成效。

（4）绿色施工示范工程逐步确立并运行，截至目前，中国建筑业协会批准了四批示范工程，且数量在迅速递增，起到了明显的示范和带动作用（图 1.1-2）。

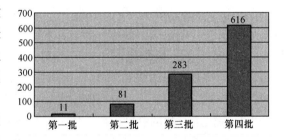

图 1.1-2　绿色施工示范工程

三、建筑工程绿色施工法规与激励政策

（一）法律法规

近 30 年来，国家先后制定了 11 部与绿色建筑、绿色施工相关的法律（表 1.1-1）。

绿色建筑、绿色施工相关的法律　　　　　　　　　　表 1.1-1

序号	名　　称	发布时间	备　注
1	中华人民共和国城乡规划法	2007 年 10 月 28 日	
2	中华人民共和国环境保护法	1989 年 12 月 26 日	
3	中华人民共和国环境噪声污染防治法	1996 年 10 月 29 日	
4	中华人民共和国建筑法	1997 年 11 月 1 日	

序号	名 称	发布时间	备 注
5	中华人民共和国节约能源法	1997 年 11 月 1 日	
6	中华人民共和国大气污染防治法	2000 年 4 月 29 日	
7	中华人民共和国可再生能源法	2005 年 2 月 28 日	
8	《中华人民共和国节约能源法》修订	2007 年 10 月 28 日	
9	中华人民共和国循环经济促进法	2008 年 8 月 29 日	
10	《中华人民共和国可再生能源法》修正案	2009 年 12 月 26 日	
11	《中华人民共和国建筑法》修订	2011 年 4 月 22 日	

在国家相关法律的指导下，自 1986 年起，国家和相关部门先后发布了很多有关绿色设计的法规和政策文件（表 1.1-2）。

我国有关绿色设计的法规和政策文件　　　　　　　　　　　表 1.1-2

序号	名 称	文 号	发布部门	发布时间	备注
1	节约能源管理暂行条例	国发〔1986〕4 号	国务院	1986 年 1 月 12 日	
2	关于加强城市集中供热管理工作报告	国发〔1986〕22 号	国务院批转城乡建设环境保护部、国家计划委员会	1986 年 2 月 6 日	
3	关于加快墙体材料革新和推广节能建筑意见	国发〔1992〕66 号	国务院批转国家建材局、建设部等部门	1992 年 11 月 9 日	
4	建设项目环境保护管理条例	国务院令第 253 号	国务院	1998 年 11 月 18 日	
5	关于推进住宅产业现代化提高住宅质量若干意见	国办发〔1999〕72 号	国务院办公厅转发建设部等部门	1999 年 8 月 20 日	
6	关于进一步推进墙体材料革新和推广节能建筑的通知	国办发〔2005〕33 号	国务院办公厅	2005 年 6 月 6 日	
7	关于做好建设节约型社会近期重点工作的通知	国发〔2005〕21 号	国务院	2005 年 6 月 27 日	
8	关于落实科学发展观加强环境保护的决定	国发〔2005〕39 号	国务院	2005 年 12 月 3 日	
9	国家中长期科学和技术发展规划纲要	国发〔2005〕44 号	国务院	2006 年 2 月 9 日	
10	节能减排综合性工作方案	国发〔2007〕15 号	国务院	2007 年 5 月 23 日	
11	中国应对气候变化国家方案	国发〔2007〕17 号	国务院	2007 年 6 月 3 日	
12	《民用建筑节能条例》和《公共机构节能条例》	国务院第 530 号	国务院	2008 年 7 月 23 日	

续表

序号	名 称	文 号	发布部门	发布时间	备注
13	"十二五"节能减排综合性工作方案	国发[2011] 26号	国务院	2011年8月31日	
14	质量发展纲要（2010~2020）	国发[2012] 9号	国务院	2012年02月06日	
15	节能减排"十二五"规划	国发[2012] 40号	国务院	2012年8月6日	
16	绿色建筑行动方案	国办发[2013] 1号	国务院办公厅关于转发发展改革委、住房城乡建设部	2013年1月1日	
17	关于加快发展节能环保产业的意见	国发[2013] 30号	国务院	2013年8月1日	
18	城市建设节约能源管理实施细则	—	城乡建设环境保护部	1987年1月10日	
19	严格限制毁田烧砖积极推进墙体材料改革的意见	建材政法字[1988] 35号	国家建筑材料工业局、农牧渔业部、国家土地管理局、城乡建设环境保护部	1988年2月26日	
20	关于加强住宅小区建设管理提高住宅建设质量的通知	—	建设部	1991年6月18日	
21	新能源和可再生能源发展纲要	计办交能[1995] 4号	国家计委办公厅、国家科委办公厅、国家经贸委办公厅	1995年1月5日	
22	关于加强城市供热规划管理工作的通知	建城[1995] 126号	国家计委、建设部	1995年3月14日	
23	建筑节能技术政策	建科[1996] 530号	建设部	1996年9月13日	
24	关于开展建筑节能试点示范工程（小区）工作的通知	建科[1998] 017号	建设部科技司	1998年2月1日	

从2003年在北京奥运工程中倡导绿色施工开始，绿色施工在我国逐渐受到关注并逐步推广，有关绿色施工的法规和政策也相继发布（表1.1-3）。

我国有关绿色施工的法规和政策文件   表1.1-3

序号	名 称	文 号	发布部门	发布时间	备注
1	绿色建筑技术导则	建科[2005] 199号	建设部	2005年10月27日	
2	绿色施工导则	建质[2007] 223号	建设部	2007年9月10日	
3	《1996—2010年建筑技术政策》——建筑施工技术政策	建建[1997] 330号	建设部	—	
4	建筑业10项新技术（2010版）	建质[2010] 170号	住建部	2010年10月14日	
5	建筑工程绿色施工评价标准	GB/T 50640—2010		2011年10月1日	
6	建筑工程绿色施工规范	GB/T 50905—2014		2014年1月29日	

（二）激励政策

围绕绿色建筑和绿色施工，我国已经制定的激励政策主要有：

（1）住房和城乡建设部设立了全国绿色建筑创新奖。

（2）鼓励高耗能政府办公建筑和大型公共建筑进行节能改造的国家贴息政策。

（3）建立了推进绿色设计的经济激励政策。二星级绿色建筑奖励标准 45 元/m²；三星级绿色建筑奖励标准 80 元/m²；绿色生态城区资金补助标准 5000 万元等。

（4）开展绿色建筑、绿色施工评价和评选工作。其中较为典型的包括绿色建筑设计标识和运行标识评定、全国建筑业绿色施工示范工程、全国建筑业绿色施工科技示范工程以及减排达标竞赛等。其中，凡是顺利通过绿色施工示范工程验收的工程，在申报中国建设工程鲁班奖或全国建筑业 AAA 级信用企业时，在满足评选条件的基础上予以优先入选。在绿色建筑、绿色施工和节能减排方面工作突出的单位和项目可获得"全国五一劳动奖状"或"全国工人先锋号"等称号。

四、建筑工程绿色施工中存在的问题

（一）绿色施工管理存在的问题

1. 施工相关方主体认识不到位

施工相关主体各方对绿色施工的认知尚存在较多误区，往往把绿色施工等同于文明施工，政府、投资方及承包商各方尚未形成"责任清晰、目标明确、考核便捷"的政策、法规和管理规定，因而绿色施工难以推动、难以落到实处。

2. 激励制度有待建立健全

在市场无序竞争情况下，绿色施工在某些方面会增加成本，推动阻力较大。制定相关支持绿色施工的政府或企业激励机制，是推进绿色施工的重要举措。

3. 信息化施工和管理的水平不高

信息化是改造和提升建筑业绿色施工水平的重要手段，信息化施工和管理的水平不高，影响着绿色施工的全面发展，切实落实信息化，提高信息化管理水平，有助于提高和推动绿色施工。

（二）绿色施工示范工程验收中存在的问题

（1）目标设置不合理。不仅仅体现在建筑垃圾方面，节水、节材、节能方面设置不合理，离散性很大。

（2）对建筑垃圾的分类、收集、利用理解不到位，方法不对，没有完全和节能、降效、精细化管理结合起来，限于形式。

（3）现场工具化、可重复利用方面比较欠缺。

（4）分析改进不够。数据很全，但问题依旧存在。

（5）方案编制没有针对性。

（6）对绿色施工立项、验收程序不够了解。

（7）更主要的是政府的支持、引导力度不够大。

五、建筑工程绿色施工方面迫切应做的工作

（一）企业领导应高度重视，强化绿色施工意识，推广绿色施工技术

在施工组织设计、施工方案中进行绿色施工策划,尽其所能地动员建设、监理进行绿色设计,配合绿色施工过程。

(二)强化对现有施工工艺绿色化改造研究

现存的施工技术均是建立在保障工期、质量、安全和成本降低基础上的,当施工的目标要素加进环境保护要素后,必须对这些既有技术进行环境保护的再审视,废除不符合绿色施工要求的落后工艺的同时,针对特殊环节和工艺进行技术研究,促使这些领域的工艺设备和技术进行改进和改造,以适应绿色施工的总体要求。

(三)强化对符合绿色概念和四新技术实施研究

包括建筑外围护结构的保温技术、采光屋顶、玻璃幕墙太阳能利用、太阳能光伏发电综合技术、新型模架体系开发、绿色混凝土技术等。

(四)加强施工现场资源再生利用研究

施工现场废弃物减量化与再生利用综合技术、雨水回收、中水利用、施工降水回灌及循环利用技术、绿色施工环境效果检测技术等。

(五)积极申报绿色施工示范工程

示范工程是推动绿色施工的载体和平台,通过这个载体,可以使绿色施工技术得到有力推动和落实,同时,企业也可以通过绿色施工这个平台,达到相互交流和促进,扩大绿色施工深度和广度,推动绿色施工全面发展。

第2节　建筑工程绿色施工术语

一、绿色建筑与绿色施工

(一)绿色建筑

按照《绿色建筑评价标准》定义,绿色建筑是指在建筑的全寿命周期内,最大限度地节约资源(节能、节地、节水、节材)、保护环境和减少污染,为人们提供健康、适用和高效的使用空间,与自然和谐共生的建筑(图1.2-1)。

(二)绿色施工

是指工程建设中,在保证质量、安全等基本要求的前提下,通过科学管理和技术进步,最大限度地节约资源与减少对环境负面影响的施工活动,实现"四节一环保"(节能、节地、节水、节材和环境保护,见《绿色施工导则》)(图1.2-2)。

(三)绿色施工与绿色建筑

(1)绿色建筑形成,不仅要做到绿色策划、绿色规划、绿色设计,还应实现绿色施工,更应做到绿色物业,否则绿色效果将会大打折扣。

(2)绿色建筑形成,必须首先使设计成为"绿色"。绿色建筑事关居住者的健康、运行成本和使用功能,对整个使用周期均有重大影响。

绿色施工可为绿色建筑增色,但绿色施工不可能成为绿色建筑。

绿色施工关键在于施工组织设计和施工方案,认真进行绿色施工策划,才能使施工过程成为绿色。

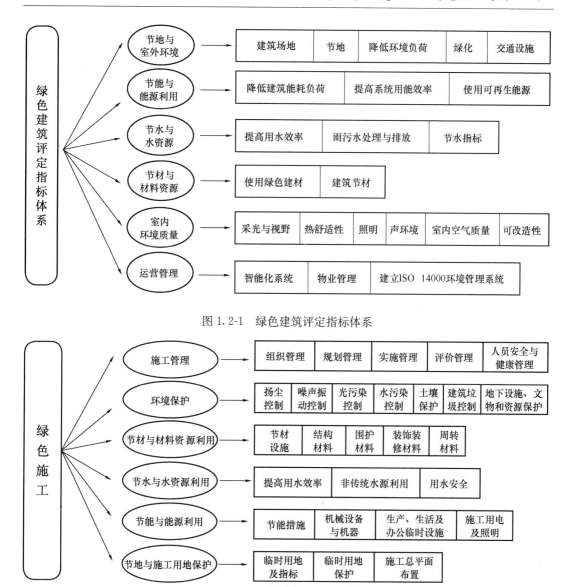

图 1.2-1　绿色建筑评定指标体系

图 1.2-2　绿色施工评定指标体系

（四）绿色施工与传统施工

（1）绿色施工与传统施工的主要区别在于目标控制要素不同。一般工程施工的目标控制包括质量、安全、工期和成本，而绿色施工除了上述目标要素外，还把"环境保护和资源节约"作为主控目标。

（2）传统施工中的"节约"和绿色施工中"四节"也不尽相同，前者主要包括降低成本和材料消耗，后者在此基础上以环境友好为目标，强调国家和地方的可持续发展、环境保护和资源的高效利用。绿色施工在一定程度、一些方面会增加成本，但这种工程项目效益的"小损失"会换来国家整体环境治理的"大收益"。

（五）绿色施工与文明施工

（1）"绿色施工"并不等同于"文明工地"。"绿色施工"的最终目的是节约资源，减少对环境的负面作用，而文明工地则侧重于施工场所的整洁卫生和现场安全，是一个企业文明管理的形象表现，侧重点明显不同。"绿色施工"是"文明工地"的升华，它更多地关注社会与经济的和谐可持续发展，远比企业文明管理的内涵丰富得多，重要得多。

（2）绿色施工在文明施工的基础上，提出了更高的要求，如中水、雨水回收利用，地下水保护利用，防止污染土地，保护植被，大气悬浮颗粒浓度监测，施工现场噪声实时监测，污水排放水质监测等。

二、建筑垃圾

新建、扩建、改建和拆除各类建筑物、构筑物、管网等以及装饰装修房屋过程中产生的废物料。

施工现场建筑垃圾的回收利用包括两部分，一是将建筑垃圾进行收集或简化处理后，在满足质量、安全的条件下，直接用于工程施工的部分；二是将收集的建筑垃圾，交付相关回收企业实现再生利用，但不包括填埋的部分。

三、建筑废弃物

建筑垃圾分类后，丧失施工现场再利用价值的部分。

四、绿色施工评价

对工程建设项目绿色施工水平及效果所进行的评估活动。

五、信息化施工

利用计算机、网络和数据库等信息化手段，对工程项目实施过程的信息进行有序储存、处理、传输和反馈的模式。

六、建筑工业化

以现代化工业生产方式，在工厂完成建筑构配件制造，在施工现场进行安装的建造模式。

建筑工业化的基本要求为建筑设计标准化、构配件生产工厂化、现场施工机械化和组织管理科学化。

七、回收利用率

施工现场可再利用的建筑垃圾占施工现场所有建筑垃圾的比重。

八、基坑封闭降水

在基地和基坑侧壁采取截水措施，对基坑以外地下水位不产生影响的降水方法。

第 3 节　建筑工程绿色施工评价标准

一、建筑工程绿色施工评价基本规定

（一）建筑工程施工过程评价（施工管理过程评价）

绿色施工评价应以建筑工程施工过程为对象评价。评价的对象可以是施工的任何阶段或分部分项工程。评价要素是环境保护、节材与材料资源利用、节水与水资源利用、节能与能源利用、节地与土地资源保护五个方面。

（二）绿色施工项目应符合的规定

（1）建立绿色施工管理体系和管理制度，实施目标管理。

（2）根据绿色施工要求进行图纸会审和深化设计。

（3）施工组织设计及施工方案应有专门的绿色施工章节，绿色施工目标明确，内容应涵盖"四节一环保"要求。

（4）工程技术交底应包含绿色施工内容。

（5）采用符合绿色施工要求的新材料、新技术、新工艺、新机具进行施工。

（6）建立绿色施工培训制度，并有实施记录。

（7）根据检查情况，制定持续改进措施。

（8）采集和保存过程管理资料、见证资料和自检评价记录等绿色施工资料。

（9）在评价过程中，应采集反映绿色施工水平的典型图片或影像资料。

（三）绿色施工合格项目的必要条件

（1）未发生安全生产死亡责任事故。

（2）未发生重大质量事故，并造成严重影响。

（3）未发生群体传染病、食物中毒等责任事故。

（4）施工中未因"四节一环保"问题被政府管理部门处罚。

（5）未违反国家有关"四节一环保"的法律法规，造成严重社会影响。

（6）施工未扰民造成严重社会影响。

二、建筑工程绿色施工评价框架体系

（1）评价阶段宜按地基与基础工程、结构工程、装饰装修与机电安装工程进行。

（2）建筑工程绿色施工应依据环境保护、节材与材料资源利用、节水与水资源利用、节能与能源利用和节地与土地资源保护五个要素进行评价。

（3）评价要素应由控制项、一般项、优选项三类评价指标组成。

（4）评价等级应分为不合格、合格和优良。

（5）绿色施工评价框架体系应由评价阶段、评价要素、评价指标、评价等级构成（图1.3-1）。

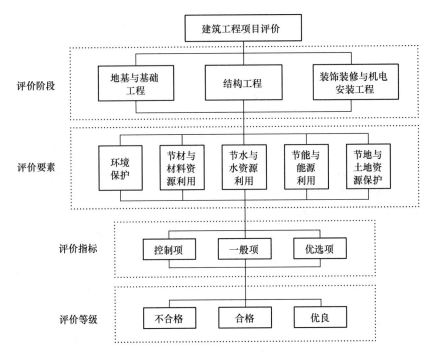

图 1.3-1　绿色施工评价框架体系

第4节　建筑工程绿色施工管理技术应用

一、建筑工程绿色施工管理

绿色施工要求建立公司和项目两级绿色施工管理体系。

（一）建筑工程绿色施工组织管理体系

1. 公司绿色施工管理体系（图 1.4-1）

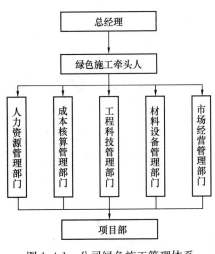

图 1.4-1　公司绿色施工管理体系

2. 项目绿色施工管理体系（图 1.4-2）

（二）建筑工程绿色施工规划管理

（1）绿色施工开工前应组织绿色施工图纸会审，也可在设计图纸会审中增加绿色施工部分，从绿色施工"四节一环保"的角度，结合工程实际，在不影响工程质量、安全、进度等基本要求的前提下，对设计进行优化，并保留相关记录。

（2）编制绿色施工方案。该方案应在施工组织设计中独立成章，并按有关规定进行审批。

绿色施工方案应包括以下内容：

1）环境保护措施，制定环境管理计划及应急救援预案，采取有效措施，降低环境负荷，保护地下设施和文物等资源。

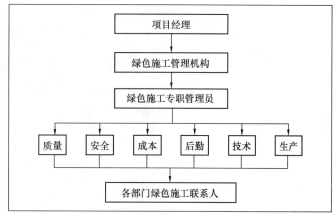

图 1.4-2　项目绿色施工管理体系

2）节材措施，在保证工程安全与质量的前提下，制定节材措施。如进行施工方案的节材优化，建筑垃圾减量化，尽量利用可循环材料等。

3）节水措施，根据工程所在地的水资源状况，制定节水措施。

4）节能措施，进行施工节能策划，确定目标，制定节能措施。

5）节地与施工用地保护措施，制定临时用地指标、施工总平面布置规划及临时用地节地措施等。

（三）绿色施工目标管理

绿色施工应对整个施工过程实施动态管理，加强对施工策划、施工准备、材料采购、现场施工、工程验收等各阶段的管理和监督。

（四）绿色施工实施管理

"没有规矩，不成方圆"，通过完善的制度体系，既约束不绿色的行为又指定应采取的绿色措施，并且，制度也是绿色施工得以贯彻实施的保障体系。

应结合工程项目的特点，有针对性地对绿色施工作相应的宣传，通过宣传营造绿色施工的氛围。

定期对职工进行绿色施工知识培训，增强职工绿色施工意识。

在企业信息化平台上开发绿色施工管理模块，对项目绿色施工实施情况进行监督、控制和评价。

（五）绿色施工评价管理

对照《建筑工程绿色施工评价标准》GB/T 50640 指标体系，结合工程特点，对绿色施工的效果及采用的新技术、新设备、新材料与新工艺，进行自评估。

成立专家评估小组，对绿色施工方案、实施过程至项目竣工，进行综合评估。

二、建筑工程绿色施工技术应用

（一）施工场地

1. 施工总平面布置（图 1.4-3）

平面布置是绿色施工的首要环节，"四节一环保"要综合体现，利用计算机网络技术，

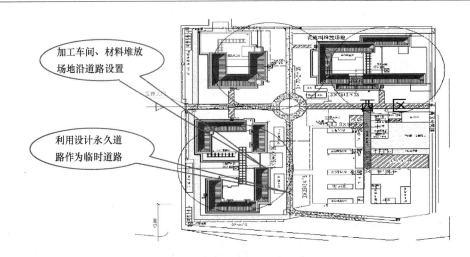

图 1.4-3 现场总平面布置

达到科学合理的综合布置目的。平面布置紧紧围绕以下几个方面开展：

（1）在满足施工需要前提下，应减少施工用地。

（2）临设一次到位。

（3）施工道路减少现浇，推行预制装配。

（4）雨水收集。

（5）节约用电。

通过平面布局优化提高资源、能源的有效利用率，有效推动节能减排绿色施工技术的广泛应用（图 1.4-4）。

（1）确保施工道路通畅，车辆单向有效进出。

（2）确保节水节电计量器配置合理，计量可控。

（3）确保节水管网沉淀循环有效利用。

（4）确保科学合理分工，绿色施工方案能贯彻实施。

图 1.4-4 采用 BIM 等软件对现场进行 3D 模拟策划，分阶段进行三维动态管理

2. 场区围护及道路

（1）施工现场大门、围挡和围墙宜采用可重复利用的材料和部件，并应工具化、标准

化（例如：连续封闭的轻钢结构预制装配式活动围挡），以减少建筑垃圾，保护土地（图1.4-5）。

图 1.4-5　可重复利用的材料和部件

（2）施工现场入口应设置绿色施工制度图牌（图1.4-6）。

图 1.4-6　环境保护公示牌

（3）施工现场道路布置应遵循永久道路和临时道路相结合的原则。施工现场内形成环形通路，减少道路占用土地（图1.4-7）。

图 1.4-7　永久道路和施工临时道路相结合

（4）施工现场围墙、大门和施工道路周边宜设绿化隔离带（图1.4-8）。

（5）施工现场主要道路的硬化处理宜采用可周转使用的材料和构件（图1.4-8）。

3. 临时设施

图 1.4-8　道路硬化、绿化隔离带

临时设施布置应注意远近结合（本期工程与下期工程），努力减少和避免大量临时建筑拆迁和场地搬迁。

（1）临时设施的设计、布置和使用，应采用有效的节能降耗措施（图 1.4-9）。

图 1.4-9　临建节能

1）应利用场地自然条件，临时建筑的体形宜规整，应用自然通风和采光，并应满足节能要求。

2）临时设施宜选用由高效保温、隔热、防火材料组成的复合墙体和屋面，以及密闭保温性能好的门窗。

3）临时设施建设不宜使用一次性墙体材料。

（2）办公和生活临时用房应采用可重复利用的房屋。

（3）严寒和寒冷地区外门宜采取防寒措施。夏季炎热地区的外窗宜设置外遮阳。

（二）地基与基础工程

1. 减少土方开挖量

土石方工程开挖前应进行挖、填方的平衡计算，在土石方场内应有效利用、运距最短和工序衔接紧密。基坑采用可拆式锚杆支护结构（图 1.4-10）

2. 节约地下水资源

（1）施工降水应遵循保护优先、合理抽取、抽水有偿、综合利用的原则，宜采用"连续墙""护坡桩+桩间旋喷桩""水泥土桩+型钢"等全封闭帷幕隔水施工方法，隔断地下水进入施工区域（图 1.4-11）。

（2）基坑施工排出的地下水可用于冲洗、降尘、绿化、养护混凝土等（图 1.4-12）。

图 1.4-10　锚钉墙支护

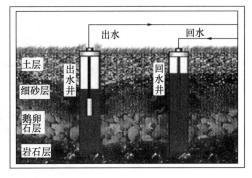

图 1.4-11　设置回灌井，保持地下水常态

图 1.4-12　基坑降水利用

3. 充分利用混凝土桩头

工程桩桩顶剔除部分的再生利用应符合现行国家标准《工程施工废弃物再生利用技术规范》GB/T 50743 的规定。

4. 保护环境（图 1.4-13）

（1）泥浆水

对施工过程中产生的泥浆应设置专门的泥浆池，并及时清理沉淀的废渣或泥浆罐车储存。

（2）土方、渣土、物料

现场土、料存放应采取加盖或植被覆盖措施。土方、渣土装卸车和运输车应有防止遗撒和扬尘的措施。

5. 高性能设备及防噪

桩基施工应选用低噪、环保、节能、高效的机械设备和工艺。

6. 夜间施工控制

7. 地下设施、文物和资源保护

地基与基础工程施工时，应识别场地内及周边现有的自然、文化和建（构）筑物特征，并采取相应保护措施。场内发现文物时，应立即停止施工，派专人看管，并通知当地文物主管部门。

（三）主体结构工程

主体阶段是实施绿色施工的核心阶段，以控制垃圾为龙头，全面开展节材、节水、节能、保护环境的绿色施工技术。

1. 主体施工中"四节一环保"

图 1.4-13   环境保护

（1）建筑垃圾管理的思路是减量化和综合利用。建筑垃圾控制首先要做到工程质量一次成优，减少、避免返工返修造成的浪费；其次，要以节约水泥、钢材、木材和地材为控制重点。

（2）太阳能光电热利用。

（3）雨水收集利用。

（4）主体阶段的环境保护要突出防尘、降噪、光污染和土地污染的控制。

（5）材料采购：①绿色建筑材料；②施工全工程坚持就地取材，500km 以内的建筑材料（生产）用量占建筑材料总重量的 70％。

2. 混凝土结构工程

（1）钢筋工程（图 1.4-14）

1）钢筋宜采用专用软件优化放样下料，根据优化配料结果确定进场钢筋的定尺长度。

2）钢筋工程宜采用专业化生产的成型钢筋。钢筋现场加工时，宜采用集中加工方式。

3）进场钢筋原材料和加工半成品应存放有序、标识清晰、储存环境适宜，并制定保管制度，采取防潮、防污染等措施。

（2）模板工程（图 1.4-15）

1）应选用周转率高的模板和支持体系。模板宜选用可回收利用率高的塑料、铝合金

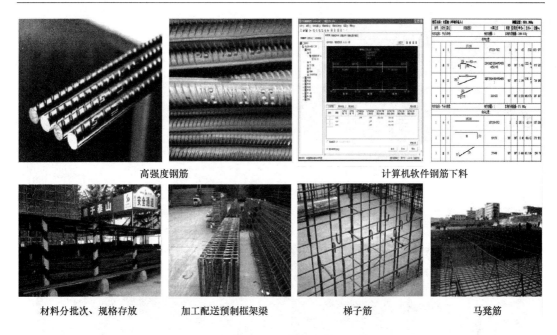

图 1.4-14　钢材节约

图 1.4-15　模板节约

等材料。

2）宜使用大模板、定型模板、爬升模板和早拆模板等工业化模板及支撑体系。

3）当采用木或竹制模板时，宜采取工厂化定型加工、现场安装的方式，不得在工作面上直接加工拼装。在现场加工时，应设封闭场所集中加工，并采取隔声和防粉尘污染措施。

4）短木方应叉接接长，木、竹胶合板的边角料应拼接并利用。

5）脚手架和模板支撑应选用承插式、碗扣式、盘扣式等管件合一脚手架材料搭设（图 1.4-16）。

6）高层建筑结构施工，应采用整体或分片提升的工具式脚手架和分段悬挑式脚手架。

（3）混凝土工程

1）在混凝土配合比设计时，应减少水泥用量，增加工业废料、矿山废渣的掺量；当混凝土中添加粉煤灰时，宜利用其后期强度。

2）混凝土宜采用泵送、布料机布料浇筑；地下大体积混凝土宜采用溜槽或串筒浇筑（图 1.4-17）。

| 门式脚手架 | 盘扣式脚手架 | 整体提升架 | 悬挑架 |

图1.4-16　脚手架

高性能混凝土应用　　　　预拌混凝土进场计量　　　　溜槽替代输送泵输送混凝土

图1.4-17　混凝土计量、浇筑

3）混凝土振捣应采用低噪声振捣设备，也可采用围挡等降噪措施；在噪声敏感环境或钢筋密集时，宜采用自密实混凝土（图1.4-18）。

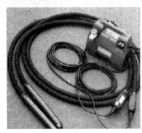

低噪振捣设备　　　混凝土输送泵固定降噪棚　　　智能控制喷雾养护　　　改进型喷淋头

图1.4-18　混凝土振捣、养护

4）混凝土宜采用塑料薄膜加保温材料覆盖保湿、保温养护；当采用洒水和喷雾养护时，养护用水宜使用回收的基坑降水或雨水；混凝土竖向构件宜采用养护剂进行养护。

5）混凝土余料应制成小型预制件，或采用其他措施加以利用，不得随意倾倒（图1.4-19）。

6）清洗泵送设备和管道的污水应经沉淀后回收利用，浆料分离后可做室外道路、地面等垫层的回填材料。

3.砌体结构工程（图1.4-20）

（1）干混砂浆应用。

（2）砌块制作工厂化。

建筑垃圾破碎

利用再生骨料制作
C25 以下混凝土

利用余料制作过梁

利用余料制作斜砌砖、
预制过梁

图 1.4-19　建筑垃圾利用

砌块提前预排，集中加工，余料小型破碎机处理后生产砌块产品

图 1.4-20　砌块工程

（3）砌块提前排版，集中加工，余料小型破碎机处理后生产砌块产品，非标准块应在工厂加工按计划进场，现场加工时应集中加工，并采取防尘降噪措施。

（4）样板引路。

4．钢结构工程

（1）钢结构安装连接宜选用高强度螺栓，钢结构宜采用金属涂层进行防腐处理。

（2）大跨度结构安装宜采用起重机吊装、整体提升、顶升和滑移等机械化程度高、劳动强度低的方法（图 1.4-21）。

（3）钢结构加工应制定废料减量计划，优化下料，综合利用余料，废料应分类收集、集中堆放、定期回收处理。

（4）复杂空间结构制作和安装，应预先采用仿真技术模拟施工过程和状态。

（四）装饰装修工程

1．一般规定

（1）首先要使用环保产品，减少污染。

图 1.4-21　门式钢桁架结构整体提升施工技术

（2）预制装配（装饰材料量身定制、对号入座）。

（3）装饰垃圾的及时收集分类处理。

2. 地面工程

（1）面材和块材施工前应预先排版，使用整砖铺贴，减少现场裁切块材，如果切割，应采取降噪措施；污水应集中收集处理（图 1.4-22）。

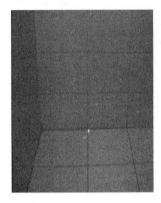

图 1.4-22　面材、块材预排，减少现场裁切

（2）基层粉尘处理宜采用吸尘器；没有防潮要求的，可采用洒水降尘等措施。

（3）找平层、隔气层、隔声层施工干作业应有防尘措施；湿作业应采用喷洒方式保湿养护。

3. 门窗及幕墙工程

（1）木制、塑钢、金属门窗应采取成品保护措施。

（2）外门窗安装应与外墙面装修同步进行。

（3）门窗框周围的缝隙填充应采用憎水保温材料。

（4）幕墙与主体结构的预埋件应在结构施工时埋设。

（5）连接件应采用耐腐蚀材料或采取可靠的防腐措施。

（6）硅胶使用前应进行相容性与耐候性复试。

4. 吊顶工程

（1）吊顶施工应减少板材、型材的切割。

（2）应避免采用温湿度敏感材料进行大面积吊顶施工。

（3）高大空间的整体顶棚施工，宜采用地面拼装、整体提升就位的方式。

（4）高大空间吊顶施工时，宜采用可移动式操作平台等节能节材设施。

5. 隔墙及内墙面工程

（1）隔墙材料宜采用轻质砌块砌体或轻质墙板，严禁采用实心烧结黏土砖。

（2）预制板或轻质隔墙板间的填塞材料应采用弹性或微膨胀的材料。

（3）抹灰墙面宜采用喷雾方法进行养护。

（4）涂料施工应采取遮挡、防止挥发和劳动保护等措施。

（五）保温和防水工程

（1）保温和防水工程施工时，应分别满足建筑节能和防水设计要求。

（2）保温和防水材料及辅助材料，应根据材料特性进行有害物质限量的复检。

（3）板材、块材和卷材施工应结合保温和防水的工艺要求，进行预先排版。

（4）保温和防水材料在运输、存放和使用时，应根据其特性采取防水、防潮和防火措施。

（六）机电安装工程

（1）机电安装工程施工应采用工厂化制作，整体化安装的方法。

（2）机电安装工程施工前应对通风空调、给水排水、强弱电、末端设施布置及装修等进行综合分析，并绘制综合管线图。

（3）机电安装临时设施安排应与工程整体部署协调。

（4）管线的预埋、预留应与土建及装修工程同步进行，不得现场临时剔凿。

（5）防锈、防腐宜在工厂内完成，现场涂装时应采用无污染、耐候性好的材料。

（6）机电安装工程应采用低能耗的施工机械。

（七）通用管理要求

1. 施工全过程都要做好组织管理、记录、分析、评价

2. 环境保护（表 1.4-1）

环境保护控制指标　　　　　　　　　　　　　表 1.4-1

主要指标	测量方法	阶　段	指　标
扬尘控制	目测	土石方作业	≤1.5m
	目测	主体及装修	≤0.5m
噪声控制	分贝仪	昼　间	≤70dB
		夜间	≤55dB
污水控制	pH 试纸	/	6～9
污染控制	/	/	达到环保部门规定
建筑垃圾控制	每万平方米建筑垃圾应低于 400t； 建筑垃圾再利用和回收率达到 30%； 建筑物拆除产生的废弃物再利用和回收率达到 40%； 碎石类、土方类建筑垃圾再利用和回收率达到 50%； 有毒有害废物分类率达到 100%		

（1）扬尘控制（图1.4-23）

运输车辆封闭　　　　　运输车辆覆盖　　　　　简易式洗轮机　　　　　自循环洗轮机

环保除尘风送式喷雾机　　　　　道路洒水

图1.4-23　扬尘控制

1）运送土方、垃圾、设备及建筑材料等，不污损场外道路。运输容易散落、飞扬、流漏的物料的车辆，必须采取措施封闭严密，保证车辆清洁。施工现场出口应设置洗车槽。

2）土方作业阶段，采取洒水、覆盖等措施，作业区目测扬尘高度小于1.5m，不扩散到场区外。

3）结构施工、安装装饰装修阶段，作业区目测扬尘高度小于0.5m。对易产生扬尘的堆放材料应采取覆盖措施；对粉末状材料应封闭存放；场区内可能引起扬尘的材料及建筑垃圾搬运应有降尘措施，如覆盖、洒水等；浇筑混凝土前清理灰尘和垃圾时尽量使用吸尘器，避免使用吹风器等易产生扬尘的设备；机械剔凿作业时可用局部遮挡、掩盖、水淋等防护措施；高层或多层建筑清理垃圾应搭设封闭性临时专用道或采用容器吊运（图1.4-24）。

图1.4-24　建筑垃圾垂直运输降尘

4）施工现场非作业区达到目测无扬尘的要求。对现场易飞扬物质采取有效措施，如洒水、地面硬化、围挡、密网覆盖、封闭等，防止扬尘产生。

5）构筑物机械拆除前，做好扬尘控制计划。可采取清理积尘、拆除体洒水、设置隔挡等措施。

6）构筑物爆破拆除前，做好扬尘控制计划。可采用清理积尘、淋湿地面、预湿墙体、屋面敷水袋、楼面蓄水、建筑外设高压喷雾状水系统、搭设防尘排栅和直升机投水弹等综合降尘。选择风力小的天气进行爆破作业。

7）在场界四周隔挡高度位置测得的大气总悬浮颗粒物（TSP）月平均浓度与城市背景值的差值不大于 0.08mg/m³。

（2）噪声与振动控制

1）现场噪声排放不得超过国家标准《建筑施工场界环境噪声排放标准》GB 12523—2011 的规定。

2）在施工场界对噪声进行实时监测与控制。

3）使用低噪声、低振动的机具，采取隔声与隔振措施，避免或减少施工噪声和振动（图 1.4-25）。

| 变频低噪电梯 | 隔声加工车间 | 变频混凝土输送泵固定隔声棚 |

图 1.4-25 设备噪声控制

（3）光污染控制

1）尽量避免或减少施工过程中的光污染。夜间室外照明灯加设灯罩，透光方向集中在施工范围（图 1.4-26）。

图 1.4-26 光污染控制

2）电焊作业采取遮挡措施，避免电焊弧光外泄。

（4）水污染控制

1）施工现场污水排放应达到国家标准《污水综合排放标准》GB 8978—1996 的要求。

2）在施工现场应针对不同的污水，设置相应的处理设施，如沉淀池、隔油池、化粪池等。

3）污水排放应委托有资质的单位进行废水水质检测，提供相应的污水检测报告。

4）保护地下水环境。采用隔水性能好的边坡支护技术。在缺水地区或地下水位持续下降的地区，基坑降水尽可能少地抽取地下水；当基坑开挖抽水量大于 50 万 m^3 时，应进行地下水回灌，并避免地下水被污染。

5）对于化学品等有毒材料、油料的储存地，应有严格的隔水层设计，做好渗漏液收集和处理（图 1.4-27）。

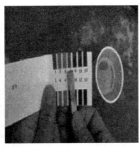

污水见证检测　　　　污水检测结果　　　　楼层移动式卫生间　　　　现场移动式卫生间

图 1.4-27　水污染控制

（5）土壤保护

1）保护地表环境，防止土壤侵蚀、流失。因施工造成的裸土，及时覆盖砂石或种植速生草种，以减少土壤侵蚀；因施工造成容易发生地表径流土壤流失的情况，应采取设置地表排水系统、稳定斜坡、植被覆盖等措施，减少土壤流失。

2）沉淀池、隔油池、化粪池等不发生堵塞、渗漏、溢出等现象。及时清掏各类池内沉淀物，并委托有资质的单位清运。

3）对于有毒有害废弃物如电池、墨盒、油漆、涂料等应回收后交有资质的单位处理，不能作为建筑垃圾外运，避免污染土壤和地下水。

4）施工后应恢复施工活动破坏的植被（一般指临时占地内）。与当地园林、环保部门或当地植物研究机构进行合作，在先前开发地区种植当地或其他合适的植物，以恢复剩余空地地貌或科学绿化，补救施工活动中人为破坏植被和地貌造成的土壤侵蚀。

（6）建筑垃圾控制（表 1.4-2）

施工现场垃圾分类一览表　　　　　　　　　　　　　　　　表 1.4-2

项目		可回收废弃物	不可回收废弃物
无毒无害类	建筑垃圾	废木材、废钢材、废弃混凝土、废砖等	瓷质墙地砖、纸面石膏板等
	生活办公垃圾	办公废纸	食品类等

续表

项目		可回收废弃物	不可回收废弃物
有毒有害类	建筑垃圾	废油桶类、废灭火器罐、废塑料布、废化工材料及其包装物、废玻璃丝布、废铝箔纸、油手套、废聚苯板和聚酯板、废岩棉类等	变质过期的化学稀料、废胶类、废涂料、废化学品类等
	生活办公垃圾	塑料包装袋等	废墨盒、废色带、废计算器、废日光灯、废电池、废复写纸等

1) 制定建筑垃圾减量化计划,如住宅建筑,每万平方米的建筑垃圾不宜超过 400t。

2) 加强建筑垃圾的回收再利用,力争建筑垃圾的再利用和回收率达到 30%,建筑物拆除产生的废弃物的再利用和回收率大于 40%。对于碎石类、土石方类建筑垃圾,可采用地基填埋、铺路等方式提高再利用率,力争再利用率大于 50%。

3) 施工现场生活区设置封闭式垃圾容器,施工场地生活垃圾实行袋装化,及时清运。对建筑垃圾进行分类,并收集到现场封闭式垃圾站,集中运出 (图 1.4-28)。

(7) 地下设施、文物和资源保护 (图 1.4-29)

金属垃圾箱	木制垃圾箱	建筑垃圾分类收集

图 1.4-28　施工、办公、生活三区设置分类式垃圾桶

古树保护　　　　　对地下文物立柱警示　　　　　垂直绿化应用

图 1.4-29　地下设施、文物和资源保护

1) 施工前应调查清楚地下各种设施,做好保护计划,保证施工场地周边的各类管道、管线、建筑物、构筑物的安全运行。

2) 施工过程中一旦发现文物,立即停止施工,保护现场、通报文物部门并协助做好工作。

3）避让、保护施工场区及周边的古树名木。

4）逐步开展统计分析施工项目的 CO_2 排放量以及各种不同植被和树种的 CO_2 固定量的工作。

3. 资源节约（表 1.4-3）。

节材与材料资源利用控制指标 表 1.4-3

材料类别		控制指标
钢材	$\phi10$ 以上	材料损耗率比定额损耗率降低 30%
	$\phi10$ 以下	材料损耗率比定额损耗率降低 30%
木材		材料损耗率比定额损耗率降低 30%
其他主要材料		材料损耗率比定额损耗率降低 30%
木质模板周转次数		平均周转次数为 5 次
围挡等周转设备（料）		重复使用率≥70%
施工现场 500km 以内生产的建筑材料重量占建筑材料总重量的比例		≥70%
建筑材料包装物回收率		100%
预拌砂浆		占总量的≥50%（西安城区为 100%）

（1）节材与材料利用

1）节材措施

① 图纸会审时，应审核节材与材料资源利用的相关内容，达到材料损耗率比定额损耗率降低 30%。

② 根据施工进度、库存情况等合理安排材料的采购、进场时间和批次，减少库存。

③ 现场材料堆放有序。储存环境适宜，措施得当。保管制度健全，责任落实。

④ 材料运输工具适宜，装卸方法得当，防止损坏和遗洒。根据现场平面布置情况就近卸载，避免和减少二次搬运。

⑤ 采取技术和管理措施提高模板、脚手架等的周转次数。

⑥ 优化安装工程的预留、预埋、管线路径等方案。

⑦ 应就地取材，施工现场 500km 以内生产的建筑材料用量占建筑材料总重量的 70% 以上。

2）结构材料

① 推广使用预拌混凝土和商品砂浆。准确计算采购数量、供应频率、施工速度等，在施工过程中动态控制。结构工程使用散装水泥。

② 推广使用高强度钢筋和高性能混凝土，减少资源消耗。

③ 推广钢筋专业化加工和配送。

④ 优化钢筋配料和钢构件下料方案。钢筋及钢结构制作前应对下料单及样品进行复核，无误后方可批量下料。

⑤ 优化钢结构制作和安装方法。大型钢结构宜采用工厂制作，现场拼装；宜采用分

段吊装、整体提升、滑移、顶升等安装方法，减少方案的措施用材量。

⑥ 采取数字化技术，对大体积混凝土、大跨度结构等专项施工方案进行优化。

3）围护材料

① 门窗、屋面、外墙等围护结构选用耐候性及耐久性良好的材料，施工确保密封性、防水性和保温隔热性。

② 门窗采用密封性、保温隔热性能、隔声性能良好的型材和玻璃等材料。

③ 屋面材料、外墙材料具有良好的防水性能和保温隔热性能。

④ 当屋面或墙体等部位采用基层加设保温隔热系统的方式施工时，应选择高效节能、耐久性好的保温隔热材料，以减小保温隔热层的厚度及材料用量。

⑤ 屋面或墙体等部位的保温隔热系统采用专用的配套材料，以加强各层次之间的粘结或连接强度，确保系统的安全性和耐久性。

⑥ 根据建筑物的实际特点，优选屋面或外墙的保温隔热材料系统和施工方式，例如保温板粘贴、保温板干挂、聚氨酯硬泡喷涂、保温浆料涂抹等，以保证保温隔热效果，并减少材料浪费。

⑦ 加强保温隔热系统与围护结构的节点处理，尽量降低热桥效应。针对建筑物的不同部位保温隔热特点，选用不同的保温隔热材料及系统，以做到经济适用。

4）装饰装修材料

① 贴面类材料在施工前，应进行总体排版策划，减少非整块材的数量。

② 采用非木质的新材料或人造板材代替木质板材。

③ 防水卷材、壁纸、油漆及各类涂料基层必须符合要求，避免起皮、脱落。各类油漆及胶粘剂应随用随开启，不用时及时封闭。

④ 幕墙及各类预留预埋应与结构施工同步。

⑤ 木制品及木装饰用料、玻璃等各类板材等宜在工厂采购或定制。

⑥ 采用自粘类片材，减少现场液态胶粘剂的使用量。

5）周转材料

① 应选用耐用、维护与拆卸方便的周转材料和机具。

② 优先选用制作、安装、拆除一体化的专业队伍进行模板工程施工。

③ 模板应以节约自然资源为原则，推广使用定型钢模、钢框竹模、竹胶板。

④ 施工前应对模板工程的方案进行优化。多层、高层建筑使用可重复利用的模板体系，模板支撑宜采用工具式支撑。

⑤ 优化高层建筑的外脚手架方案，采用整体提升、分段悬挑等方案。

⑥ 推广采用外墙保温板替代混凝土施工模板的技术。

⑦ 现场办公和生活用房采用周转式活动房。现场围挡应最大限度地利用已有围墙，或采用装配式可重复使用围挡封闭。力争工地临房、临时围挡材料的可重复使用率达到 70%。

6）安全防护设施

如图 1.4-30 所示。

（2）节水与水资源利用（表 1.4-4）

标准化围栏

楼梯防护

电梯洞口防护

塔吊操作平台

塔吊基础围护

小型设备防护

图 1.4-30　安全防护设施

节水与水资源利用控制指标计量　　　　表 1.4-4

施工阶段	主要控制指标	
整个施工阶段	砖混结构 1.2m³/m²，钢筋混凝土结构 1.5m³/m²，市政工程 0.75m³/m²（对采用预拌混凝土的建筑和市政公用工程，参考指标按 0.8 的系数折算）	
地基与基础施工阶段	0.75～1.125m³/m²	施工生产区用水：0.75～1.125m³/m²
		办公区用水：1～2m³/（人·月）
		生活区用水：2～3m³/（人·月）
主体结构施工阶段	0.937～1.5m³/m²	施工生产区用水：0.937～1.5m³/m²
		办公区用水：1～2m³/（人·月）
		生活区用水：2～3m³/（人·月）
装饰装修施工阶段	0.75～1.125m³/m²	施工生产区用水：0.75～1.125m³/m²
		办公区用水：1～2m³/（人·月）
		生活区用水：2～3m³/（人·月）
节水器具配置率	100%	

1）提高用水效率（图 1.4-31）

① 施工中采用先进的节水施工工艺。

② 施工现场喷洒路面、绿化浇灌不宜使用市政自来水。现场搅拌用水、养护用水应采取有效的节水措施，严禁无措施浇水养护混凝土。

③ 施工现场供水管网应根据用水量设计布置，管径合理、管路简洁，采取有效措施减少管网和用水器具的漏损。

④ 现场机具、设备、车辆冲洗用水必须设立循环用水装置。施工现场办公区、生活区的生活用水采用节水系统和节水器具，提高节水器具配置比率。项目临时用水应使用节水型产品，安装计量装置，采取针对性的节水措施。

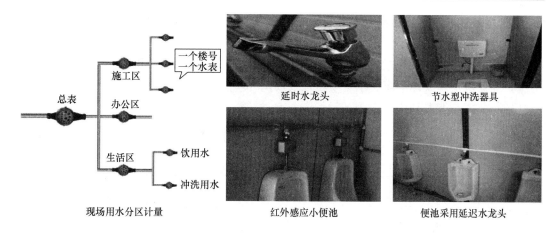

图 1.4-31　生活区、办公区、生产区分区计量、配备节水器具

⑤ 施工现场建立可再利用水的收集处理系统，使水资源得到梯级循环利用。

⑥ 施工现场分别对生活用水与工程用水确定用水定额指标，并分别计量管理。

⑦ 大型工程的不同单项工程、不同标段、不同分包生活区，凡具备条件的应分别计量用水量。在签订不同标段分包或劳务合同时，将节水定额指标纳入合同条款，进行计量考核。

⑧ 对混凝土搅拌站点等用水集中的区域和工艺点进行专项计量考核。施工现场建立雨水、中水或可再利用水的搜集利用系统。

2）非传统水源利用（图 1.4-32）

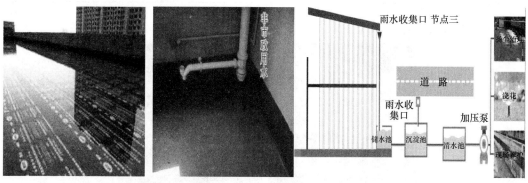

图 1.4-32　非传统水源利用

① 优先采用中水搅拌、中水养护，有条件的地区和工程应收集雨水养护。

② 处于基坑降水阶段的工地，宜优先采用地下水作为混凝土搅拌用水、养护用水、冲洗用水和部分生活用水。

③ 现场机具、设备、车辆冲洗、喷洒路面、绿化浇灌等用水，优先采用非传统水源，尽量不使用市政自来水。

④ 大型施工现场，尤其是雨量充沛地区的大型施工现场建立雨水收集利用系统，充分收集自然降水用于施工和生活中适宜的部位。

⑤ 力争施工中非传统水源和循环水的再利用量大于 30%。

3）用水安全

在非传统水源和现场循环再利用水的使用过程中，应制定有效的水质检测与卫生保障措施，确保避免对人体健康、工程质量以及周围环境产生不良影响。

（3）节能与能源利用（表 1.4-5）

节能与能源利用控制指标 表 1.4-5

施工阶段	主要控制指标［每万元产值、kW·h/（人·月）］	
整个施工阶段	≤85kW·h	
地基与基础施工阶段	45～65kW·h	施工生产区用电：45～65kW·h
		办公区用电：30～40kW·h/（人·月）
		生活区用电：20～30kW·h/（人·月）
主体结构施工阶段	55～75kW·h	施工生产区用电：55～75kW·h
		办公区用电：30～40kW·h/（人·月）
		生活区用电：20～30kW·h/（人·月）
装饰装修施工阶段	45～65kW·h	施工生产区用电：45～65kW·h
		办公区用电：30～40kW·h/（人·月）
		生活区用电：20～30kW·h/（人·月）
节能设备配置率	节能照明灯具的数量应大于 80%	
可再生能源利用	现阶段鼓励	

1）节能措施（图 1.4-33）

施工区分路电表　　　　　　　　办公、生活区电表

图 1.4-33 电表分区计量

① 制定合理施工能耗指标，提高施工能源利用率。

② 优先使用国家、行业推荐的节能、高效、环保的施工设备和机具，如选用变频技术的节能施工设备等。

③ 施工现场分别设定生产、生活、办公和施工设备的用电控制指标，定期进行计量、核算、对比分析，并有预防与纠正措施。

④ 在施工组织设计中，合理安排施工顺序、工作面，以减少作业区域的机具数量，相邻作业区充分利用共有的机具资源。安排施工工艺时，应优先考虑耗用电能的或其他能

耗较少的施工工艺。避免设备额定功率远大于使用功率或超负荷使用设备现象的发生。

⑤ 根据当地气候和自然资源条件，充分利用太阳能、地热等可再生能源（图 1.4-34）。

太阳能草坪灯　　　　　　　　　　　光导照明　　　　　　　光伏发电

图 1.4-34　能源的开发利用

2）机械设备与机具

① 建立施工机械设备管理制度，开展用电、用油计量，完善设备档案，及时做好维修保养工作，使机械设备保持低耗、高效的状态。

② 选择功率与负载相匹配的施工机械设备，避免大功率施工机械设备低负载长时间运行。机电安装可采用节电型机械设备，如逆变式电焊机和能耗低、效率高的手持电动工具等，以利节电。机械设备宜使用节能型油料添加剂，在可能的情况下，考虑回收利用，节约油量（图 1.4-35）。

变频加压供水设备

现场低压照明技术　　　变频施工升降机

图 1.4-35　设备选型

③ 合理安排工序，提高各种机械的使用率和满载率，降低各种设备的单位耗能。

3）生产、生活及办公临时设施

① 利用场地自然条件，合理设计生产、生活及办公临时设施的体形、朝向、间距和窗墙面积比，使其获得良好的日照、通风和采光。南方地区可根据需要在其外墙窗设遮阳设施。

② 临时设施宜采用节能材料，墙体、屋面使用隔热性能好的材料，减少夏天空调、

冬天取暖设备的使用时间及耗能量。

③ 合理配置采暖、空调、风扇数量，规定使用时间，实行分段分时使用，节约用电。

4）施工用电及照明

① 临时用电优先选用节能电线和节能灯具，临电线路合理设计、布置，临电设备宜采用自动控制装置。采用声控、光控等节能照明灯具。

② 照明设计以满足最低照度为原则，照度不应超过最低照度20%。

（4）节地与施工用地保护（表1.4-6）

表 1.4-6
施工现场临时用地控制指标

名 称	主要控制指标
办公、生活区面积与生产作业区面积比率	因地制宜
施工绿化面积与占地面积比率	因地制宜
既有建筑物、构筑物、道路和管线的利用情况	因地制宜
场地道路布置情况	双车道宽度≤6m，单车道宽度≤3.5m，转弯半径≤15m
结合拟建永久设施	鼓励多利用

1）临时用地指标

① 根据施工规模及现场条件等因素合理确定临时设施，如临时加工厂、现场作业棚及材料堆场、办公生活设施等的占地指标。临时设施的占地面积应按用地指标所需的最低面积设计。

② 要求平面布置合理、紧凑，在满足环境、职业健康与安全及文明施工要求的前提下尽可能减少废弃地和死角，临时设施占地面积有效利用率大于90%。

2）临时用地保护

① 应对深基坑施工方案进行优化，减少土方开挖和回填量，最大限度地减少对土地的扰动，保护周边自然生态环境。

② 红线外临时占地应尽量使用荒地、废地，少占用农田和耕地。工程完工后，及时对红线外占地恢复原地形、地貌，使施工活动对周边环境的影响降至最低。

③ 利用和保护施工用地范围内原有绿色植被。对于施工周期较长的现场，可按建筑永久绿化的要求，安排场地新建绿化。

3）施工总平面布置

① 施工总平面布置应做到科学、合理，充分利用原有建筑物、构筑物、道路、管线为施工服务。

② 施工现场搅拌站、仓库、加工厂、作业棚、材料堆场等布置应尽量靠近已有交通线路或即将修建的正式或临时交通线路，缩短运输距离。

③ 临时办公和生活用房应采用经济、美观、占地面积小、对周边地貌环境影响较小，且适合于施工平面布置动态调整的多层轻钢活动板房、钢骨架水泥活动板房等标准化装配式结构。生活区与生产区应分开布置，并设置标准的分隔设施。

④ 施工现场围墙可采用连续封闭的轻钢结构预制装配式活动围挡，减少建筑垃圾，保护土地。

⑤ 施工现场道路按照永久道路和临时道路相结合的原则布置。施工现场内形成环形通路，减少道路占用土地。

⑥ 临时设施布置应注意远近结合（本期工程与下期工程），努力减少和避免大量临时建筑拆迁和场地搬迁。

绿色建筑需要建筑学和生态学的完美融合，让建筑成为人类适宜居住的绿色建筑，让人们充分享受自然通风和采光，充分享受自然保温、冬暖夏凉，是我们共同的追求目标。

绿色建筑、绿色施工都要纳入到建筑产业现代化的大战略中去，标准化设计、工厂化制造、机械化装配、信息化管理的全新绿色施工方式将成为未来的方向。

单元 2　工程质量管理实务

第 1 节　工程质量管理概论

一、工程质量管理的相关概念

（一）建筑工程质量的概念

建筑工程质量是指反映建筑工程满足相关标准规定和合同约定的要求，包括其在安全、使用功能及其耐久性能、环境保护等方面所有明显和隐含能力的特性总和。

（二）建筑工程质量的特性

（1）适用性：是指工程满足建设目的的性能。

（2）安全性：是指工程建成以后保证结构安全、保证人身和环境免受危害的可能性。

（3）耐久性：是指工程确保安全，能够正常使用的年限，也是工程竣工以后的合理使用寿命周期。

（4）经济性：是指工程从规划、勘察、设计、施工到整个产品使用寿命期内的成本和消耗。

（5）观赏性：工程形成以后，它在发挥其规划设计意图的同时，必须会给公众带来"可悦性"的判断。就是说建设工程质量不仅表现为其使用价值，而且还有观赏价值。

（6）与环境的协调性：是指其能否适应可持续发展的要求。

（三）建筑工程项目质量管理的概念

建筑工程项目质量管理，是指在工程项目的质量方面指挥和控制组织的协调活动。建筑施工项目质量管理的目的是为项目的用户（顾客、项目的相关者等）提供高质量的工程和服务。

令顾客满意，关键是项目的质量都必须满足项目标准。

工程项目质量管理过程和目标适用于所有工程项目管理职能和过程，包括工程项目立项决策的质量管理、工程项目计划的质量管理、工程项目实施的质量管理等。

建筑工程项目质量管理必须实施全过程的质量管理。建筑工程项目质量管理必须是动态管理。

衡量建筑工程项目质量管理好坏的标准，主要看建筑工程项目系统质量管理的好坏。建筑工程项目系统质量管理，从主体看是由建设单位质量管理、设计单位质量管理、施工单位质量管理和供应商质量管理组成的，从过程看是由前期质量管理、设计质量管理和施工质量管理组成的。

（四）建筑施工质量成本的概念

所谓质量成本是指为保证和提供建筑产品质量而进行的质量管理活动所花费的费用，或者说与质量管理职能管理有关的成本。在建筑施工的总成本中，虽然质量成本一般只占5％左右，但在建筑材料及人工成本市场趋于均衡的情况下，它对建筑施工企业的市场竞争和经济效益有着重要的影响。加强对质量成本的控制是建筑施工企业进行成本控制不可缺少的工作之一。

1. 建筑施工质量成本构成

建筑施工质量成本是将建筑产品质量保持在设计质量水平上所需要的相关费用与未达到预期质量标准而产生的一切损失费用之和。在建筑施工中，它是建筑施工总成本的组成部分。

建筑施工质量成本由施工过程中发生的预防成本、鉴定成本、内部故障成本和外部故障成本构成。

2. 建筑施工质量成本控制的方法

建筑施工质量成本控制是对建筑产品质量形成全过程的全面控制。其主要目的就是在保证施工项目质量达到设计标准的情况下，使其经济效益达到最佳。

建筑施工质量成本控制是一项涉及施工生产各方面的综合性工作。在实际工作中，必须将质量成本的四大构成要素以系统的思想进行整合，对工程项目的材料、人工等成本项目进行五个方面的事前和事中目标成本控制，促进企业的质量成本在工程进程中始终处于最佳的状态。

（五）建筑工程质量事故的概念

工程质量事故，是指由于建设、勘察、设计、施工、监理等单位违反工程质量有关法律法规和工程建设标准，使工程产生结构安全、重要使用功能等方面的质量缺陷，造成人身伤亡或者重大经济损失的事故。

住房和城乡建设部根据《生产安全事故报告和调查处理条例》和《建设工程质量管理条例》在"建制〔2011〕111号"文件中对工程质量事故的分类做出规定，按造成的人员伤亡或者直接经济损失，工程质量事故分为4个等级：

（1）特别重大事故，是指造成30人以上死亡，或者100人以上重伤，或者1亿元以上直接经济损失的事故；

（2）重大事故，是指造成10人以上30人以下死亡，或者50人以上100人以下重伤，或者5000万元以上1亿元以下直接经济损失的事故；

（3）较大事故，是指造成3人以上10人以下死亡，或者10人以上50人以下重伤，或者1000万元以上5000万元以下直接经济损失的事故；

（4）一般事故，是指造成3人以下死亡，或者10人以下重伤，或者100万元以上1000万元以下直接经济损失的事故。

本等级划分所称的"以上"包括本数，所称的"以下"不包括本数。

（六）建筑工程质量事故处理流程

建筑工程质量事故处理流程如图2.1-1所示。

1. 质量事故的原因分析

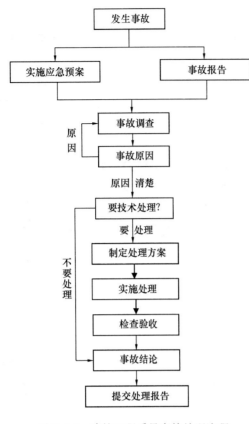

图 2.1-1   建筑工程质量事故处理流程

在完成事故调查的基础上，对事故的性质、类别、危害程度以及发生的原因进行分析，为事故处理提供必需的依据。原因分析时，往往会存在原因的多样性和综合性，要正确区别分清同类事故的各种不同原因，通过详细的计算与分析、鉴别，找到事故发生的主要原因。在综合原因分析中，除确定事故的主要原因外，应正确评估相关原因对工程质量事故的影响，以便能采取切实有效的综合加固修复方法。

常见质量事故原因如表 2.1-1 所示。

常见质量事故原因   表 2.1-1

1	违反程序	未经审批，无证设计，无证施工
2	地质勘察	勘察不符合要求，报告不详细、不准确
3	设计计算	结构方案不正确，计算错误，违反规范
4	工程施工	施工工艺不当，组织不善，施工结构理论错误
5	建筑材料	施工用材料、构件、制品不合格
6	使用损害	改变使用功能，破坏受力构件，增加使用荷载
7	周边环境	高温、氯等有害物体腐蚀
8	自然灾害	地震、风害、水灾、火灾

2. 质量事故处理的主要依据

（1）施工单位的质量事故调查报告。

质量事故发生后，施工单位有责任就所发生的质量事故进行周密的调查、研究，掌握情况，对有关质量事故的实际情况做详尽的说明，形成初步的事故调查报告，其内容包括：

1）质量事故发生的时间、地点，工程项目名称及工程概况，如结构类型、建筑面积、层数、发生质量事故的部位、参建单位名称等。

2）质量事故状况的描述。如分布状态及范围、发生事故的类型、缺陷程度及直接经济损失、是否造成人员伤亡。

3）质量事故现场勘察笔录，事故现场证物照片、录像，质量事故的证据资料，质量事故的调查笔录。

4）质量事故的发展变化情况，如是否继续扩大其范围、是否已稳定。

（2）事故调查组研究所获得的第一手资料，以及调查组所提供的工程质量事故调查报告，用来与施工单位所提供的情况对照、核实。

（3）有关合同和合同文件。

所涉及的合同文件主要有：施工、设计、勘察、监理合同及分包工程合同，原材料、半成品、设备器材等购销合同等。有关合同和合同文件在处理质量事故中的作用，是对施工过程中有关各方是否按照合同约定的有关条款实施其活动，同时也是界定质量责任的重要依据。

（4）有关的技术文件和档案。

1）有关的设计文件。

2）与施工有关的技术文件和档案资料。

（5）有关的建设法规。

1）勘察、设计、施工、监理等单位资质管理方面的法规。

2）建筑市场方面的法规。

3）建筑施工方面的法规。

3. 质量事故报告

（1）工程质量事故发生后，事故现场有关人员应当立即向工程建设单位负责人报告；工程建设单位负责人接到报告后，应于 1 小时内向事故发生地县级以上人民政府住房和城乡建设主管部门及有关部门报告。

情况紧急时，事故现场有关人员可直接向事故发生地县级以上人民政府住房和城乡建设主管部门报告。

（2）住房和城乡建设主管部门接到事故报告后，应当依照下列规定上报事故情况，并同时通知公安、监察机关等有关部门：

1）较大、重大及特别重大事故逐级上报至国务院住房和城乡建设主管部门，一般事故逐级上报至省级人民政府住房和城乡建设主管部门，必要时可以越级上报事故情况。

2）住房和城乡建设主管部门上报事故情况，应当同时报告本级人民政府；国务院住房和城乡建设主管部门接到重大和特别重大事故的报告后，应当立即报告国务院。

3）住房和城乡建设主管部门逐级上报事故情况时，每级上报时间不得超过 2 小时。

4）事故报告应包括下列内容：

事故发生的时间、地点、工程项目名称、工程各参建单位名称；

事故发生的简要经过、伤亡人数（包括下落不明的人数）和初步估计的直接经济损失；

事故的初步原因；

事故发生后采取的措施及事故控制情况；

事故报告单位、联系人及联系方式；

其他应当报告的情况。

5）事故报告后出现新情况，以及事故发生之日起 30 日内伤亡人数发生变化的，应当及时补报。

4. 质量事故的处理

根据调查与分析形成的报告，应提出对工程质量事故是否需进行修复处理、加固处理或不作处理的建议。

经相关部门签证同意、确认工程质量事故不影响结构安全和正常使用，可对事故不作处理。例如经设计计算复核，原有承载能力有一定余量可满足安全使用要求，混凝土强度虽未达到设计值，但相差不多，预估混凝土后期强度能满足安全使用要求等。

工程质量事故不影响结构安全，但影响正常使用或结构耐久性，应进行修复处理。

如构件表层的蜂窝麻面、非结构性裂缝、墙面渗漏等。修复处理应委托专业施工单位进行。

工程质量事故影响结构安全时，必须进行结构加固补强，此时应委托有资质单位进行结构检测鉴定和加固方案设计，并由有专业资质单位进行施工。

按照规定的工程施工程序，建筑结构的加固设计与施工，宜进行施工图审查与施工过程的监督和监理，防止加固施工过程中再次出现质量事故带来的各方面影响。

5. 修复加固处理的原则

建筑工程事故修复加固处理应满足下列原则：

（1）技术方案切合实际，满足现行相关规范要求。

（2）安全可靠，满足使用或生产要求。

（3）经济合理，具有良好的性价比。

（4）施工方便，具有可操作性。

（5）具有良好的耐久性。

修复加固处理应依据事故调查报告和建筑物实际情况，并应满足现行国家相关规范要求，并经业主同意确认。修复处理可选择不同的方法和不同的材料。它对原有结构的影响以及工程费用有直接关系，因此处理方法应遵循上述原则和要求，应根据具体工程条件确定，以确保处理工作顺利进行。

同样，修复加固处理施工应严格按照设计要求和相关标准规范的规定进行，以确保处理质量和安全，达到要求的处理效果。

二、建筑工程质量管理理论

（一）质量标准体系

《中华人民共和国标准化法》将我国标准分为国家标准、行业标准、地方标准、企业标准四级。国家标准由国务院标准化行政主管部门制定，是在全国范围内统一的技术要求，年限一般为五年，过了年限后，国家标准就要被修订或重新制定。此外，随着社会的发展，国家需要制定新的标准来满足人们生产、生活的需要，因此，标准是一种动态信息。行业标准由国务院有关行政主管部门制定，是指没有国家标准而又需要在全国某个行业范围内统一的技术要求，行业标准应用范围广、数量多，收集不易。当国家标准公布之后，该项行业标准即行废止。地方标准由省、自治区和直辖市标准化行政主管部门制定，当国家标准或者行业标准公布之后，该项地方标准即行废止。企业标准则由企业自己制定作为组织生产的依据，国家鼓励企业制定严于国家标准或者行业标准的企业标准，在企业内部适用。

国家标准和行业标准均有强制性标准和推荐性标准之分。根据《国家标准管理办法》和《行业标准管理办法》，工程建设可分为质量、安全、卫生等标准，环境保护和环境质量方面的标准，推荐性标准又称为非强制性标准或自愿性标准，是指生产、交换、使用等方面，通过经济手段或市场调节而自愿采用的一类标准，这类标准，不具有强制性，任何单位均有权决定是否采用，违反这类标准，不构成经济或法律方面的责任。应当指出的是，推荐性标准一经接受并采用，或各方商定同意纳入商品经济合同中，就成为各方必须共同遵守的技术依据，具有法律上的约束性。

（二）《建筑工程施工质量验收统一标准》（GB 50300—2013）

《建筑工程施工质量验收统一标准》（GB 50300—2013）的内容有两部分：

第一部分规定了房屋建筑各专业工程施工质量验收规范编制的统一准则。为了统一房屋建筑工程各专业施工质量验收规范的编制，对检验批、分项、分部（子分部）、单位（子单位）工程的划分、质量指标的设置和要求、验收程序与组织都提出了原则性要求，以指导本系列标准各验收规范的编制，掌握内容的繁简、质量指标的多少、宽严程度等，使其能够比较协调。

第二部分是直接规定了单位工程的验收，从单位工程的划分和组成、质量指标的设置，到验收程序都做了具体规定。

（三）《工程建设施工企业质量管理规范》（GB/T 50430—2007）

《工程建设施工企业质量管理规范》（GB/T 50430—2007）于 2007 年 10 月 23 日发布，2008 年 3 月 1 日实施，共 13 章 121 项条款，体现了"大质量"的概念。该规范是施工企业质量管理的基本规范，全面覆盖了施工企业质量管理的各个方面，但也仅仅是提出了企业质量管理的基本框架和思路，企业质量管理的行为在各个方面还必须同时符合国家和地方相关的法律、法规、标准规范的要求。每章由一般规定和具体要求构成，均体现 PDCA 完整的循环。重视组织的质量信息，重视组织的质量创新工作，章节重视组织各层次监督检查或评价，与《质量管理体系　要求》GB/T 19001—2008 对照基本覆盖，不一定是一一对应，一个条款有时对应 2~3 条 GB/T 19001—2008 条款（表 2.1-2）。规范的编制充分体现了按过程制定的思想。

GB/T 19001—2008 与 GB/T 50430—2007 条款对照表　　　表 2.1-2

GB/T 19001—2008 条款	GB/T 50430—2007 条款
7.5.1　生产和服务提供的控制	6.2.4；6.3.1；9.3.1；10.2.1；10.2.2；10.4；10.5；10.6.2；10.6.3
7.5.2　生产和服务提供过程的确认	10.5.2
8.2.4　产品的监视和测量	8.3.1；8.3.3；9.3.1；9.3.2（2）；9.3.3；11.1.1；11.2.2；11.2.3；11.3.1；11.3.2；11.3.3

质量管理基本要求如图 2.1-2 所示。

（四）《建筑工程施工质量评价标准》（GB/T 50375—2006）

根据原建设部建标 [2004] 67 号文《关于印发"2004 年工程建设国家标准制定、修订计划"的通知》的要求，由中国建筑业协会工程建设质量监督分会会同有关单位组成编制组，编制组在广泛调查研究，认真总结实践经验，并广泛征求意见的基础上，形成了本评价标准。主要评价方法是：按单位工程评价工程质量，首先将单位工程按专业性质和建筑部位划分为地基及桩基工程、结构工程、屋面工程、装饰装修工程、安装工程五部分。每部分分别从施工现场质量保证条件、性能检测、质量记录、尺寸偏差及限值实测、观感质量等五项内容来评价，最后进行综合评价。图 2.1-3 为工程质量评价框架体系图。表 2.1-3 为工程部位、系统权重值分配表。表 2.1-4 为评价项目权重值分配表。

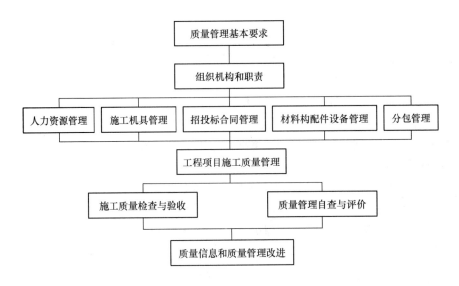

图 2.1-2   质量管理基本要求示意图

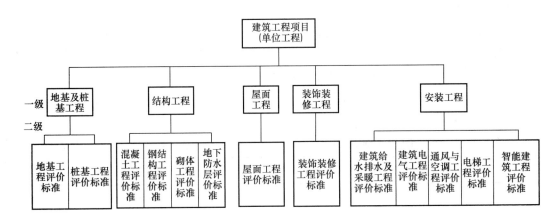

图 2.1-3   工程质量评价框架体系图

工程部位、系统权重值分配表   表 2.1-3

工程部位	权重分值
地基及桩基工程	10
结构工程	40
屋面工程	5
装饰装修工程	25
安装工程	20

注：安装工程有五项内容：建筑给水排水及采暖工程、建筑电气、通风与空调、电梯、智能建筑工程各4分。缺项时按实际工作量分配但为整数。

评价项目权重值分配表   表 2.1-4

序号	评价项目	地基及桩基工程	结构工程	屋面工程	装饰装修工程	安装工程
1	施工现场质量保证条件	10	10	10	10	10
2	性能检测	35	30	30	20	30

序号	评价项目	地基及桩基工程	结构工程	屋面工程	装饰装修工程	安装工程
3	质量记录	35	25	20	20	30
4	尺寸偏差及限值实测	15	20	20	10	10
5	观感质量	5	15	20	40	20

注：1. 用各检查评分表检查评分后，将所得分值换算为本表分值，再按规定变为表 2.1-3 的权重值。

　　2. 地下防水层评价权重值没有单独列出，包含在结构工程中，当有地下防水层时，其权重值占结构工程的 5%。

每个检查项目包括若干项具体检查内容，对每一具体检查内容应按其重要性给出标准分值，其判定结果分为一、二、三共三个档次。一档为 100% 的标准分值；二档为 85% 的标准分值；三档为 70% 的标准分值。建筑工程施工质量优良评价应分为工程结构和单位工程两个阶段分别进行评价。工程结构、单位工程施工质量优良工程的评价总得分均应不少于 85 分。总得分达到 92 分及其以上时为高质量等级的优良工程。

三、建筑工程质量管理方法

（一）全面质量管理（TQC）

由于长期以来实行的是以质量检验为主的传统式质量管理方法，以严格把关为手段，以被动管理的少数专业人员为主要控制力量，因此，施工单位长期存在着抢进度、抓工作量，忽视质量及其相应的管理，从而导致质量事故多、质量通病多、工期拖延、施工成本高、为用户服务差等许多问题，且得不到很好的解决。往往只依赖一年若干次的大检查或上级的行政命令。甚至是从严处罚等手段来使这些问题得到暂时解决，但不久之后，这种问题又重复出现。大量的事实证明，传统式质量管理方法是一种治标不治本、已经落后的管理方法，它远不适应科学技术及社会生产力飞速发展的今天，必须以科学的、先进的管理方法取代它。这个新的管理方法即是全面质量管理的方法。

1. 全面质量管理概念

关于全面质量管理在不同的文献中定义也略有不同。ISO 8402—1994《质量管理和质量保证术语》对全面质量管理的定义是，一个组织以全员参与为基础，目的在于通过让顾客满意和本组织所有成员及社会受益而达到长期成功的管理途径。在费根堡姆的《全面质量管理》一书中则定义为，为了能够在最经济的水平上并考虑到充分满足顾客要求的条件下进行市场研究设计，制造和售后服务，把企业内各部门的研制质量、维持质量和提高质量的活动构成为一体的一种有效的体系。

把上述两种定义进行综合，应用到建筑企业，则建筑企业的全面质量管理可以定义为，把有关建筑企业的行政管理、生产管理、成本管理、技术管理和统计方法密切结合起来，建立起一整套完善的质量体系，对生产全过程进行控制，从而施工建成适用、经济、可靠、安全的工程。

2. 全面质量管理的特点

全面质量管理是从过去的以事后检验、把关为主转变为以预防改进为主。从"管结果"转变为"管因素"，即提出影响质量的各种因素，抓住主要矛盾，发动各部门全员参加，运用科学管理方法和程序，使生产经营所有活动均处于受控状态之中。在工作中将过去的以分工为主转变为以协调为主，使企业联系成为一个紧密的有机的整体。全面质量管理的特点很大一部分集中到"全"字上，也就是全面的、全过程的、全员参与的质量管理以及质量管理采取的方法是科学的、多种多样的。

针对不同企业的生产条件、工作环境及工作状态等多方面因素的变化，把组织管理、数理统计方法以及现代科学技术、社会心理学、行为科学等综合运用于质量管理，建立适用和完善的质量工作体系，对每个生产环节加以管理，做到全面运行和控制。

3. "三全"管理

所谓"三全"管理，主要是指全过程、全员、全企业的质量管理。从系统观点来看，"三全"管理是一个整体，而整体内部的个体又有各自的个性和相互联系。因此，正确理解"三全"的各自含义，对开展全面质量管理具有十分重要意义。

全过程的质量管理这是指一个工程项目从立项、设计、施工到竣工验收直到回访保修的全过程。全过程管理就是对每一道工序都要有质量标准，严把质量关，防止不合格产品流入下一道工序。

全员的质量管理指要让每道工序质量都符合质量标准，必然涉及每一位职工是否具有强烈的质量意识和优秀的工作质量。因此，要强调企业的全体员工用自己的工作质量来保证每一道工序质量。

全企业的质量管理主要是从组织管理来解释。在企业管理中，每一个管理层次都有相应的质量管理活动，不同层次的质量管理活动不同。上层侧重于决策与协调，中层侧重于执行其质量职能，基层（施工班组）侧重于严格按技术标准和操作规程进行施工。

4. 全面质量管理的基本观点

（1）全面质量的观点，是指除了要重视产品本身的质量特征外，还要特别重视数量（工程量）、交货期（工期）、成本（造价）和服务（回访保修）的质量以及各部门各环节的工作质量。因此，全面质量管理要有全面质量的观点，才能在企业中建立一个比较完整的质量保证体系。

（2）为用户服务的观点，就是要满足用户的期望，让用户得到满意的产品和服务，把用户的需要放在第一位，不仅要使产品质量达到用户要求，而且要价廉物美，供货及时，服务周到，要根据用户的需要，不断地提升产品的技术性能和质量标准。

（3）预防为主的观点，工程质量（产品质量）是在施工（加工）过程中形成的，而不是检查出来的。为此全面质量管理中的全过程质量管理就是强调各道工序、各个环节都要采取预防性控制。重点控制影响质量的因素，把各种可能产生质量隐患的苗头消灭在萌芽之中。

（4）用数据说话的观点，数据是质量管理的基础，是科学管理的依据。一切用数据说话，就是用数据来判别质量标准，用数据来寻找质量波动的原因、揭示质量波动的规律，用数据来反映客观事实、分析质量问题、把管理工作定量化，以便于及时采取对策、措施，对质量进行动态控制。这是科学管理的重要标志。

（5）持续改进的观点，持续改进是"增强满足要求的能力的循环活动"。就一个组织而言，为了改进组织的整体业绩，组织应不断提高产品质量，提高质量管理体系及过程的有效性和效率。坚持持续改进，组织才能不断进步。

5. 全面质量管理的基本方法

全面质量管理的基本方法为 PDCA 循环法。美国质量管理专家戴明博士把全面质量管理活动的全过程划分为计划（Plan）、实施（Do）、检查（Check）、处理（Action）四个阶段。即按计划实施检查处理四个阶段周而复始地进行质量管理，这四个阶段不断循环下去，故称循环。它是提高产品质量的一种科学管理工作方法，在日本称为"戴明"环（图 2.1-4）。PDCA 循环，事实上就是认识—实践—再认识—再实践的过程。

图 2.1-4　戴明循环

四个阶段的工作内容如下：

（1）计划阶段。主要任务是按照使用者的要求并根据本企业生产技术条件的实际可能，进行工程施工计划安排和编制施工组织设计。

（2）实施阶段。主要任务是按照第一阶段制定的计划组织施工生产，并且要全面保证施工的工程质量符合国家标准要求。

（3）检查阶段。主要任务是对已施工的工程执行情况进行检查和评定。

（4）处理阶段。主要是按照使用单位的意见和检查阶段中评定意见进行总结处理，凡属合理部分编成标准，以备将来再次执行。

全面质量管理包含 8 个步骤：

第一步，分析现状，找出存在的质量问题，用数据加以说明。

第二步，分析产生质量问题的各种影响因素，并对各个因素进行分析。

第三步，找出产生质量问题的主要原因，通过抓主要因素解决质量问题。

第四步，针对影响质量问题的主要原因，制定活动计划和措施。计划和措施中要体现为什么定计划，达到的目标，采用何种手段，谁来执行等具体内容。

第五步，按照既定计划实施。

第六步，根据计划的内容和要求，检查实施结果，检查是否达到了预期的效果。

第七步，对检查结果进行总结，把成功的经验纳为标准、制度，防止问题重复发生。

第八步，处理遗留问题，转入下一个循环。

6. 全面质量管理具体实施的工具

分层法、排列图法、因果分析法、直方图法、控制图法、相关分析图法、检查图法、关系图法、KJ 法、系统图法、矩阵图法、矩阵数据分析法、PDPC 法和矢线图法。

其中，前 7 种为传统的方法，后 7 种为后期产生的，又叫新 7 种工具。

（二）六西格玛质量管理法

1. 六西格玛简介

六西格玛（Six Sigma），又称：6σ，6Sigma，$6\sum$。

其含义引申后是指：一般企业的瑕疵率大约是 3～4 个西格玛，以 4 西格玛而言，相当于每一百万个机会里，有 6210 次误差。如果企业不断追求品质改进，达到 6 西格玛的程度，绩效就几近于完美地达成顾客要求，在一百万个机会里，只找得出 3、4 个瑕疵。

2. 什么是 6σ 质量管理方法

6σ 管理法是一种统计评估法，核心是追求零缺陷生产，防范产品责任风险，降低成本，提高生产率和市场占有率，提高顾客满意度和忠诚度。6σ 管理既着眼于产品、服务质量，又关注过程的改进。

"σ" 是希腊文的一个字母，在统计学上用来表示标准偏差值，用以描述总体中的个体离均值的偏离程度，测量出的 σ 表征着诸如单位缺陷、百万缺陷或错误的概率性，σ 值越大，缺陷或错误就越少。6σ 是一个目标，这个质量水平意味的是所有的过程和结果中，99.99966% 是无缺陷的，也就是说，做 100 万件事情，其中只有 3、4 件是有缺陷的，这几乎趋近于人类能够达到的最为完美的境界。6σ 管理关注过程，特别是企业为市场和顾客提供价值的核心过程。因为过程能力用 σ 来度量后，σ 越大，过程的波动越小，过程以最低的成本损失、最短的时间周期满足顾客要求的能力就越强。

为了达到 6σ，首先要制定标准，在管理中随时跟踪考核操作与标准的偏差，不断改进，最终达到 6σ。现已形成一套使每个环节不断改进的简单的流程模式，如图 2.1-5 所示。

图 2.1-5   "6σ" 的流程模式

界定：确定需要改进的目标及其进度，企业高层领导就是确定企业的策略目标，中层营运目标可能是提高制造部门的生产量，项目层的目标可能是减少次品和提高效率。界定前，需要辨析并绘制出流程。

测量：以灵活有效的衡量标准测量和权衡现存的系统与数据，了解现有质量水平。

分析：利用统计学工具对整个系统进行分析，找到影响质量的少数几个关键因素。

改进：运用项目管理和其他管理工具，针对关键因素确立最佳改进方案。

控制：监控新的系统流程，采取措施以维持改进的结果，以期整个流程充分发挥功效。

3. 六西格玛质量管理方法的流程

六西格玛模式是一种自上而下的革新方法，它由企业最高管理者领导并驱动，由最高管理层提出改进或革新目标（这个目标与企业发展战略和远景密切相关）、资源和时间框架。推行六西格玛模式可以采用由定义、度量、分析、改进、控制（DMAIC）构成的改进流程。

DMAIC 流程可用于以下三种基本改进计划：

（1）六西格玛产品与服务实现过程改进；

（2）六西格玛业务流程改进；

（3）六西格玛产品设计过程改进。

这种革新方法强调定量方法和工具的运用，强调对顾客需求满意的详尽定义与量化表述，每一阶段都有明确的目标并由相应的工具或方法辅助。

典型的六西格玛管理模式解决方案以 DMAIC 流程为核心，它涵盖了六西格玛管理的策划、组织、人力资源准备与培训、实施过程与评价、相关技术方法（包括硬工具和软工具）的应用、管理信息系统的开发与使用等方面。

四、ISO 9000 质量管理体系

ISO 9000 系列标准进入中国已有十多年的历史，其帮助企业建立了完善的质量管理体系，并借助标准条文的约束来推动企业质量管理的不断提升和完善。

ISO 9000 不是指一个标准，而是一族标准的统称。"ISO 9000 族标准"指由 ISO/TC176 制定的所有国际标准。什么叫 TC176 呢？TC176 即 ISO 中第 176 个技术委员会，全称是"质量保证技术委员会"，1987 年更名为"质量管理和质量保证技术委员会"。TC176 专门负责制定质量管理和质量保证技术的标准。

为此，ISO/TC176 决定按上述目标，对 1987 版的 ISO 9000 族标准分两个阶段进行修改：第一阶段在 1994 年完成，第二阶段在 2000 年完成。

1994 版 ISO 9000 标准已被采用多年，其中如下三个质量保证标准之一通常被用来作为外部认证之用：

（1）ISO 9001：1994《质量体系 设计、开发、生产、安装和服务的质量保证模式》，用于自身具有产品开发、设计功能的组织；

（2）ISO 9002：1994《质量体系 生产、安装和服务的质量保证模式》，用于自身不具有产品开发、设计功能的组织；

（3）ISO 9003：1994《质量体系 最终检验和试验的质量保证模式》，用于对质量保证能力要求相对较低的组织。

2000 年 12 月 15 日，2000 版的 ISO 9000 族标准正式发布实施，2000 版 ISO 9000 族国际标准的核心标准共有四个：

（1）ISO 9000：2000 质量管理体系——基础和术语；

（2）ISO 9001：2000 质量管理体系——要求；

（3）ISO 9004：2000 质量管理体系——业绩改进指南；

（4）ISO 19011：2000 质量和环境管理体系审核指南。

上述标准中的 ISO 9001：2000《质量管理体系—要求》通常用于企业建立质量管理体系并申请认证之用。它主要通过对申请认证组织的质量管理体系提出各项要求来规范组织的质量管理体系。主要分为五大模块的要求，这五大模块分别是：质量管理体系、管理职责、资源管理、产品实现、测量分析和改进。其中每个模块中又分有许多分条款。

ISO9001：2000 标准遵循以下八大质量管理原则：

（1）以顾客为关注焦点：组织依存于其顾客。因此组织应理解顾客当前和未来的需求，满足顾客并争取超越顾客期望。

（2）领导作用：领导者确立本组织统一的宗旨和方向。他们应该创造并保持使员工能充分参与实现组织目标的内部环境。

（3）全员参与：各级人员是组织之本，只有他们的充分参与，才能使他们的才干为组

织获益。

（4）过程方法：将相关的活动和资源作为过程进行管理，可以更高效地得到期望的结果。

（5）管理的系统方法：识别、理解和管理作为体系的相互关联的过程，有助于组织实现其目标的效率和有效性。

（6）持续改进：组织总体业绩的持续改进应是组织的一个永恒的目标。

（7）基于事实的决策方法：有效决策是建立在数据和信息分析基础上。

（8）互利的供方关系：组织与其供方是相互依存的，互利的关系可增强双方创造价值的能力。

2008年12月30日最新发布，2009年3月1日正式实施了GB/T 19001—2008等同采用ISO 9001：2008《质量管理体系要求》。

GB/T 19001—2008没有引入新的要求，只是更清晰、明确地表达了GB/T 19001—2000的要求；GB/T 19001—2008标准主要是进行增补/修订；不做技术上的修订，只做编辑上的变更；在认证时，使用修订后的标准不会改变双方（认证机构及获证方）的结果；变更的程度较小，特别是在结构上未做任何变更。

五、卓越绩效管理模式

卓越绩效模式（Performance Excellence Model）是当前国际上广泛认同的一种组织综合绩效管理的有效方法/工具。

该模式源自美国波多里奇奖评审标准，以顾客为导向，追求卓越绩效管理理念。包括远见卓识的领导、战略导向、顾客驱动、社会责任、以人为本、合作共赢、重视过程与关注结果等七个方面。该评奖标准后来逐步风行世界发达国家与地区，成为一种卓越的管理模式，即卓越绩效模式。它不是目标，而是提供一种评价方法。

"卓越绩效模式"是20世纪80年代后期美国创建的一种世界级企业成功的管理模式，其核心是强化组织的顾客满意意识和创新活动，追求卓越的经营绩效。

国家标准《卓越绩效评价准则》（GB/T 19580—2004）于2004年9月正式发布，它标志着我国质量管理进入了一个新的阶段。目前最新版标准是GB/T 19580—2012。

《卓越绩效评价准则》是以落实科学发展观、建设和谐社会为出发点，坚持以人为本、全面协调和可持续发展的原则，为组织的所有者、顾客、员工、供方、合作伙伴和社会创造价值。本标准的制定和实施可促进各类组织增强战略执行力，改善产品和服务质量，帮助组织进行管理的改进和创新，持续提高组织的整体绩效和管理能力，推动组织获得长期成功。

卓越绩效模式建立在一组相互关联的核心价值观和原则的基础上。核心价值观共有11条：

1. 追求卓越管理

领导力是一个组织成功的关键。组织的高层领导应确定组织正确的发展方向和以顾客为中心的企业文化，并提出有挑战性的目标。组织的方向、价值观和目标应体现其利益相关方的需求，用于指导组织所有的活动和决策。高层领导应确保建立组织追求卓越的战略、管理系统、方法和激励机制，激励员工勇于奉献、成长、学习和创新。

2. 顾客导向的卓越

组织要树立顾客导向的经营理念，认识到质量和绩效是由组织的顾客来评价和决定的。组织必须考虑产品和服务如何为顾客创造价值，达到顾客满意和顾客忠诚，并由此提高组织绩效。

组织既要关注现有顾客的需求，还要预测未来顾客期望和潜在顾客；顾客导向的卓越要体现在组织运作的全过程，因为很多因素都会影响到顾客感知的价值和满意，包括组织要与顾客建立良好的关系，以增强顾客对组织的信任、信心和忠诚；在预防缺陷和差错产生的同时，要重视快速、热情、有效地解决顾客的投诉和报怨，留住顾客并驱动改进；在满足顾客基本要求基础上，要努力掌握新技术和竞争对手的发展，为顾客提供个性化和差异化的产品和服务；对顾客需求变化和满意度保持敏感性，做出快速、灵活的反应。

3. 组织和个人的学习

要应对环境的变化，实现卓越的经营绩效水平，必须提高组织和个人的学习能力。组织的学习是组织针对环境变化的一种持续改进和适应的能力，通过引入新的目标和做法带来系统的改进。学习必须成为组织日常工作的一部分，通过员工的创新、产品的研究与开发、顾客的意见、最佳实践分享和标杆学习以实现产品、服务的改进，开发新的商机，提高组织的效率，降低质量成本，更好地履行社会责任和公民义务。企业实践卓越绩效模式是组织适应当前变革形势的一个重要学习过程。

个人的学习是通过新知识和能力的获得，引起员工认知和行为的改变。个人的学习可以提高员工的素质和能力，为员工的发展带来新的机会，同时使组织获得优秀的员工队伍。要注重学习的有效性和方法，学习不限于课堂培训，可以通过知识分享、标杆学习和在岗学习等多种形式，提高员工的满意度和创新能力，从而增强组织的市场应变能力和绩效优势。

4. 重视员工和合作伙伴

组织的成功越来越取决于全体员工及合作伙伴不断增长的知识、技能、创造力和工作动机。企业要让顾客满意，首先要让创造商品和提供服务的企业员工满意。重视员工意味着确保员工的满意、发展和权益。为此组织应关注员工工作和生活的需要，创造公平竞争的环境，对优秀者给予奖励；为员工提供学习和交流的机会，促进员工发展与进步；营造一个鼓励员工承担风险和创新的环境。

组织与外部的顾客、供应商、分销商和协会等机构之间建立战略性的合作伙伴关系，将有利于组织进入新的市场领域，或者开发新的产品和服务，增强组织与合作伙伴各自具有的核心竞争力和市场领先能力。建立良好的外部合作关系，应着眼于共同的长远目标，加强沟通，形成优势互补，互相为对方创造价值。

5. 快速反应和灵活性

要在全球化的竞争市场上取得成功，特别是面对电子商务的出现，"大鱼吃小鱼"变成了"快鱼吃慢鱼"，组织要有应对快速变化的能力和灵活性，以满足全球顾客快速变化和个性化的需求。

为了实现快速反应，组织要不断缩短新产品和服务的开发周期、生产周期，以及现有产品、服务的改进速度。为此需要简化工作部门和程序，采用具备快速转换能力的柔性生产线；需要培养掌握多种能力的员工，以便胜任工作岗位和任务变化的需要。各方面的时间指标已变得愈来愈重要，开发周期和生产、服务周期已成为关键的过程测量指标，时间的改进必将推动组织的质量、成本和效率方面的改进。

6. 关注未来

在复杂多变的竞争环境下，组织不能满足于眼前绩效水平，要有战略性思维，关注组织未来持续稳定发展，让组织的利益相关方——顾客、员工、供应商和合作伙伴以及股东、公众对组织建立长期信心。

追求持续稳定的发展，组织应制定长期发展战略和目标，分析、预测影响组织发展的诸多因素，例如顾客的期望、新的商机和合作机会、员工的发展和聘用、新的顾客和市场细化、技术的发展和法规的变化、社区和社会的期望、竞争对手的战略等，战略目标和资源配置需要适应这些影响因素的变化。而且战略要通过长期规划和短期计划进行部署，保证战略目标的实现。组织的战略要与员工和供应商沟通，使员工和供应商与组织同步发展。组织的可持续发展需要实施有效的继续计划，创造新的机会。

7. 促进创新的管理

要在激烈的竞争中取胜，只有通过创新才能形成组织的竞争优势。创新意味着组织对产品、服务和过程进行有意义的改变，为组织的利益相关方创造新的价值，把组织的绩效提升到一个新的水平。创新不应仅仅局限于产品和技术的创新，创新对于组织经营的各个方面和所有过程都是非常重要的。组织应对创新进行引导，使创新成为学习的一部分，使之融入到组织的各项工作中，进行观念、机构、机制、流程和市场等管理方面的创新。

组织应对创新进行管理，使创新活动持续、有效地开展。首先需要高层领导积极推动和参与革新活动，有一套针对改进和创新活动的激励制度；其次要有效利用组织和员工积累的知识进行创新，而且要营造勇于承担风险的企业文化，导致更多创新的机会。

8. 基于事实的管理

基于事实的管理是一种科学的态度，是指组织的管理必须依据对其绩效的测量和分析。测量什么取决于组织的战略和经营的需要，通过测量获得关键过程、输出和组织绩效的重要数据和信息。绩效的测量可包括：顾客满意程度、产品和服务的质量、运行的有效性、财务和市场结果、人力资源绩效和社会责任结果，反映了利益相关方的平衡。

测量得到的数据和信息通过分析，可以发现其中变化的趋势，找出重点的问题，识别其中的因果关系，用于组织进行绩效的评价、决策、改进和管理，而且还可以将组织的绩效水平与其竞争对手或标杆的"最佳实践"进行比较，识别自己的优势和弱项，促进组织的持续改进。

9. 社会责任与公民义务

组织应注重对社会所负有的责任、道德规范，并履行好公民义务。领导应成为组织表率，在组织的经营过程中，以及在组织提供的产品和服务的生命周期内，要恪守商业道德，保护公众健康、安全和环境，注重保护资源。组织不应仅满足于达到国家和地方法律法规的要求，还应寻求更进一步的改进的机会。要有发生问题时的应对方案，能做出准确、快速的反应，保护公众安全，提供所需的信息与支持。组织应严格遵守道德规范，建立组织内外部有效的监管体系。

履行公民义务是指组织在资源许可的条件下，对社区公益事业的支持。公益事业包括改善社区内的教育和保健、美化环境、保护资源、社区服务、改善商业道德和分享非专利性信息等。组织对于社会责任的管理应采用适当的绩效测量指标，并明确领导的责任。

10. 关注结果和创造价值

组织的绩效评价应体现结果导向，关注关键的结果，主要包括有顾客满意程度、产品和服务、财务和市场、人力资源、组织效率、社会责任等六个方面。这些结果能为组织关键的利益相关方——顾客、员工、股东、供应商和合作伙伴、公众及社会创造价值和平衡其相互间的利益。通过为主要的利益相关方创造价值，将培育起忠诚的顾客，实现组织绩效的增长。组织的绩效测量是为了确保其计划与行动能满足实现组织目标的需要，并为组织长短期利益的平衡、绩效的过程监控和绩效改进提供了一种有效的手段。

11. 系统的观点

卓越绩效模式强调以系统的观点来管理整个组织及其关键过程，实现组织的卓越绩效。卓越绩效模式七个方面的要求和核心价值观构成了一个系统的框架和协调机制，强调了组织的整体性、一致性和协调性。"整体性"是指把组织看成一个整体，组织整体有共同的战略目标和行动计划；"一致性"是指卓越绩效标准各条款要求之间，具有计划、实施、测量和改进（PDCA）的一致性关系；"协调性"是指组织运作管理体系的各部门、各环节和各要素之间是相互协调的。

系统的观点体现了组织所有活动都是以市场和顾客需求为出发点，最终达到顾客满意的目的；各个条款的目的都是以顾客满意为核心，它们之间是以绩效测量指标为纽带，各项活动均依据战略目标的要求，按照 PDCA 循环展开，进行系统的管理。

企业推行卓越绩效模式具有以下几方面的重要意义：

（1）对更新管理理念、步入现代优秀企业行列具有重要意义。卓越绩效模式是世界成功企业管理经验的结晶和我国优秀企业的共同追求，也是企业实现管理现代化的重要途径。通过对于卓越绩效模式的导入，可实现公司与世界一流的管理模式迅速接轨，成功借鉴世界一流公司的管理经验。

（2）对实现公司战略目标具有重要意义。通过推行卓越绩效模式，建立完善的标杆管理体系并实施推进，对提升公司综合竞争力将起到积极的作用。

（3）对优化内部管理流程、整合管理方法、提升管理效率、完善绩效评价具有重要意义。

（4）对争创全国质量管理奖、树立卓越品牌形象具有重要意义。

六、建筑工程质量管理措施

（一）质量目标的确定及保证措施

1. 工程质量目标

工程开工前需按《建筑工程施工质量验收统一标准》（GB 50300—2013）中的分部分项工程进行质量目标的确定。

工程开工前需建立工程项目管理班子，项目经理部在总部的服务和控制下，充分发挥企业的整体优势和专业化施工保障，按照企业成熟的项目管理模式，并依据质量体系模式标准来运作，全面推行科学化、标准化、程序化、制度化管理，以一流的管理、一流的技术、一流的施工和一流的服务以及严谨的工作作风，精心组织、精心施工，履行对业主的承诺，实现上述质量目标。

2. 质量控制和保证的指导原则

（1）首先建立完善的质量保证体系，配备高素质的项目管理和质量管理人员，强化"项目管理，以人为本"。

（2）严格过程控制和程序控制，开展全面质量管理，树立创"过程精品"、"业主满意"的质量意识，使该工程成为具有代表性的优质工程之一。

（3）制定质量目标，将目标层层分解，质量责任、权力彻底落实到个人，严格奖罚制度。

（4）建立严格而实用的质量管理和控制办法、实施细则，在工程项目上坚决贯彻执行。

（5）严格样板制、三检制、工序交接制度及质量检查和审批等制度。

（6）广泛深入开展质量职能分析、质量讲评，大力推行"一案三工序"的管理措施，即"施工方案、监督上道工序、保证本道工序、服务下道工序"。

（7）利用计算机技术等先进的管理手段进行项目管理、质量管理和控制，强化质量检测和验收系统，加强质量管理的基础性工作。

（8）大力加强图纸会审、图纸深化设计、详图设计、综合配套图的设计和审核工作，通过确保设计图纸的质量来保证工程施工质量。

（9）严把材料（包括原材料、成品和半成品）、设备的出厂质量和进场质量关。

（10）确保检验、试验和验收与工程进度同步；工程资料与工程进度同步；竣工资料与工程竣工同步；用户手册与工程竣工同步。

3. 建立有效的质量管理保证体系

建立由项目经理领导，由总工程师策划、组织实施，现场经理和安装经理中间控制，区域和专业责任工程师检查监督的管理系统，形成项目经理部、各专业承包商、专业化公司和施工作业班组的质量管理网络。

（二）质量管理三检制

三检是指自检、互检、交接检。

1. 自检

自检指操作人员对自己的施工工序或已完成的分项工程进行自我检验，实施自控，及时消除异常因素，防止不合格品流入下道工序。分为操作人员自检和班组自检，由技术员组织班组进行，由班组做文字记录。工班长在每日收工前对完成工作进行一次自检，做出记录，工后讲评。

2. 互检

互检指操作人员之间对所完成的工序或检验批、分项工程进行相互检验，起到相互监督作用。互检的形式可以是同组操作人员之间的相互检验，也可以是班组的兼职质检员对本班组操作人员的检验。同一工种或多工种之间，由工程队组织不定期的相互检查，互相观摩，交流经验，推广先进操作技术，达到取长补短、互相促进、共同提高的目的。

3. 交接检

交接检指上道工序自检合格后，上下工序之间进行交接检查。交接检由项目质检工程师组织有关班组长、技术员进行，并填写工序交接记录。同一工种的多班制上下班之间或工种的上下工序之间的交接检查，由队组织交接检，各工班应做到上道工序不合格，下道工序不施工。

（三）样板引路

根据国家规范要求，按照施工工序在关键节点制定控制管理程序，包括施工控制重点、检查流程等。在确保工程达到国家和部颁施工技术标准及规范的前提下，提高内部验收标准，强化对设计施工的全过程全方位的质量控制。制定高标准的各项管理制度和工作目标以及施工质量标准，坚持每一道主要工序树立优秀的质量标杆样板，严格按照规范要求检查通过后，作业队参照样板的工艺做法、按照样板的合格标准来施工。

实施样板引路是为了对工程质量做到事前控制、统一标准，为大规模施工提供验收依据。

（四）过程控制

1. 项目施工过程质量控制的重要性

工程项目施工涉及面广，是一个极其复杂的过程，影响质量的因素很多，如设计、材料、机械、地形、地质、水文、气象、施工工艺、操作方法、技术措施、管理制度等，均直接影响着工程项目的施工质量；使用材料的微小差异、操作的微小变化、环境的微小波动、机械设备的正常磨损，都会产生质量变异，造成质量事故。工程项目建成后，如发现质量问题又不可能像一些工业产品那样拆卸、解体、更换配件，更不能实行"包换"或"退款"，因此工程项目施工过程中的质量控制，就显得极其重要。

2. 培训、优选施工人员是奠定质量控制的基础

按照全面质量管理的观点，施工人员应当树立五大观念：质量第一的观念、预控为主的观念、为用户服务的观念、用数据说话的观念以及社会效益、企业效益（质量、成本、工期相结合）综合效益观念。其次是人的技术素质。提高人的素质，靠质量教育、靠精神和物质激励的有机结合，靠培训和优选。

3. 严格控制建材、建筑构配件和设备质量，打好工程建设物质基础

要把住"四关"，即采购关、检测关、运输保险关和使用关。

4. 推行科技进步，全面质量管理，提高质量控制水平

施工质量控制，与技术因素息息相关。技术因素除了人员的技术素质外，还包括装备、信息、检验和检测技术等。原建设部《技术政策》中指出："要树立建筑产品观念，各个环节要重视建筑最终产品的质量和功能的改进，通过技术进步，实现产品和施工工艺的更新换代。"这句话阐明了新技术、新工艺和质量的关系。

科技是第一生产力，体现了施工生产活动的全过程。技术进步的作用，最终体现在产品质量上。

"管理也是生产力"，管理因素在质量控制中举足轻重。建筑工程项目应建立严密的质量保证体系和质量责任制，明确各自责任。施工过程的各个环节要严格控制，各分部、分

项工程均要全面实施到位管理。

在实施质量计划和攻关措施中加强质量检查，其结果要定量分析，得出结论。

质量控制的目标管理应抓住目标制定、目标展开和目标实现三个环节。

（五）创优策划

在创优夺杯中，首先要明确管理程序：一是明确"创优"质量目标。二是进行实现质量目标的可行性分析和工程施工的难点分析。三是制定分阶段目标，把质量目标层层分解，直至检验批、分项工程。四是创优质工程的过程策划，即如何解决工程质量通病，如何将难点通过施工向质量亮点转化的策划。五是过程控制，即对分项工程，每一个操作工艺过程实施、再策划、再实施，始终留下创优痕迹。六是分段验收来实现质量目标。

创优目标和过程策划确立后，关键在于过程控制、实现过程精品。创优工程要通过"过程精品"去实现，只要工程施工的每一个"过程"都达到创优质工程的要求，那么最终的工程质量自然就是优质工程。

项目部创优工程实行多级、多方位的质量过程监控。创优夺杯项目部在组织施工前二周内，对工程的所有特殊工序、施工难点和影响使用功能的部位，必须以书面形式明确组织施工安排计划及具体措施，每个环节附作业指导书，包括工艺，质量要求，施工组织、质量监督负责人名单等报告公司项目管理部审核批准。在实施过程中，除了项目部要严格按创优目标计划实施外，公司专门安排专业工程师到现场检查、指导、监控，保证重点部位施工质量一次成优。公司还每季度组织对工程施工过程的质量进行综合考评，对成绩突出的工程项目实行重奖，鼓励项目部创优质工程的积极性。

实现过程精品的关键环节在于工程创优的过程中积极开展 QC 攻关小组活动。通过统计表、排列图找出主要质量问题。通过鱼刺图即对人、机、料、法、环五大因素找出产生问题的原因。通过原因分析会，即头脑风暴法（这种方法是让参会人员在分析产生质量问题原因时，把脑子里想到的全部倒出来）找出主要原因。然后对症下药，确定落实措施的具体责任人、完成时间。通过这一系列活动，从而提高产品质量，把质量通病减少到最低程度。

因此，在创优夺杯中，只要真正在思想上重视质量，牢固树立"质量第一"的观念，认真遵守施工程序和施工工艺标准，认真贯彻执行技术责任制，认真坚持质量标准、严格检查，实行层层把关，突出工程的细部质量特点及亮点，那么创优的目标就一定能够实现。

七、"工程质量治理两年行动方案"中的相关规定

2014 年住建部颁布了《工程质量专项治理两年行动方案》等一系列涉及建筑业发展的文件。同年 9 月 4 日，住房城乡建设部召开全国工程质量治理两年行动电视电话会议，传达、学习国务院领导同志关于抓好工程质量工作的重要批示，部署开展工程质量治理两年行动工作，可谓重拳出击、重药治疴、重典治乱。

同时，中国建筑业协会向全国建筑业企业和广大从业人员发出了《保障工程质量禁止转包违法分包行为倡议书》，提出依法经营、诚实守信、科学管理、规范用工行为和注重科技进步等倡议。

　　百年大计，质量第一，建设工程项目质量，直接关乎着人民群众的切身利益、国民经济投资效益和建筑业可持续发展。建筑施工企业是建设工程项目质量管理控制的参与者和直接实施者，因此作为建筑施工企业，面对力度空前的工程质量治理，要更加高度重视工程质量管理控制，要继续高标准要求，严措施落实，用自身的实际行动做好《工程质量专项治理两年行动方案》等文件的落实，净化建筑市场，杜绝不良行为，落实工程质量终身责任，确保工程质量，建百年精品放心工程，为推进建筑业健康发展作出应有的担当和努力。

　　在《工程质量专项治理两年行动方案》中工程质量关系人民群众切身利益、国民经济投资效益、建筑业可持续发展。为规范建筑市场秩序，有效保障工程质量，促进建筑业持续健康发展，制定了以下行动方案。

　　（一）工作目标

　　通过两年治理行动，规范建筑市场秩序，落实工程建设五方主体项目负责人质量终身责任，遏制建筑施工违法发包、转包、违法分包及挂靠等违法行为多发势头，进一步发挥工程监理作用，促进建筑产业现代化快速发展，提高建筑从业人员素质，建立健全建筑市场诚信体系，使全国工程质量总体水平得到明显提升。

　　（二）重点工作任务

　　1. 全面落实五方主体项目负责人质量终身责任

　　（1）明确项目负责人质量终身责任。按照《建筑工程五方责任主体项目负责人质量终身责任追究暂行办法》（建质〔2014〕124 号）规定，建设单位项目负责人、勘察单位项目负责人、设计单位项目负责人、施工单位项目经理和监理单位总监理工程师在工程设计使用年限内，承担相应的质量终身责任。各级住房城乡建设主管部门要按照规定的终身责任和追究方式追究其责任。

　　（2）推行质量终身责任承诺和竣工后永久性标牌制度。要求工程项目开工前，工程建设五方项目负责人必须签署质量终身责任承诺书，工程竣工后设置永久性标牌，载明参建单位和项目负责人姓名，增强相关人员的质量终身责任意识。

　　（3）严格落实施工项目经理责任。各级住房城乡建设主管部门要按照《建筑施工项目经理质量安全责任十项规定》（建质〔2014〕123 号）的规定，督促施工企业切实落实好项目经理的质量安全责任。

　　（4）建立项目负责人质量终身责任信息档案。建设单位要建立五方项目负责人质量终身责任信息档案，竣工验收后移交城建档案管理部门统一管理保存。

　　（5）加大质量责任追究力度。对检查发现项目负责人履责不到位的，各地住房城乡建设主管部门要按照《建筑工程五方责任主体项目负责人质量终身责任追究暂行办法》和《建筑施工项目经理质量安全责任十项规定》的规定，给予罚款、停止执业、吊销执业资格证书等行政处罚和相应行政处分，及时在建筑市场监管与诚信信息平台公布不良行为和处罚信息。

　　2. 严厉打击建筑施工转包违法分包行为

　　（1）准确认定各类违法行为。要求各级住房城乡建设主管部门按照《建筑工程施工转包违法分包等违法行为认定查处管理办法》（建市〔2014〕118 号）规定，准确认定建筑施工违法发包、转包、违法分包及挂靠等违法行为。

（2）开展全面检查。各级住房城乡建设主管部门对在建的房屋建筑和市政基础设施工程项目的承发包情况进行全面检查，检查建设单位有无违法发包行为，检查施工企业有无转包、违法分包以及转让、出借资质行为，检查施工企业或个人有无挂靠行为。

（3）严惩重罚各类违法行为。要求各级住房城乡建设主管部门对认定有违法发包、转包、违法分包及挂靠等违法行为的单位和个人，除依法给予罚款、停业整顿、降低资质等级、吊销资质证书、停止执业、吊销执业证书等相应行政处罚外，还要按照《建筑工程施工转包违法分包等违法行为认定查处管理办法》规定，采取限期不准参加招投标、重新核定企业资质、不得担任施工企业项目负责人等相应的行政管理措施。

（4）建立社会监督机制。加大政府信息公开力度，设立投诉举报电话和信箱并向社会公布，让公众了解和监督工程建设参建各方主体的市场行为，鼓励公众举报发现的违法行为。对查处的单位和个人的违法行为及处罚结果一律在建筑市场监管与诚信信息平台公布，发挥新闻媒体和网络媒介的作用，震慑违法行为，提高企业和从业人员守法意识。

3. 健全工程质量监督、监理机制

（1）创新监督检查制度。要求各级住房城乡建设主管部门要创新工程质量安全监督检查方式，改变事先发通知、打招呼的检查方式，采取随机、飞行检查的方式，对工程质量安全实施有效监督。进一步完善工程质量检测制度，加强对检测过程和检测行为的监管，坚决依法严厉打击虚假检测报告行为。

（2）加强监管队伍建设。要求各级住房城乡建设主管部门要统筹市场准入、施工许可、招标投标、合同备案、质量安全、行政执法等各个环节的监管力量，建立综合执法机制，在人员、经费、设备等方面提供充足保障，保持监管队伍的稳定，强化监管人员的业务技能培训，全面提高建筑市场和工程质量安全监督执法水平。

（3）突出工程实体质量常见问题治理。要求各级住房城乡建设主管部门要采取切实有效措施，从房屋建筑工程勘察设计质量和住宅工程质量常见问题治理入手，狠抓工程实体质量突出问题治理，严格执行标准规范，积极推进质量行为标准化和实体质量管控标准化活动，落实建筑施工安全生产标准化考评制度，全面提升工程质量安全水平。

（4）进一步发挥监理作用。鼓励有实力的监理单位开展跨地域、跨行业经营，开展全过程工程项目管理服务，形成一批全国范围内有技术实力、有品牌影响的骨干企业。监理单位要健全质量管理体系，加强现场项目部人员的配置和管理，选派具备相应资格的总监理工程师和监理工程师进驻施工现场。对非政府投资项目的监理收费，建设单位、监理单位可依据服务成本、服务质量和市场供求状况等协商确定。吸引国际工程咨询企业进入我国工程监理市场，与我国监理单位开展合资合作，带动我国监理队伍整体水平提升。

4. 大力推动建筑产业现代化

（1）加强政策引导。要求住房城乡建设部拟制定建筑产业现代化发展纲要，明确发展目标：到 2015 年底，除西部少数省区外，全国各省（区、市）具备相应规模的构件部品生产能力；新建政府投资工程和保障性安居工程应率先采用建筑产业现代化方式建造；全国建筑产业现代化方式建造的住宅新开工面积占住宅新开工总面积比例逐年增加，每年比上年提高 2 个百分点。各地住房城乡建设主管部门要明确本地区建筑产业现代化发展的近远期目标，协调出台减免相应税费、给予财政补贴、拓展市场空间等激励政策，并尽快将推动引导措施落到实处。

（2）实施技术推动。要求各级住房城乡建设主管部门要及时总结先进成熟、安全可靠的技术体系并加以推广。住房城乡建设部组织编制建筑产业现代化国家建筑标准设计图集和相关标准规范；培育组建全国和区域性研发中心、技术标准人员训练中心、产业联盟中心，建立通用种类和标准规格的建筑部品构件体系，实现工程设计、构件生产和施工安装标准化。各地住房城乡建设主管部门要培育建筑产业现代化龙头企业，鼓励成立包括开发、科研、设计、构件生产、施工、运营维护等在内的产业联盟。

（3）强化监管保障。要求各级住房城乡建设主管部门要在实践经验的基础上，探索建立有效的监管模式并严格监督执行，保障建筑产业现代化健康发展。

5. 加快建筑市场诚信体系建设

各地住房城乡建设主管部门要按照《全国建筑市场监管与诚信信息系统基础数据库管理办法》和《全国建筑市场监管与诚信信息系统基础数据库数据标准》（建市〔2014〕108号）总体要求，实施诚信体系建设。在 2014 年底前，具备一定条件的 8 个省、直辖市要完成本地区工程建设企业、注册人员、工程项目、诚信信息等基础数据库建设，2015 年 6 月底前再完成 10 个省、直辖市，2015 年底前各省、自治区、直辖市要完成省级建筑市场和工程质量安全监管一体化工作平台建设。实现全国建筑市场"数据一个库、监管一张网、管理一条线"的信息化监管目标。

6. 切实提高从业人员素质

（1）进一步落实施工企业主体责任。各级住房城乡建设主管部门要按照《关于进一步加强和完善建筑劳务管理工作的指导意见》（建市〔2014〕112 号）要求，指导和督促施工企业，进一步落实在工人培养、权益保护、用工管理、质量安全管理等方面的责任。施工企业要加快培育自有技术工人，对自有劳务人员的施工现场用工管理、持证上岗作业和工资发放承担直接责任；施工总承包企业要对所承包工程的劳务管理全面负责。施工企业要建立劳务人员分类培训制度，实行全员培训、持证上岗。

（2）完善建筑工人培训体系。各级住房城乡建设主管部门要研究建立建筑工人培训信息公开机制，健全技能鉴定制度，探索建立与岗位工资挂钩的工人技能分级管理机制，提高建筑工人参加培训的主动性和积极性。督促施工企业做好建筑工人培训工作，对不承担建筑工人培训主体责任的施工企业依法实施处罚。加强与相关部门的沟通协调，积极争取、充分利用政府财政经费补贴，培训建筑业从业人员，大力培育建筑产业工人队伍。

（3）推行劳务人员实名制管理。要求各级住房城乡建设主管部门要推行劳务人员实名制管理，推进劳务人员信息化管理，加强劳务人员的组织化管理。

（三）工作计划

1. 动员部署阶段（2014 年 9 月）

2014 年 9 月上旬，住房城乡建设部召开全国工程质量治理两年行动电视电话会议，动员部署相关工作。2014 年 9 月中、下旬，各地住房城乡建设主管部门按照本方案制定具体实施方案，全面动员部署治理行动。各省、自治区、直辖市住房城乡建设主管部门要在 10 月 1 日前将实施方案报住房城乡建设部。

2. 组织实施阶段（2014 年 10 月～2016 年 6 月）

各地住房城乡建设主管部门要按照本行动方案和本地具体实施方案，组织开展治理行动。重点对在建的房屋建筑和市政基础设施工程的承发包情况、质量责任落实情况进行全面检查，市、县住房城乡建设主管部门每 4 个月对本辖区内在建工程项目全面排查一次，各省、自治区、直辖市住房城乡建设主管部门每半年对本地的工程项目进行一次重点抽查和治理行动督导检查，住房城乡建设部每半年组织一次督查。

3. 总结分析阶段（2016 年 7 月～8 月）

各级住房城乡建设主管部门对治理行动开展情况进行总结分析，研究提出建立健全长效机制的意见和建议，形成工作总结报告。

（四）保障措施

1. 加强领导，周密部署

各地住房城乡建设主管部门要提高对治理行动的认识，加强组织领导，落实责任，精心安排，认真部署，成立治理行动领导小组，针对本地区的实际情况，制定切实可行的工作方案，明确治理行动的重点、步骤和要求，并认真组织实施。

2. 落实责任，强化层级监督

省级住房城乡建设主管部门要加强对市、县治理行动的领导和监督，建立责任追究制度，对工作不力、存在失职渎职行为的，要及时予以通报批评、严格追究责任；对工作突出、成效显著的地区和个人要进行表扬，并总结推广成功经验。住房城乡建设部将定期汇总各地开展治理行动的情况，并予以通报。

3. 积极引导，加大舆论宣传

各级住房城乡建设主管部门要充分利用报刊、广播、电视、网络等多种形式，对治理行动的重要意义、进展情况以及取得的成效，进行多层面、多渠道、全方位广泛宣传，用客观的情况、准确的信息向社会传递和释放正能量，营造有利于治理行动的强大舆论氛围。同时，充分发挥行业协会在加强企业自律、树立行业标杆、制定技术规范、推广先进典型等方面的作用。

第 2 节　建筑工程创优策划及实务

一、创优策划

质量是企业的生命，这是众所周知的道理。在竞争激烈的市场经济中，企业持续发展的关键因素有两条：一是高素质人才及其掌握的高新技术；二是拥有优质的名牌产品和不断地开发新品。纵观国内外成功企业的经验，许多名牌产品成名的原因，关键是有极高的产品质量。可以说，质量是产品的无形品牌，是企业兴衰的根本。因此，无论什么样的企业，质量创优是永恒的主题。

那么，如何创优呢？在创优过程中要做好哪些工作呢？

第一，要建立全面的管理目标；

第二，要明确创优的重点和要点；

第三，要进行过程控制，坚持一次成优；

第四，要注意资料的完整收集；

第五，精益求精，注意细节要符合规范要求。

工程创优流程如图 2.2-1 所示。

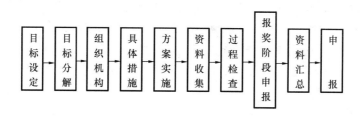

图 2.2-1　工程创优流程

（一）中国建设工程鲁班奖

中国建设工程鲁班奖创立于 1987 年，该奖项也是国内建筑行业工程质量最高荣誉奖。鲁班奖作为全国建筑行业工程质量的最高荣誉奖，每年颁奖一次。鲁班奖注重工程细部质量，相应地，评选鲁班奖也应具备一定条件。

中国建筑业协会按年度提出各省、自治区、直辖市、有关行业和有关单位当年申报鲁班奖工程的建议数量。申报工程应具备以下条件：

（1）符合法定建设程序、国家工程建设强制性标准和有关省地、节能、环保的规定，工程设计先进合理，并已获得本地区或本行业最高质量奖。

（2）工程项目已完成竣工验收备案，并经过一年使用没有发现质量缺陷和质量隐患。

（3）工业交通水利工程、市政园林工程除符合（1）、（2）项条件外，其技术指标、经济效益及社会效益应达到本专业工程国内领先水平。

（4）住宅工程除符合（1）、（2）项条件外，入住率应达到 40％以上。

（5）申报单位应没有不符合诚信的行为。自 2014 年起，申报工程原则上应已列入省（部）级的建筑业新技术应用示范工程或绿色施工示范工程，并验收合格。

（6）积极采用新技术、新工艺、新材料、新设备，其中有一项国内领先水平的创新技术或采用住建部"建筑业 10 项新技术"不少于 6 项。

评选工程规模：

（1）建筑面积 5 万 m² 以上（含）的住宅小区或住宅小区组团；

（2）非住宅小区内的建筑面积为 2 万 m² 以上（含）的单体高层住宅。

申报工程由承建单位提出申请，主要参建单位的资料由承建单位统一汇总申报。申报资料的主要内容和要求如下：

1. 主要内容

（1）申报工程、申报单位及相关单位的基本情况；

（2）工程立项批复、承包合同及竣工验收备案等资料；

（3）工程彩色数码照片 20 张及 5 分钟工程 DVD 录像。

2. 要求

（1）申报资料由申报单位通过"中国建筑业协会网"传送电子版，并提供鲁班奖申报表原件 2 份和书面申报资料 1 套；

（2）鲁班奖申报表中需由相关单位签署意见的栏目，应写明对工程质量具体评价意见；

（3）申报资料中提供的文件、证明材料和印章应清晰，容易辨认；

（4）申报资料要准确、真实，如有变更应有相应的文字说明和变更文件；

（5）工程 DVD 录像的内容主要是施工特点、施工关键技术、施工过程控制、新技术推广应用等情况，要充分反映工程质量过程控制和隐蔽工程的检验情况。

中国建筑业协会组成若干复查组对通过初审的工程进行复查，工程复查的内容和要求如下：

（1）听取申报单位对工程施工和质量的情况介绍。

（2）听取建设、使用、设计、监理及质量监督单位对工程质量的评价意见。复查组与上述单位座谈时，受检单位的人员应当回避。

（3）查阅工程建设的前期文件、施工技术资料及竣工验收资料等。

（4）实地检查工程质量。复查组要求查看的工程内容和部位应予满足，不得以任何理由回避或拒绝。

（5）复查组对工程复查情况进行现场讲评。

（6）复查组向评审委员会提交复查报告。复查报告要对工程的整体质量状况做出"上好"、"好"、"较好"三类的评价，并提出"推荐"或"不推荐"的意见。

（7）评审委员会通过听取复查组汇报、观看工程录像、审查申报资料、质询评议，最终以投票方式评出入选鲁班奖工程，报会长会议审定后，在"中国建筑业协会网"或有关媒体上公示。

中国建设工程鲁班奖需要具备的条件。鲁班奖工程是从各地区（部门）精品工程中挑选出来的，因此鲁班奖是精品工程的尖子工程，是"精中之精"的工程。它应具备以下主要条件：

（1）"优中之优"的工程，前者的"优"在以往实施的验收标准中，是指质量获得"优良"等级的工程，在当前实施 GB 50300—2013 验收标准中，是指各地评选的"优质工程"，当这些"优质工程"被评选上一个地区或一个部门的"优质工程"后，这个工程一般就可称为这个地区（部门）的精品工程。因为它们是从众多的优质工程中评选出来的。

（2）是地区（部门）质量一流水平的工程，如获北京的"长城杯（金奖）"，上海的"白玉兰奖"，河南的"中州杯"，四川的"天府杯"，陕西的"长安杯"等工程，都列入精品工程行列。

（3）是安全，适用，经济，美观的工程。

（4）是经得起严格检查（宏观与微观检查）的工程。

（5）是经得起时间考验的工程。

（6）是业主（用户）对质量非常满意的工程。

（7）是质量一次成优的工程，也是整体质量优良工程。

（8）是通过评选并为本地区（部门）所公认的最佳工程。

创鲁班奖工程的基本经验。创鲁班奖的工程必须获得本地区（部门）的最高优质工程奖，是尖子工程，这是最基本的申报资格。一些企业创鲁班奖的经验如下：

（1）创鲁班奖工程的过程中，对工程质量必须要求"三高"与"三严"。"三高"是高的质量意识，高的质量目标和高的质量标准；"三严"是严格的质量管理，严格的质量控制和严格的质量检（查）验（收）。

鲁班奖工程都是各地区（部门）精品工程中挑选出来的尖子工程，如果质量不胜人一筹就很难入围（即列入地区或部门的申报名额中），因此就必须对创鲁班奖目标的工程以高标准进行过程控制。

（2）创鲁班奖工程为了能落实"三高"与"三严"，保证工程质量达到国内一流水平，技术有所创新，有的企业在确定创鲁班奖工程的目标后，即组织人员对一些施工工艺进行精品工程的策划，这些经过精心策划的项目，不仅质量好，技术也有创新。

（3）创鲁班奖工程必须配备一个强有力的项目班子。

（4）创鲁班奖必须取得业主（建设单位）的支持，并能同心协力地共创，否则难度很大，甚至无法创出鲁班奖。此外，对创鲁班奖的工程也要有所选择，如资金不到位的工程；业主肢解分包而总承包有名无实的工程；工期压得很短而不能基本保证正常组织施工的工程；不能反映一个整体质量的工程（如工业交通项目只申报厂房，不含设备安装质量的工程）。

（5）要进行横向对比。在每年申报的鲁班奖工程中，在地区与地区之间或是在一个地区内，工程质量还是存有差距的；再就是近几年申报鲁班奖工程的质量水平也是在不断地提高。因此，在创鲁班奖工程中，不要只对自己进行纵向对比，而一定要了解外部的情况进行横向对比，这样可以避免盲目乐观。近几年也常出现，有的申报工程中，申报单位突出介绍了工艺或技术的创新，有的还声称是"首创"，但这些"创新"在很早前就已在其他地区或企业广泛应用。因此，在创鲁班奖工程中，对行业内创优信息的了解也是非常重要的。

（6）要文明施工，保证安全生产。在申报鲁班奖工程的通知中规定，企业发生重大质量与重大安全事故后，不能申报鲁班奖，特别严重的在三年内都不允许申报。因此，很多创鲁班奖工程的现场，往往获得"文明施工"或"标化工地"等称号。

（7）申报鲁班奖的工程，必须按合同的内容完成，不能有未完工程。

（8）创鲁班奖的工程，必须遵循国家标准规范的要求，特别是要遵守有关强制性条文的要求（含设计）。

（9）拍好 5 分钟光盘。鲁班奖的评委主要通过看（看光盘）、听（听检查组介绍）、提（提问题）、比（比水平）进行评审。由于评委们没有实际看到工程，而使他们建立印象的主要是录像画面与解说词，因此 5 分钟的录像是很重要的。申报鲁班奖的光盘，列为三个档次：

一是"好"的。它的内容能充分反映工程质量的特色，画面清晰，解说词很清楚且速度适宜，音乐声低柔。

二是"较好"。它与"好"的相比，存有不足之处，或解说词过快，或音乐声过高，或内容不够突出，或画面不够清晰。

三是"差"的。它们存在的问题较多，有的光盘放不出来；有的往往画面抖动，解说词断续；有的是音乐声过高而解说词过低，听不见解说词在说什么；还有的画面与解说词内容多与质量无关，没有把质量特色反映出来。

（二）中国土木工程詹天佑奖

詹天佑奖注重于科技创新。为了推动科技进步，提高工程建设水平，把当今优秀科技成果应用于工程实践中，创造出先进的土木建筑工程，特设立中国土木工程詹天佑大奖。大奖旨在奖励和表彰我国在科技创新和科技应用方面成绩显著的优秀土木工程建设项目。

本奖评选要充分体现"创新性"（获奖工程在设计、施工技术方面应有显著的创造性和较高的科技含量）、"标志性"（反映当今我国同类工程中的最高水平）、"权威性"（学会与政府主管部门之间协同推荐与遴选）。

中国土木工程詹天佑奖主要有以下要求：

（1）必须是列入国家或省、自治区、直辖市（含香港特别行政区）、计划单列市和国务院有关部委的建设计划，经验收和投入使用的工程，并竣工后经过 3 年以上使用核验没有工程问题，使用良好。

（2）必须是省、部范围内施工质量最佳工程，为同类工程的先进水平。

（3）设计中有所创新和发展，施工中创造和运用先进的施工技术和方法，整体工程突出体现了应用先进的科学技术成果，并达到国内同类工程中的一流水平。

（三）国家优质工程奖（注重建设、勘察、设计、监理、施工等全面的工程质量管理）

国家优质工程奖是由国家工程建设质量奖审定委员会组织审定，冠以"国家优质工程金质奖"、"国家优质工程银质奖"名义的奖项。2014 年起，国家优质工程奖项更改为"国家优质工程金质奖"、"国家优质工程奖"（原银质奖改为国家优质工程奖）。

国家优质工程注重项目细部质量。国家优质工程的评定倡导和注重工程质量的全面、系统性的管理，工程质量主要包括工程项目的勘察、设计质量和施工单位的施工质量以及监理单位的监理质量，是工程项目内涵和外延的具体体现。通过对获奖工程的表彰，鼓励建设单位用全面、系统、科学、经济的工程质量管理理念，组织勘察、设计、监理、施工等企业务实、创新，在保证工程质量的同时，提高工程建设的投资效益和各工程建设企业的经济效益，引导各工程建设企业通过参与工程建设和创优过程，转变工程质量管理和经营管理观念，促进勘察设计质量、施工质量和监理质量全面提高和持续不断的改进，推动工程建设行业工程质量管理工作的不断提高。

1. 评选范围

公共建筑工程：办公楼、教学楼、科研楼、博物馆、会堂、商业楼、实验室、影剧院、体育场（馆）、宾馆、饭店、仿古建筑、图书馆、医院、火车站、邮电通信楼、机场候机楼等。

参评工程的规模：

（1）5 万座以上的体育场；

（2）5000 座以上的体育馆；

（3）3000 座以上的游泳馆；

（4）2000 座以上的（或多功能）的影剧院；

（5）400 间以上客房的饭店、宾馆；

（6）建筑面积 4 万 m^2 以上的办公楼、教学楼、科研楼等公共建筑工程；

（7）建筑面积 3000m^2 以上的古建筑修缮、历史遗迹重建工程；

住宅工程：工程规模在 15 万 m^2 以上的住宅小区，且小区内公建、道路、生活设施配套齐全、合理，庭院绿化符合要求并已完成绿化。小区管理优良、到位。竣工后使用满 3 年，入住率在 90% 以上。

2. 参评条件

申报参评国家优质工程的工程项目必须已经获得国家级或省、部级的优秀设计奖和工程（施工）质量奖。其中，参评国家优质工程金质奖的项目，除获得国家级优秀设计奖外，应是本行业同期同类工程在建设理念、科技含量、投资规模、经济和社会效益的最高水平；参评国家优质工程奖的项目，必须已经获得国家级或省、部级优秀设计奖。

申报参评国家优质工程的工程项目，必须按规定通过竣工验收，达到设计能力并投入使用 1 年以上（住宅小区除外，公路建设项目自竣工至申报时限不超过 4 年），需国家验收的其他建设项目自验收合格至申报时限不超过 3 年。工程应具有一定的投资效益和社会效益，工程质量必须符合国家颁布的设计、施工规范和相关标准，尚未颁发规范、标准的可按行业规范、标准进行核定，有环保要求的工程在正常投产后必须达到原设计的环保指标和国家相应的环保标准。

（四）长安杯、雁塔杯、华山杯

1. "长安杯" 是陕西省建筑业行业工程质量最高荣誉奖（省优质工程）。"长安杯" 奖每年评选一次，并从获奖工程中优先推荐参加中国建筑工程鲁班奖（国家优质工程）的评选。

评选规模：

（1）建筑面积 4 万 m^2 以上（含）的住宅小区或住宅小区组团；

（2）建筑面积 5000m^2 以上（含）的单体住宅工程。

申报 "长安杯" 奖的工程应具备以下条件：

（1）工程设计（工业工程包括生产工艺设计）合理、先进，符合国家和行业设计标准规范，建在城市规划区内的工程必须符合城市规划和环境保护等有关标准。

（2）工程施工符合国家和行业施工技术规范及有关技术标准，质量（包括土建和设备安装）达到省内同类型工程的先进水平。

（3）工程技术资料完整、规范、真实、有效。

（4）建设单位已组织勘察、设计、施工、工程监理等有关单位进行了竣工验收，并经当地建设行政主管部门或其他有关部门备案。

（5）住宅小区工程应具备以下条件：

1）小区总体设计符合城市规划和环境保护等有关标准；

2）公共配套设施均已建成；

3）所有单位工程质量全部达到或超过验收标准。

（6）工程竣工验收后，经过一年以上的使用检验，没有发现质量问题和隐患。

（7）工业项目的生产能力已达到设计要求，各项经济指标达到本专业同类项目国内先进水平。

申报"长安杯"奖的工程由创建企业报市（地）、行业"长安杯"奖评审委员会初审。项目初审后，应提供以下文件报省"长安杯"奖评审委员会核验：

(1) 申报资料总目录，并注明各种资料的份数；

(2)《长安杯奖申报表》一式两份；

(3) 工程报建批件（包括计划任务书、土地使用证、规划许可证、施工许可证）复印件；

(4) 建设工程中标通知书（复印件）；

(5) 施工合同和工程竣工验收报告（复印件）；

(6) 工程概况和施工质量情况的文字资料一式两份；

(7) 公安消防、环保等部门出具的认可文件或者准许使用证（复印件）；

(8) 施工技术资料审查表；

(9) 工程竣工验收资料和备案资料（原件）；

(10) 省级以上部门对工程的设计质量审核报告（原件）；

(11) 使用单位在使用后对工程质量的评价意见（原件）；

(12) 市（地）、行业"长安杯"奖初审意见；

(13) 反映工程概貌并附文字说明的工程各部位彩照 20 张；

(14) 配有解说词的工程录像带 1 盘（或多媒体光盘 1 张）。

报省"长安杯"奖评审委员会核验的文件应符合以下要求：

(1) 必须使用由陕西省建筑业协会统一印制的《长安杯奖申报表》，复印的《长安杯奖申报表》无效。表内签署意见的各栏，必须写明对工程质量的具体意见，并加盖公章。未签署具体评价意见的，申报表无效。

(2) 申报资料中提供的文件、证明和印章等必须清晰，容易辨认。

(3) 申报资料必须准确、真实，并涵盖所申报工程的全部内容。资料涉及建设地点、投资规模、建筑面积、结构类型、质量评价、工程性质和用途等数据和文字必须与工程一致。如有差异，要求附相应的变更手续和文件说明。

(4) 工程录像带的内容应包括：工程全貌、工程竣工后的各主要功能部位、工程施工中的基坑开挖、基础施工、结构施工、门窗安装、屋面防水、管线敷设、设备安装、室内外装饰的质量水平介绍，以及能反映主要施工方法和体现新技术、新工艺、新材料、新设备的措施等。

工程评审和工程复查的内容和要求

陕西省"长安杯"奖评审委员会负责全省建设工程"长安杯"奖的评审工作，评审委员会由有关专业的专家组成。评审委员会设主任 1 人，副主任 2 人，委员若干人。对符合验收程序的申报工程，省"长安杯"奖评选办公室应组织不少于 4～5 人的专业技术人员，严格进行复查。

(1) 听取承建单位对工程施工和质量的情况介绍。主要听取工程特点、难点，施工技术及质量保证措施，各分部分项工程质量水平和质量评定结果。

(2) 实地查验工程质量水平。凡是复查小组要求查看的工程内容和部位，各有关方面均不得以任何理由回避或拒绝。

（3）听取使用单位对工程质量的评价意见。复查小组与使用单位座谈时，主要承建单位和主要参建单位的有关人员应当回避。

（4）查阅工程有关的技术资料。

（5）对工程复查情况进行现场讲评。

（6）复查小组向评审委员会提交书面复查报告。

评审委员会根据被推荐工程的申报资料和工程复查小组的汇报，通过审查、观看工程录像、质询、讨论、评议，最终以无记名投票方式确定获奖工程。

2．"雁塔杯"是西安市建筑业行业工程质量最高荣誉奖（市优质工程）。西安市"雁塔杯"奖评选，是由西安建筑业协会组织实施申报，评选的工程项目应符合基本建设程序，该项目需达到使用或已投入使用 3 年以内。

评选规模：

（1）建筑面积 4 万 m^2 以上（含）的住宅小区或住宅小区组团；

（2）建筑面积 5000m^2（县上可放宽为 4000m^2）以上（含）的单幢住宅工程。

申报市"雁塔杯"奖的工程由创建企业提出申请，项目初审后，应提供以下文件：

（1）申报资料总目录，并注明各种资料的份数；

（2）《雁塔杯奖申报表》一式两份；

（3）建设行政主管部门颁发的施工许可证（与原件核对无误的复印件）；

（4）工程概况和施工质量情况的文字说明；

（5）公安消防、环保等部门出具的认可文件或准许使用证；

（6）市建委设抗处的设计质量审查报告和市节能办的节能审查验收报告；

（7）工程竣工验收资料和备案资料；

（8）使用单位对工程质量的评价意见；

（9）反映工程概貌并附文字说明的工程各部位彩色照片 20 张和幻灯片或录像资料（包括基础、主体结构施工实况）。

申报市"雁塔杯"奖核验的文件应符合以下要求：

（1）必须使用由西安建筑业协会统一印制的《雁塔杯奖申报表》，复印无效。表内签署意见的各栏，必须写明对工程质量的具体意见，并加盖公章。

（2）申报资料中提供的文件、证明和印章等必须清晰，真实。

（3）申报资料必须准确、真实，并涵盖所申报工程的全部内容。资料中涉及建设地点、投资规模、建筑面积、结构类型、质量评价、工程性质和用途等数据和文字必须与工程一致，如有差异，应附相应的变更手续和文件说明。

西安建筑业协会对通过初审的申报工程进行复查。复查人员由不少于 5 名的技术专业人员组成。

工程复查专家由各会员企业及设计、科研、大专院校按条件要求推荐，西安建筑业协会按照规定的标准和程序，将符合要求的人选输入市"雁塔杯"奖工程复查专家库。每年根据需要从专家库中随机抽取。

工程复查的内容和要求：

（1）听取承建单位对工程施工和质量的情况介绍。主要听取工程特点、先进施工技术及质量保证措施的实施，各分部、分项工程质量水平和质量评定结果。

（2）实地查验工程质量水平，凡是复查组要求查看的工程内容和部位，各有关方面均不得以任何理由回避或拒绝。

（3）听取使用单位对工程质量的评价意见。复查组与使用单位座谈时，主要承建单位和主要参建单位的有关人员应当回避。

（4）查阅工程有关的技术资料。

（5）对工程复查情况进行现场讲评。

（6）复查组向评审委员会提交核查表和核查报告。

评审委员会根据被推荐工程的申报资料和工程复查组的汇报，通过审查、观看工程幻灯片或录像、质询、讨论、评议，最终以投票方式确定获奖工程。

3．"华山杯"是陕西建工集团总公司内工程质量最高荣誉奖。

申报工程应同时具备以下条件：

（1）符合法定建设程序、国家工程建设强制性标准和"四节一环保"的规定；工程设计先进合理，质量达到集团优良工程标准；工程结构、单位工程质量评价综合得分均应不少于 88 分。

（2）工程竣工验收手续齐全，且交付使用满三个月。

（3）已获得省（部）级建设新技术应用示范工程。

（4）已通过省（部）级绿色施工示范工程验收。

（5）已获得省级文明工地。

（6）工程建设过程中未发生质量安全事故，并在使用中没有发现质量缺陷和质量隐患的工程项目。

（7）工程成本无亏损。

（8）住宅工程入住率应达到 40% 以上。

（9）专业工程及境外工程可不具备以上条款的 3）、4）、5）款条件。

（10）参建单位完成的工程造价不低于总造价的 10%。

（11）工程质量特别精细、影响大，监理单位和业主非常满意的工程项目，但由于建设单位原因，无法满足以上条款的 3）、4）、5）款，或无法满足第 5）款中工程规模要求的，经集团科技质量部初审，报集团劳动竞赛委员会研究同意后，可以破格申报。

申报资料应符合以下要求：

（1）"华山杯"奖申报表一式二份（原件），书面申报资料 1 套，5 分钟 DVD 光盘 1 张；

（2）书面申报资料主要包括：申报表 1 份，工程施工质量管理情况汇报，工程立项批文、中标通知书、施工许可证、施工合同、竣工验收等资料，反映工程质量情况的彩色照片 20 张；

（3）工程录像（DVD 光盘）的内容主要是施工特点、难点、亮点，施工关键技术，施工过程控制，新技术推广应用等情况，要充分反映工程质量过程控制和隐蔽工程的检验情况；

（4）所有申报材料内容应准确、真实、可追溯，其中提供的文件、证明材料和印章应清晰，容易辨认，如有变更应有文字说明或补充文件，申报表中签署意见的栏目应写明对工程质量的具体评价意见；

（5）境外工程还应提供以下资料：

1）商务合同或技术协议的主要条款（含工程执行的施工技术标准条款）；

2）工程建筑师、监理工程师对工程质量的分部分项验收报告和评价意见及无发生质量安全事故的证明文件；

3）工程所在地中国大使馆经济商务参赞处对工程质量的评价意见；

4）申报资料中如含外文，需附对照翻译的中文。

申报和评审程序：

"华山杯"奖评选实行初审、专家现场复查、评审委员会评选、集团劳动竞赛委员会审批的管理程序。集团科技质量部依据相关办法对申报工程进行初审，集团总工程师对初审结果审查同意后，上报集团评审委员会并将结果告知申报单位。集团科技质量部对初审符合条件的工程组织专家进行现场复查，复查结束后评审委员会进行评审，并将评审结果报集团劳动竞赛委员会审批。复查专家组成员从集团专家库中抽取，组长根据工程类别由集团总工程师确定；复查小组由 4 人组成，其中土建 2 人，水电各 1 人，特殊或专业工程根据情况确定。评审委员会主任由集团总经理担任，副主任由集团劳动竞赛委员会副主任和集团总工程师担任，评委由复查组全体人员组成；评审会必须是评委本人参加，不得委派代表。现场复查前，由集团总工程师带队选择具有代表性的工程进行对标，并召开专家会议确定复查标准。

复查程序：

（1）听取承建单位对工程施工质量管理情况的汇报，观看工程录像。

（2）征求建设、使用（业主）、设计及监理单位对工程质量的评价意见（受检单位人员回避）。

（3）工程实体质量全面核查。

（4）工程技术资料检查。

（5）复查小组对工程复查情况进行现场讲评。

（6）复查小组向评审委员会提交书面现场复查报告。复查报告要对工程的整体质量状况做出评价，评价结论分为"上好"、"好"、"较好"三类。

（7）评审会议由评审委员会主任主持，出席评审会议的委员不得少于全体评审委员的80%；复查小组组长向评审委员会汇报本组工程复查情况，提出明确的"推荐"或"不推荐"意见，到会 2/3 及其以上评委投票同意方可上报集团劳动竞赛委员会审批；集团科技质量部负责汇总整理复查组意见。

集团劳动竞赛委员会通过听取汇报、观看录像、质询评议等，以无记名投票方式评出获得"华山杯"奖的工程，集团劳动竞赛委员会会议应有 2/3 以上委员出席方为有效，经到会 2/3 以上委员表决同意方可通过，通过后在陕西建工集团网站进行不少于 7 天的公示，公示无异议的由集团给予公布，有异议的由集团科技质量部进行调查处理。

汇报包括集团科技质量部总体情况的介绍和复查小组组长的汇报，并应有不少于 10

张由复查组拍摄的工程特色、难点、亮点及缺陷的照片。

以上三个奖项均注重项目细部质量。荣获了"华山杯"才能申报"雁塔杯",荣获了"雁塔杯"才能申报"长安杯",荣获了"长安杯"才能申报鲁班奖,所以上述三个奖项的标准都参照鲁班奖的标准。

二、工程质量管理实例

（一）×××工程

1. 工程概况

×××办公楼,占地面积 4332.6m²,建筑面积 34900m²。

该工程属公共建筑。总投资 1.35 亿元,地下一层,地上十一层,平面呈"T"字形,全高 55.8m。地下一层为停车场及设备用房,一、二层设有餐厅、办公室等;三～十层为办公室;十一层为多功能会议室。该工程是一栋集办公、会议、科研、后勤、人防等为一体的综合大楼。

各责任主体单位:

建设单位　　　　×××单位

设计单位　　　　×××设计研究院

勘察单位　　　　×××工程勘察分公司

监理单位　　　　×××工程监理公司

质量监督单位　　×××建设工程质量安全监督站

总承包单位　　　×××建筑工程公司

工程由×××公司施工总承包,承建主体结构;建筑装饰装修;建筑屋面;建筑给水、排水及采暖;建筑电气、通风与空调及室外总体的施工。

工程为框架剪力墙结构。采用钢筋混凝土灌注桩基础。建筑等级一级,耐火等级一级;结构安全等级二级,设计使用年限 50 年,抗震 8 度设防,六级人防。建筑设计新颖,外墙立面采用石材及玻璃幕墙装饰,室内精装修,典雅大方。建筑给水、排水、采暖、电气、智能建筑、通风与空调等功能齐全,设施完善。

工程各项建设手续齐全,于 2004 年 11 月 8 日开工,主体于 2005 年 7 月 30 日封顶,工程于 2006 年 8 月 25 日竣工。

主要参建单位有:

（1）×××幕墙有限公司,承建外立面石材及玻璃幕墙的施工;

（2）×××建筑装饰工程有限公司,承建室内精装修的施工;

（3）×××公司,承建智能建筑专业施工。×××设计院于 2006 年 8 月 25 日组织进行竣工验收,质量合格,并于 2006 年 8 月 29 日在×××管理委员会进行竣工验收备案。消防、规划、环保、人防、节能分别验收通过。

施工期间无任何质量安全事故,无拖欠农民工工资。

2. 施工过程管理

（1）管理目标

创建"鲁班奖"。

创建全国建筑业新技术应用示范工程。

创建陕西省文明工地。

（2）管理思路

本工程为公司的重点信誉工程，高起点、高标准组织施工，并加强施工全过程质量及安全的控制。

（3）管理重点

1）策划先行，样板引路

项目部注重总体、阶段与专项策划相结合。同时，对各分部分项工程的设计图纸进行二次优化、细化。对各工种关键工序均实施样板引路，确保工程施工始终处于受控状态。

2）加强分包管理

项目部与各分包单位签订分包管理协议，统一管理。并指派专人与各单位进行沟通与协调，使各单位之间统一思想、密切配合、齐抓共管。

3）加强过程控制，创建优质结构

在施工中，项目部积极推行精细化管理，加强过程控制，保证创建精品工作稳步推进。工程荣获×××建筑结构示范工程。

4）开展技术创新活动

项目部围绕创建"鲁班奖"的目标，积极开展四项 QC 小组活动，加强六项技术攻关与创新。

3. 工程技术难点与新技术推广应用情况

（1）工程的主要技术难点、技术措施及效果

1）工程占地面积大，地下室单层面积为 8670m²，自防水混凝土用量大，并且要求连续浇筑，水平运输及浇筑施工难度大。项目部制定专项技术措施，加强协调管理，保证混凝土浇筑的施工质量。

2）主体结构，大跨度布局，层高较高，施工难度大。项目部严格按照设计和规范施工，采用了清水模板施工技术，模板支撑体系经过×××软件验算，并加强对模板的质量控制。框架梁、现浇板模板起拱正确，未发生不良变形，结构混凝土达到清水效果。设备管网施工配合协调难度大。

3）工程设备管网的布置比较复杂且规模大，智能化程度高，各类管线交叉施工难度大。采用计算机三维模拟施工技术，对所有设备管线进行综合排布与平衡，并安排专人协调管理，不仅确保施工空间、时间的充分利用，并且保证工程的进度和质量。

（2）新技术推广应用及技术创新

1）新技术推广应用情况

推广应用建筑业新技术中的九大项 37 小项，见表 2.2-1 所列。

建筑业新技术应用　　　　　　　　　　　表 2.2-1

高性能混凝土技术	混凝土裂缝防治技术
	混凝土耐久性技术
	清水混凝土技术

续表

高效钢筋与预应力技术	HRB400 级钢筋的应用技术
	粗直径钢筋直螺纹机械连接技术
新型模板及脚手架应用技术	清水混凝土模板技术
	早拆模板成套技术
	碗扣式脚手架应用技术
	外挂式脚手架和悬挑式脚手架应用技术
钢结构技术	钢结构 CAD 设计与 CAM 制造技术
	钢结构施工安装技术
	钢结构的防火防腐技术
安装工程应用技术	给水管道卡压连接技术
	管线布置综合平衡技术
	电缆敷设与冷缩、热缩电缆头制作技术
	通信网络系统
	计算机网络系统
	建筑设备监控系统
	火灾自动报警及联动系统
	安全防范系统
	综合布线系统
	智能化系统集成
	电源防雷与接地系统
	系统检测
	系统评估
建筑节能和环保应用技术	新型墙体材料应用技术及施工技术
	节能型门窗应用技术
	节能型建筑检测与评估技术
	预拌砂浆技术
建筑防水新技术	自粘型橡胶沥青防水卷材
	建筑防水涂料
	建筑密封材料
施工过程监测和控制技术	施工控制网建立技术
	施工放样技术
	大体积混凝土温度监测和控制
建筑企业管理信息化技术	工具类技术
	管理信息化技术

2）项目技术创新情况

项目部组织技术力量攻关与创新了六个课题：

①以钢代木，改进梁柱模板支撑体系；②采取综合技术措施，防止填充砌体界面裂缝发生；③钢筋施工时预埋挤塑泡沫，混凝土施工后清除，并焊接砌体拉结筋；④剪力墙及

砌体部位电气箱、盒一次到位；⑤使用圆盘抹光机并调整刀片、加大抹压，进行水泥砂浆垫层施工；⑥室内扶手栏杆根部采用特制固定件，表面无需盖碗装饰。

通过实践，总结形成了七个企业工法：

①《竖向钢筋位移控制及现浇墙、板钢筋保护层厚度控制施工工法》；②《框架剪力墙结构填充砌体预防界面裂缝施工工法》；③《自粘型沥青橡胶防水卷材施工工法》；④《水泥基渗透结晶型防水涂料施工工法》；⑤《纸面石膏板吊顶防裂缝施工工法》；⑥《楼地面水泥砂浆垫层机械施工工法》；⑦《细石混凝土耐磨地坪施工工法》。

项目部完成了四项 QC 活动成果：

①《提高现浇梁、板钢筋保护层控制质量》；②《减少施工消耗，创建节约型项目管理》；③《减少填充砌体裂缝发生率》；④《确保水泥砂浆垫层施工一次成优》。

其中《提高现浇梁、板钢筋保护层控制质量》荣获全国工程建设优秀 QC 小组，其余三项获××省工程建设优秀 QC 小组。

登记注册××省科学技术成果一项。申报××省科学技术奖励一项。

通过精品策划、过程控制、持续改进，应用建筑业十项新技术、新工艺、新材料，产生经济效益 152 万元。

工程通过了第五批全国建筑业新技术应用示范工程专家组的现场评审，应用新技术的整体水平达到国内领先。

4. 工程质量

（1）地基与基础工程

采用 480 根桩长 21.5m，桩径 600mm 的钢筋混凝土灌注桩。桩基础由×××工程有限责任公司施工，×××人工地基工程质量第九检测站进行检测。经检测，Ⅰ类桩：93.9%；Ⅱ类桩：6.1%。单桩竖向极限承载力大于 3000kN，满足规范及设计要求。地基基础分部工程质量验收合格。

工程设 14 个沉降观测点，从 2005 年 4 月 5 日开始观测，至 2006 年 11 月 20 日，观测的最大沉降量为 8.5mm，最小沉降量为 2.5mm，沉降平均速率为 0.018mm/d，已趋稳定。

（2）主体结构工程

主体工程，通过检查，未发现裂缝和变形等不良现象，也未发生影响结构安全的不良施工过程。垂直度最大偏差值 4mm。主体结构分部工程质量验收合格。

（3）建筑装饰装修工程

1）幕墙经四性试验检测，均符合设计及规范要求；

2）外墙面砖经拉拔试验检测，符合规范及设计要求。

（4）防水工程

1）屋面防水采用 1.5mm 厚非焦油型聚氨酯防水涂料及 1.5mm 厚自粘型橡胶沥青防水卷材；

2）卫生间防水采用聚合物水泥基防水涂料；

3）地下室采用水泥基渗透结晶型防水涂料及自粘型橡胶沥青防水卷材，经一年多使用，无渗漏；屋面及多水房间防水，经蓄水试验，无渗漏。

（5）设备安装工程

1）建筑给水、排水及采暖

××省疾病预防控制中心对生活饮用水进行检测，水质检测结果符合规范要求。

2）建筑电气

防雷电装置检测所对接闪器、引下线、接地体均进行检测，所有检测项目全部符合规范要求。

3）智能建筑

安装检测均合格，各系统运行稳定。全楼共配置有 5600 个信息点，设施先进，包括有卫星及有线电视系统；公共广播系统；空调与通风、变配电、电梯系统；电视监控系统；入侵报警系统；巡更系统；出入口控制（门禁）系统；停车管理系统；楼宇对讲系统等。

×××消防检测管理咨询有限公司对建筑消防设施进行检测，所有检测项目全部合格。联动调试，一次合格。

4）通风与空调

×××建筑设备安装质量检测中心对空调工程进行抽查检测，按比例抽检 30%，抽检 4 个新风系统和 3 个吊顶式空调系统，各项指标全部符合设计及规范要求。

5）电梯

工程设 3 部乘客梯、2 部消防梯，运行安全、平稳，平层准确。

（6）相关检测

××省室内环境质量监督检验站对工程的室内环境进行检测，整体建筑物检测项目全部合格。

工程建设过程符合强制性条文的要求，无违反强制性条文的现象。

（7）工程资料

工程技术资料共计七卷 107 册，桩基础、幕墙、精装修、消防、智能建筑等专业分包项目独立组卷，编目清晰，整套工程技术资料有完整的总目录。对于原材料的检验报告、复验报告均标注出原文件的出处及编号，以便于查询，可追溯性良好。质量控制资料齐全，安全和功能检测资料完整，主要功能项目抽查结果符合相关专业质量验收规范规定。

工程资料已通过×××城市档案馆的审核并存档，资料真实、完整、有效、符合要求。

5. 工程主要质量特色

本工程共有 20 个质量特色。

（1）结构工程特色

1）对竖向钢筋及剪力墙钢筋采取定位措施。

框架柱采用 $\phi14\sim\phi16$ 圆钢制作定位箍筋，其中纵向钢筋挡点采用 $\phi10$ 圆钢制作，挡点长度取 30mm，定位箍筋设置于混凝土面上 500mm 处，保证框架柱主筋位置正确，间距一致。剪力墙采用梯子筋及竖向钢筋定位卡，保证墙体钢筋间距均匀一致（图 2.2-2）。

图 2.2-2 柱子定位箍筋

2）采用新型模板施工，保证混凝土施工质量。

剪力墙采用钢制大模板，框架柱采用可调截面钢制模板。20922m³ 混凝土，强度全部符合设计要求。现浇梁、柱、板、墙尺寸准确，交接严密，棱角方正、顺直（图 2.2-3）。

图 2.2-3　墙、柱均采用钢制大模板

3）采取有效技术措施，防治砌体界面裂缝发生。

2353m³ 砌体工程施工时均在与剪力墙、框架柱交接处设置 120mm 构造柱，在填充砌体高 2.1m 处设 120mm 高通长圈梁。在剪力墙结构洞口边缘预留企口，并在接缝处钉钢丝网后再进行抹灰。通过以上技术措施，防治砌体界面裂缝的发生。

（2）装饰工程特色

1）ASA 轻质隔墙施工时在所有墙体下部均做 170mm 高，同墙宽钢筋混凝土地枕梁，防止了墙体材料受潮变形和损坏（图 2.2-4）。

2）16300m² 水泥砂浆垫层采用抹光机操作，平整光滑，平整度控制在 2mm 以内。保证了其上的复合木地板铺贴平整，观感好（图 2.2-5）。

图 2.2-4　ASA 轻质隔墙下部混凝土地枕梁　　　　图 2.2-5　复合木地板铺设完成后效果

3）室内乳胶漆墙面施工时，自制专用磨具对表面进行刨平处理，表面平整光滑，阴阳角顺直，观感质量好。

地下室乳胶漆墙面采用塑料条进行分格，预防裂缝，且美观大方（图 2.2-6、图 2.2-7）。

图 2.2-6　地下室乳胶漆墙面　　　　　　图 2.2-7　走廊乳胶漆墙面

4）485 樘木门合页安装表面平整、边缘整齐、螺丝十字对正（图 2.2-8、图 2.2-9）。

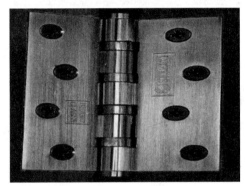

图 2.2-8　木门安装完整体图　　　　　　图 2.2-9　木门合页安装标准

5）18700m² 室内地砖施工前进行详细的策划，并采用计算机优化设计，做到排砖合理，接缝平整顺直，地面无空鼓；5 部消防楼梯，1238 级楼梯踏步，相邻最大高差 2mm。卫生间内墙砖及地面砖对缝排砖，做到三对齐两居中（墙面砖与地面砖缝对齐，墙面砖与吊顶缝对齐，小便器具与墙砖缝对齐，地漏居地砖中，墙面开关、插座居墙砖中）（图 2.2-10～图 2.2-12）。

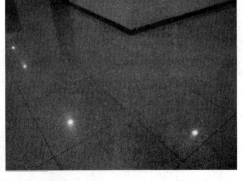

图 2.2-10　公共区地面瓷砖

图 2.2-11　卫生间洁具安装标准图　　　　图 2.2-12　卫生间墙、顶、地面整体效果

6）室内装饰进行二次深化设计。项目部对全楼 25320m² 吊顶进行优化设计，对设备及管线进行综合排布与平衡，灯具、空调盘管、喷淋等外露设备规范成行、成列，整齐划一（图 2.2-13、图 2.2-14）。

图 2.2-13　室内吊顶效果图　　　　　　图 2.2-14　走廊吊顶效果图

7）7950m² 地下室停车场采用非金属耐磨混凝土地面，表面平整，无空鼓、裂缝及起砂现象。

8）310m 细石混凝土散水，用地砖镶边，分格清晰，整齐美观（图 2.2-15）。

（3）屋面工程特色

3950m² 屋面广场砖分格合理、铺贴线条顺直、灰缝一致；屋顶设备布置美观、安装牢固，隐藏式排气孔、贴面砖泛水、花岗石盖板、水簸箕等造型新颖、做工精细（图 2.2-16、图 2.2-17）。

图 2.2-15   细石混凝土散水成品

图 2.2-16   屋面整体成品图   图 2.2-17 屋面隐藏式排气孔

（4）安装工程特色

1）避雷网带采用钢制镀锌三角形可调支架，施工便捷。

2）开关、插座、配电箱柜安装平整、接地可靠，箱内导线排列整齐，相序明确，标识清晰。

3）地下室直燃机及水泵设备管道布置合理。

4）设备管道保温，平顺圆滑。

5）管道、设备，标识清晰、醒目。

6）风管和管道吊杆加装丝扣保护螺母，新颖美观。

如图 2.2-18～图 2.2-22 所示。

图 2.2-18   电气工程箱盒一次到位成品图

图 2.2-19　避雷网带成品图

图 2.2-20　箱内导线排列图　　　　　图 2.2-21　地下室水泵房成品图

图 2.2-22　管道标识清晰、醒目

6. 工程建筑节能和环保

（1）节能措施及效果

工程外墙石材与主体结构间设 50mm 厚岩棉保温层；玻璃幕墙采用低辐射中空玻璃；屋面保温采用 30mm 厚挤塑聚苯板；采暖工程采取室内温度调控装置及水力平衡装置，通风与空调工程采用节能型空调机组；配电与照明工程采用节能灯具；同时采用节水型的卫生洁具等，施工质量全部合格。所有建筑节能分项工程及各种保温材料的复试，经检测，符合规范及设计要求。

在施工过程中，项目部对现场水、电、材、地等方面采用一系列节能降耗措施，取得了良好的效果。

（2）环保措施及效果

工程设计采用了大量新型环保产品，如环保型的装饰装修材料、环保型的空调机组等。施工中采取大量行之有效的环保措施，如控制施工噪声、扬尘污染、污水排放等，环保效果显著。

7．综合效果及获奖情况

（1）综合效果

工程投入使用以来，各项使用功能及系统运行状况良好。建设单位对工程质量表示非常满意。

（2）获奖情况

1）陕西省优秀设计三等奖；

2）第五批全国建筑业新技术应用示范工程；

3）全国工程建设优秀质量管理小组；

4）全国优秀项目经理部；

5）全国工程项目管理优秀成果二等奖；

6）全国施工安全文明工地、陕西省及西安市文明工地；

7）陕西省及西安市优质结构示范工程；

8）陕西省优质工程"长安杯"奖等。

（二）×××工程

1．工程概况

×××工程是集会议、客房、餐饮为一体的综合性工程（见图 2.2-23）。

该工程由一个住宿餐饮区及一个会议服务区，通过连廊连接而成，总建筑面积为 154960m²。工程总投资 14 亿元。

图 2.2-23   ×××工程

住宿餐饮区（18 号楼见图 2.2-24）地下 1 层，地上 17 层，建筑高度 70.8m；内设 728 套客房，15 个小型会议室，配备餐厅、演艺厅、四季厅、包间等。

会议服务区（会议中心见图 2.2-25）地下 1 层，地上 4 层，建筑高度 26.7m。内设一个 2000 座多功能会议厅，38 个中、小型会议室，配备会见厅、休息厅、化妆间等。能同时接纳 3500 人的大型会议。

图 2.2-24　18 号楼　　　　　　　　　　　　图 2.2-25　会议中心

建筑等级为一级，建筑抗震设防烈度 8 度，设计使用年限为 50 年。预应力管桩地基，筏板基础，框剪结构。外装饰采用干挂石材及玻璃幕墙。室内精装修。建筑给水排水及采暖，建筑电气，智能建筑，通风与空调，舞台机械，会议系统等安装设施齐全功能完善。工程动力中心设于住宿餐饮区（18 号楼）地下室，两区共设有 29 部电梯，31 部自动扶梯。

工程于 2010 年 6 月 3 日开工，2011 年 12 月 30 日竣工并交付使用。于 2012 年 1 月 18 日备案。

本工程设计新颖、设施先进、节能效果显著，各项报建手续齐全、合法，施工图审查合格。施工中无重大设计变更，各项管理措施到位，未发生质量安全事故，无拖欠民工工资。

工程建设相关单位如下：

建设单位　　　　　×××公司

勘察单位　　　　　×××设计研究院

设计单位　　　　　×××设计研究院有限公司

质量监督单位　　　×××质量安全监督总站

监理单位　　　　　×××监理公司

地基检测　　　　　×××公司

主体检测　　　　　×××质量检测中心

承建单位　　　　　×××公司

参建单位　　　　　×××公司

2. 质量目标及控制措施

质量目标：鲁班奖。

施工过程采取以下措施：

（1）策划先行、样板引路。精心策划，重点、难点部位严格按照样板组织施工。

（2）过程控制、一次成优。强化过程控制，杜绝返工，注重过程精品。

（3）技术创新、重点攻关。对重点进行攻关，坚持创新，推动质量的持续提高。

（4）资源共享、提高工效。利用信息网络，共享信息，建立即时通交流群，提高施工工效。

（5）坚持文明施工，重视环境保护。

3. 工程难点

难点 1：一层大厅、千人会议室、宴会厅等多采用高大空间及异形结构，其结构断面大，结构荷载大，施工难。

措施 1：严格制定、审批、论证方案，利用 PKPM 软件多次复核，用压力传感仪等全过程监控，确保架体的稳定及施工安全。

措施 2：大空间屋面，采用钢桁架压型钢板复合混凝土楼屋面施工，节省大量设施料投入，降低施工难度，提高功效，缩短工期，并总结形成一项省级工法。

措施 3：楼座倾斜弧形混凝土悬挑（悬挑长度 18m）结构施工，充分利用计算辅助放样，全站仪精确定位确保弧形混凝土结构一次成优。

难点 2：室内外大量采用非标、异形、大块材饰面，施工定位、铺装难度大。

措施 1：高大门采用钢木结合，利用中心吊、地弹簧、高强合页等技术确保安装牢固，开启灵活。

措施 2：千人会议室多曲面铝板施工，采用计算机模拟设计，工厂模拟弧度放样，按曲线套裁下料，编号定型加工，确保多曲面吊顶定位精准、弧度平滑。

措施 3：门厅大块（1500mm×1500mm×80mm）石材铺贴，严格控制结合层水灰比、布料厚度，以机械（50t 吊车，叉车等）辅助搬运，确保石材铺装平整，缝隙均匀顺直。

措施 4：大量采用大凹槽分割墙面及不同饰面过渡，使室内装饰整体协调美观。

难点 3：屋面面积大，形式及标高变化多（屋面有：钢筋桁架楼承板复合屋面，现浇混凝土屋面，Low-E 中空玻璃采光顶屋面，仿古瓦斜屋面等多种形式屋面，总计 15 个标高变化），安装设备多，要求质量优、居中、对缝、不渗、不漏，施工难度大。

措施 1：屋面广场砖依据图纸尺寸进行电脑预排，现场放样，确保设备基础居中，广场砖对缝。

措施 2：严格施工交底，全过程控制，严格验收，使屋面真正做到施工一次成优，不渗，不漏。

措施 3：对斜屋面施工进行大胆探索，用钢结构仿古铝瓦替换混凝土结构陶瓦屋面，做到工厂化加工，节能降耗，外观效果良好。总结形成一项省级工法及国家专利。

难点 4：安装系统多，调试复杂，同一位置管道叠加多，工序协调难。

措施 1：150 万 m 的管线，通过 BIM 技术进行综合平衡布置，使管道、桥架排列有序。

措施 2：安装 29 个功能系统联合调试，制定各系统调试方案和流程，责任到人，配合紧密，作业有序，调试一次成功。

4. 工程质量情况

（1）地基与基础

工程采用 3360 根预应力高强度混凝土管桩地基，桩径 500mm，经检测单桩极限承载力大于设计承载力；Ⅰ类桩占 95％以上，无Ⅲ、Ⅳ类桩。建筑物沉降均匀，沉降速率 0.01mm/d，沉降已趋于稳定（如图 2.2-26、图 2.2-27）。

图 2.2-26　基础钢筋

图 2.2-27　基础桩基

（2）主体结构

主体原材料按规范要求见证取样，复试均合格。混凝土构件尺寸准确，阴阳角方正，混凝土试块强度评定合格（图 2.2-28～图 2.2-31）。

图 2.2-28　主体混凝土

图 2.2-29　主体钢筋

图 2.2-30　模板

图 2.2-31　砌体

钢结构构件定位准确、安装牢固、焊缝饱满、涂层均匀,满足设计要求。焊缝检测:超声波检测合格,符合设计要求;钢桁架挠度检测,处于正常使用状态。

本工程全高垂直度最大偏差－10mm(18号楼),满足规范要求。结构安全可靠。

(3) 屋面工程

屋面防水等级二级,淋水试验全部合格,经过一年多的正常使用,无渗漏(图2.2-32)。

图 2.2-32 屋面成品图

(4) 建筑装饰装修工程

幕墙安装牢固、安全可靠、密封良好,"四性"检测合格,符合设计要求(图2.2-33)。

图 2.2-33 Low-E 中空玻璃幕墙

室内地面表面光洁、色泽一致,无空鼓开裂,相邻石材接缝无高差;手工羊毛地毯拼接精准,平整美观。吊顶,阴阳角方正,表面平整。

墙面色泽一致,拼缝严密。墙与顶过渡、墙面分格,均用大凹槽及开缝处理,装饰效果好。

成品木门安装牢固,开启灵活,颜色亮丽。外窗"三性"检测合格(图2.2-34、图2.2-35)。

782 间卫生间、4 个操作间,使用至今无渗漏(图2.2-36、图2.2-37)。

图 2.2-34　会议中心北大厅

图 2.2-35　客房公共走廊

图 2.2-36　客房卫生间

图 2.2-37　公共区域卫生间

（5）设备安装

严格工程功能检测，健全统一安装工程质量保证体系，优化安装工艺，保工程质量，保用户满意。

1）给水排水管道，通球灌水试验一次成功（图 2.2-38）；

2）节水型卫生洁具，均预排安装；

3）空调系统经检测符合设计及规范要求（图 2.2-39）。

图 2.2-38　消防管道

图 2.2-39　空调机组房

4）配电箱（柜）装线分色整齐规范，回路编号正确，管口平滑，接线端子固定牢靠，接地可靠。

5）建筑防雷系统经检测安全，美观。

6）消防报警系统、综合布线、保安监控、空调自控等智能建筑系统运行稳定、可靠。锅炉房情况如图 2.2-40 所示，热交换间情况如图 2.2-41 所示。

图 2.2-40　锅炉房　　　　　　　　　　　　　　图 2.2-41　热交换间

7）电梯及自动扶梯运行平稳、平层准确，检测合格。

8）舞台机械共 20 个子系统；采用集中控制，运行同步，行程定位误差小于 3mm，系统噪声小于 50dB（图 2.2-42）。

9）会议系统语音清晰无回啸，音响系统声场不均匀性小于 8dB，系统音质清晰可辨、自然圆润；同声传译系统效果稳定，保密性强，无干扰；表决系统精准迅速；签到系统及时、安全、可靠（图 2.2-43）。

图 2.2-42　舞台机械　　　　　　　　　　　　　图 2.2-43　会议室

（6）工程资料

工程技术资料共分六个部分，共 497 册，每部分均按照施工管理资料、检验批验收资料、施工质量控制资料、安全和功能检测资料、竣工图及施工日志分卷编制。

工程过程中资料与进度同步、真实有效、完整齐全，分类及编目清晰，组卷合理，具有可追溯性。

5. 工程亮点

×××工程室外优秀做法如图 2.2-44～图 2.2-67 所示。

图 2.2-44　外墙分格与花纹协调

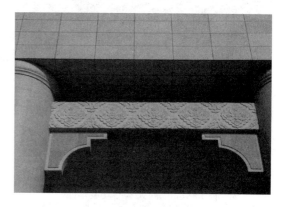

图 2.2-45　外墙分格均匀与檐口对缝

图 2.2-46　室外石材柱加工精细大气美观

图 2.2-47　汽车坡道弧度平滑

图 2.2-48　透缝分割墙面，立体感强

图 2.2-49　踢脚线出墙一致

图 2.2-50　高大木门安装牢固

图 2.2-51　多曲面铝板吊顶弧度平滑

图 2.2-52　木挂板墙面平整

图 2.2-53　涂饰吊顶均匀平整

图 2.2-54　吊顶综合布置，末端装置成排成行

图 2.2-55　木挂板吊顶平整

图 2.2-56　环氧树脂地面平整亮丽

图 2.2-57　楼梯踏步高度一致，防滑条清晰

图 2.2-58　地面石材拼花精准

图 2.2-59　卫生间洁具居中

图 2.2-60　洁具打胶均匀

图 2.2-61　洁具居中布置

图 2.2-62　设备基础美观

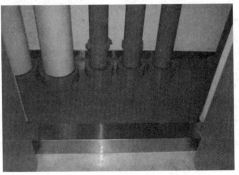

图 2.2-63　管道根部处理精细

图 2.2-64　组合式综合管道支架安装牢固　　　　　　图 2.2-65　管道保温敷设严密

图 2.2-66　配电箱接线整齐　　　　　　　　　图 2.2-67　管道分层有序

×××工程屋面优秀做法如图 2.2-68～图 2.2-75 所示。

图 2.2-68　乳胶漆阴阳角方正

图 2.2-69　设备基础不锈钢护角

图 2.2-70　桥架基础处理精细

图 2.2-71　桥架不锈钢栈桥

图 2.2-72　不锈钢栈桥

图 2.2-73　落水口处理精细

图 2.2-74　屋面不锈钢排气孔美观实用

图 2.2-75　排气管护墩处理精细

6. 新技术应用

工程共应用建筑业"十项新技术"中的 10 大项，37 子项，陕西省推广应用新技术 1 项，形成省级工法 2 项。技术创新达到了省内领先水平。取得了 1.15% 的经济效益，赢得了良好的社会效益。"十项新技术"应用情况见表 2.2-2 所列。

建筑业"十项新技术"应用情况统计表   表 2.2-2

序号	项 目	子 项			
		编号	项目内容	数量	部位
一	地基基础与地下空间工程技术	1	复合土钉墙支护技术	870m²	基坑支护
二	混凝土技术	2	高耐久性混凝土	103892m³	主体结构
		3	轻骨料混凝土	2070m³	屋面找坡
		4	纤维混凝土	115615m³	主体结构
		5	混凝土裂缝控制技术	8860t	主体结构
三	钢筋及预应力技术	6	高强度钢筋应用技术——HRB400 级钢筋	18708.32t	主体结构
		7	大直径钢筋直螺纹连接技术	260525 个	主体结构
四	模板及脚手架应用技术	8	清水混凝土模板技术	261849m²	主体结构
五	钢结构技术	9	钢结构深化设计技术	2480t	屋面及挑檐
		10	模块式钢结构框架组装、吊装技术	2480t	屋面及挑檐
六	机电安装工程技术	11	管线综合布置技术	797650m	管线策划
		12	非金属复合板风管施工技术	42000m²	空调系统
		13	变风量空调技术	6000m²	空调系统
		14	大管道闭式循环冲洗技术	600m²	冷却水系统
		15	薄壁不锈钢给水管道卡压连接技术	32880m	冷热水系统
		16	管道工厂化预制技术	78000m	自喷系统
七	绿色施工技术	17	施工过程水回收利用技术	175336m³	基坑降水回收利用
		18	预拌砂浆技术	3697.82t	找平保护层
		19	外墙外保温隔热系统施工技术	41386m²	外墙保温
		20	外墙自保温体系施工技术	14045m²	外围护结构
		21	铝合金窗断桥应用技术	4885m²	建筑外墙
		22	建筑外遮阳技术	325m²	屋面
		23	采用节能型 LED 灯带	9806m	灯带
八	建筑防水新技术	24	聚氨酯防水涂料应用技术	11762m²	卫生间、厨房
		25	自粘聚合物改性沥青聚酯胎防水卷材应用技术	29315m²	地下室、屋面

续表

序号	项 目	子 项			
		编号	项目内容	数量	部位
九	抗震加固与监测技术	26	建筑隔振技术		设备基础
		27	深基坑施工监测		基坑监测
		28	大体积混凝土温度监测	6058.9m²	基础筏板
		29	结构安全性监测	1404m²	宴会厅屋面
十	项目管理信息化技术	30	虚拟仿真施工技术		动漫策划
		31	高精度自动测量技术		施工放线
		32	施工现场远程监控管理及工程远程验收技术		IP 视频
		33	工程自动计算技术		预决算
		34	建筑工程资源计划管理技术		网络计划及安全计算
		35	项目多方协同管理信息化技术		项目管理
		36	工程项目管理信息化实施集成应用及基础信息规范分类编码技术		资料整编
		37	塔式起重机安全监控管理系统应用技术		塔吊监控
十一	QC 成果	38	《确保弧形混凝土结构质量一次成优》		
十二	工法	39	《斜屋面仿古铝瓦施工工法》		
		40	《钢筋桁架楼承板施工工法》		

7. 环保节能及绿色施工

本工程设计采用了非承重空心砖、轻钢龙骨轻质隔墙、屋面 XPS 挤塑泡沫保温隔热板、外墙岩棉板保温技术、断桥铝合金 Low-E 中空玻璃窗、Low-E 中空玻璃幕墙、节水型卫生洁具等多项节能、环保技术（图 2.2-76、图 2.2-77）。

图 2.2-76　施工区办公室

图 2.2-77　太阳能热水器

施工中，积极采用绿色施工技术，通过科学管理和技术进步，最大限度地节约资源与减少对环境负面影响的施工活动，实现"四节一环保"。

（1）施工充分利用雨水、基坑降水作为混凝土养护、消防及生活区临时用水；

（2）采用预拌砂浆、直螺纹套筒、废旧方木多层板二次利用等节省大量原材料；

（3）选用节能灯具、节水型卫生洁具，油漆木作均工厂化加工，选用环保型涂料；

（4）工程边坡采用土钉墙支护技术，减少施工占地；

（5）施工现场设置洗车池和冲洗设施，建筑垃圾和生活垃圾分类存放装置，进行裸露土覆盖、工地路面硬化和生活区绿化美化。

8. 功能检测及工程验收

（1）功能检测

见表 2.2-3 所列。

功能检测内容及结论汇总表　　　　　　　表 2.2-3

序号	检测内容	检测单位	结论
1	桩基工程	×××设计研究院	合格，达到设计要求
2	钢筋保护层	×××质量检测中心	合格
3	混凝土抗压强度	×××质量检测中心	达到设计要求
4	砌体后置埋件拉拔检测	×××质量检测中心	合格
5	干挂石材后置埋件拉拔检测	×××质量检测中心	合格
6	铝合金外窗三性检测	×××质量检测中心	达到设计及规范要求
7	玻璃幕墙四性检测	×××质量检测中心	达到设计及规范要求
8	钢结构高强度螺栓连接件检测	×××质量检测中心	满足规范要求
9	钢结构焊缝超声波检测	×××公司	满足规范及设计要求
10	钢结构桁架挠度检测	×××质量检测中心	合格
11	防雷装置检测	×××防雷电装置检测所	符合设计要求
12	室内环境空气	×××工程质量监督检验站	合格
13	水样检测	×××监测站	合格
14	电梯	×××特种设备检验检测院	合格
15	通风与空调系统检测	×××设备安装质量检测中心	合格
16	消防	×××公司	合格

（2）单项验收

1）工程控制资料、安全和使用检测全部符合要求。

2）2011 年 1 月 19 日，桩基子分部经设计单位、勘察单位、监理单位、建设单位、施工单位的共同检查验收，评定为合格。

3）2011 年 7 月 13 日，地基与基础工程经设计单位、勘察单位、监理单位、建设单位、施工单位的共同检查验收，评定为合格。

4）2011 年 9 月 5 日，主体工程经设计单位、勘察单位、监理单位、建设单位、施工单位的共同检查验收，评定为合格。

5）2011 年 12 月 15 日人防工程通过专项验收。

6）2011 年 12 月 22 日消防工程通过专项验收。

7）2011 年 12 月 28 日钢结构子分部工程经建设单位、设计单位、监理单位、施工单位的共同检查验收，评定为合格。

8）2011 年 12 月 17 日进行节能专项验收。

9）2011 年 12 月 30 日，进行竣工综合验收，验收合格，单位工程质量综合评价情况见表 2.2-4 所列。

单位工程质量综合评价表　　　　　　　　　表 2.2-4

序号	检查项目	地基及桩基工程评价得分		结构工程（含地下防水层）评价得分		屋面工程评价得分		装饰装修工程评价得分		安装工程评价得分		备注
		应得分	实得分	应得分	实得分	应得分	实得分	应得分	实得分	应得分	实得分	
1	现场质量保证条件	10	8	10	9	10	9	10	10	10	9	
2	性能检测	35	35	30	30	30	30	20	20	30	30	
3	质量记录	35	34	25	24	20	19	20	19	30	29	
4	尺寸偏差限值实测	15	14	20	19	20	20	10	9	10	9	
5	观感质量	5	4	15	14	20	19	40	40	20	18	
6	合计	100	95	100	96	100	97	100	98	100	95	
7	各部位权重实得分	A＝地基及桩基工程评分 ×0.10＝9.5		B＝结构工程评分 ×0.40＝38.4		C＝屋面工程评分 ×0.05＝4.85		D＝装饰装修工程评分 ×0.25＝24.5		E＝安装工程评分 ×0.20＝19		
8	单位工程质量评分（$P_{竣}$）： 特色工程加分项目加分值 F： $P_{竣}=A+B+C+D+E+F=96.25$ 评价人员：×××　×××　×××　×××											

9. 已获荣誉

（1）陕西省省级文明工地；

（2）陕西省建筑优质结构示范工程；

（3）陕西省新技术应用示范工程；

（4）《确保弧形混凝土结构质量一次成优》获得国家 QC 二等奖；

（5）《斜屋面仿古铝瓦施工工法》获省级工法，已申请国家专利；

（6）《钢筋桁架楼承板施工工法》获省级工法；

（7）陕西省第十六次优秀设计奖；

（8）陕西省优质工程"长安杯"；

（9）荣获第八届全国建设工程优秀项目管理成果一等奖。

（三）×××工程

1. 工程概况

×××项目，占地 149 亩，是为适应新时期党员干部培训工作的发展需要所成立组建的国家级干部院校之一。

工程建筑面积 29823.67m²，由教学楼、多功能活动用房、动力中心、教职工周转楼、物业综合楼、五号学员宿舍楼等单体建筑组成，建筑高度最高 15.3m（图 2.2-78～图 2.2-83）。

工程设计使用年限 50 年，抗震设防烈度 6 度，抗震等级四级。结构形式分为砖混、框架结构。地基为天然地基，基础为条形、独立基础。

图 2.2-78　教学楼

图 2.2-79　多功能活动用房

图 2.2-80　活动中心

图 2.2-81　女职工周转宿舍

图 2.2-82　物业综合楼

图 2.2-83　五号学员宿舍楼

外墙大面采用传统青砖、青灰色劈开砖，配以毛面石材，色彩素雅、庄重大方。外门窗为断桥中空玻璃铝合金门窗、塑钢窗及玻璃幕墙。

内装饰主要为乳胶漆、软包、木质吸声板墙面；玻化砖、花岗石、复合木地板及PVC塑胶地面；纸面石膏板、矿棉板吊顶；木质成品门。

安装工程包括建筑给水排水及采暖工程、建筑电气工程、通风与空调工程、智能建筑工程、电梯工程。

工程立项、报建及验收手续齐全、合法。工程于 2010 年 3 月 15 日开工，2011 年 8 月 18 日竣工，2011 年 9 月 20 日竣工备案。工程决算总造价：25500 万元。

工程责任主体单位：

建设单位　×××

勘察单位　×××设计研究院

设计单位　×××公司

监理单位　×××公司

施工总承包单位　×××公司

施工参建单位　×××公司。

本工程由×××质量安全监督中心监督站监督。

2. 质量目标及控制措施

工程在创建之初就确定了创建"鲁班奖"的质量目标。施工过程中紧紧围绕质量目标，采取了以下控制措施：

（1）创优组织和要求：为实现本工程质量目标，成立了由学院添建办、监理单位、施工单位三方组成的质量创优小组，统一制定验收标准、施工工艺、技术措施。

（2）创优策划：策划在先，样板引路，对分项工程及细部做法提前策划，精雕细琢，精益求精，一次成优。

（3）创优过程控制：坚持过程严格管理和严格检验，制定了培训和考试制度、分级检查和全数检查制度、"三检制度"，建立质量周例会、月检查评比制度，确保每一个环节、每一个过程、每一个细部，保证最终目标的实现。

（4）创优技术措施：确定了施工验收执行的标准，编制了大量技术方案，积极开展QC小组活动，大力推广新技术，注重工艺改进与创新。

3. 工程施工的主要难点

（1）装饰清水砖砌体

573800 块装饰清水砖砌体采用手工青砖砌筑，装饰清水砖砌体组砌复杂、造型多样。手工青砖外观尺寸偏差大，无法满足装饰清水砖砌体的质量要求。采用特制磨砖机，对进场青砖进行选、磨、切等特殊的施工方法，进行二次加工处理，施工中进行计算机排砖细化设计、一划二吊三鞶及拉线修缝等独特的施工工艺，极大地提高了装饰清水砖砌体的观感质量和建筑的立面效果（图 2.2-84）。

（2）外墙外保温粘贴劈开砖

外墙挤塑板外贴 36 万块 16mm 厚 240mm×53mm 劈开砖饰面，如何防止饰面层自重较大及温度影响引起墙面开裂、空鼓、脱落，成为施工中的难点。施工中改进施工工艺，采用预埋钢丝网拉结件,在房屋的大脚处和门窗口上下处按照不大于 3m 的间距设置变形缝,缝内嵌入发泡棒,打注耐候硅酮胶。墙面粘结牢固,拉拔试验合格,无空鼓脱落现象(图 2.2-85)。

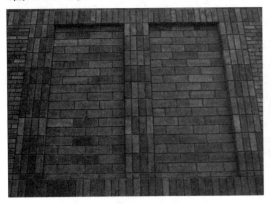 

图 2.2-84　外墙装饰清水砖墙砌筑效果　　　　图 2.2-85　劈开砖墙面细部大面

(3)瓦屋面

屋面瓦采用"S"形青灰色釉面琉璃瓦,铺贴面积大,瓦件小,95 个老虎窗造型,线型较多,观感要求高。施工中采用砂浆卧瓦层内增设钢板网,预埋钢筋同结构牢固连接,沿脊线平行及垂直方向,挂纵、横、斜三方向控制线,用铜丝将瓦件绑扎到钢板网上进行安装。7570m² 屋面瓦安装搭接一致,接槎密实,表面平整,纵、横、斜三向缝路顺直。

4. 工程质量特色

(1)地基与基础工程

地基为天然地基,承载力满足设计要求。基础为钢筋混凝土条形基础,独立基础。地基与基础分部工程质量验收合格。

(2)主体结构工程

主体混凝土结构采用镜面复合竹胶板,钢筋采用工具式水平及竖向定位筋、标准塑料垫块;混凝土采用机械抹面、人工收光、薄膜覆盖养护等措施,组混凝土标养及组同条件试块强度评定合格。混凝土内实外光,表面平整,棱角方正清晰,达到清水效果。标养及同条件试块强度评定合格。

砌体结构灰缝厚度均匀,砂浆饱满,横平竖直,嵌缝剂勾缝,深度均匀一致。砌筑墙体做到"三层一吊,五层一靠",水平灰缝平直度、垂直度均在 2mm 以内,游丁走缝偏差均在 3mm 以内。

主体工程,通过检查,未发现裂缝和变形等不良现象,结构安全可靠。

(3)建筑装饰装修工程

外装饰:

1)装饰清水砖砌体、青灰色劈开砖饰面,与毛面石材巧妙搭配,充分体现了学院的庄重、典雅。墙面上部少量石材凸出,窗间墙采用锈石毛面石材搭配铁艺装饰构件,细部变化丰富,施工精细。蘑菇石圆拱线条流畅,弧度圆顺,分层次叠落,提升了传统窑洞风格（图 2.2-86、图 2.2-87）。

图 2.2-86　教职工周转宿舍楼内庭院

图 2.2-87　教学楼大厅

2）外门窗形式多样，洞口预埋混凝土块固定，安装牢固，打胶均匀密实，三性检测合格。多功能大厅、休息厅采用玻璃幕墙，内外通透，提供了明亮的自然光线，四性检测合格。

内装饰：

1）双层纸面石膏板吊顶，双层板缝无通缝、同缝、十字缝，接缝处三次嵌缝满粘抗裂纸带，吊顶周圈凹槽处理，表面平整，无裂缝。矿棉板吊顶，计算机预排，布局合理，周圈采用 W 边龙骨，线条顺直，平整美观（图 2.2-88、图 2.2-89）。

图 2.2-88　矿棉板吊顶

图 2.2-89　石膏板吊顶

2）乳胶漆墙面，外墙内侧满贴海基布，不同材料交接部位采用抗裂布处理，有效地控制了裂缝，墙面涂料涂刷均匀细腻，阴阳角方正顺直，交接清爽（图 2.2-90）。

教室内墙面，采用背漆玻璃写字板、弹性吸声板、木质吸声板、软木等多种材料，不锈钢条收边，吸声效果显著，美观实用（图 2.2-91）。

3）饰面砖施工严格遵循先排砖后定位再贴砖的原则，通长走廊采用间断抗裂缝做法，玻化砖、花岗石地面排砖合理，波打线、踢脚线接缝一致，整层对缝，拼图大方、铺贴平整，无空鼓、开裂（图 2.2-92、图 2.2-93）。

图2.2-90　休息厅

图2.2-91　教室

图2.2-92　五号学员宿舍楼内走廊

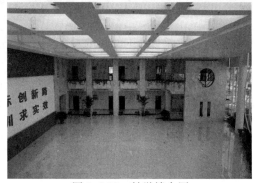

图2.2-93　教学楼大厅

4）1013 樘成品木门，五金安装规范、开启灵活，门窗套与墙交接处凹槽处理，做法新颖，避免了两种材料交接处裂缝的出现。

（4）屋面工程

屋面瓦安装搭接一致，接槎密实，表面平整，缝路顺直，排水通畅，无渗漏。上人屋面 50mm 厚挤塑板保温，两道 4mm 厚 SBS 卷材防水，表面采用 100mm×100mm 缸砖，表面平整、坡向正确，排水通畅，无渗漏。（图2.2-94、图2.2-95）。

图2.2-94　成品屋面

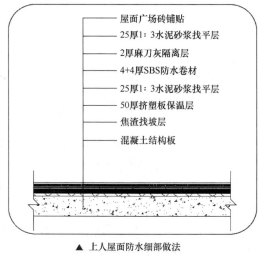

屋面广场砖铺贴
25厚1:3水泥砂浆找平层
2厚麻刀灰隔离层
4+4厚SBS防水卷材
25厚1:3水泥砂浆找平层
50厚挤塑板保温层
焦渣找坡层
混凝土结构板

▲ 上人屋面防水细部做法

图2.2-95　屋面做法

（5）安装工程

安装工程采用计算机对管线综合平衡，布局合理、排列整齐，有效利用了空间。

通风空调工程：风管采用共板法兰风管，成型美观、工艺简单，工厂化加工，提高了工作效率，缩短了工期；风管穿越墙、板处，保温不间断，支、吊架处设置垫木，无冷桥和结露现象，保温效果良好，美观节能；风口与风管连接严密、牢固，与装饰面紧贴，与其他装饰面协调排布；为了降低室内噪声和防止卫生间换气扇与吊顶产生共振，卫生间换气扇采用分体式换气扇。

空调冷冻泵、循环水泵、冷热媒管道采用橡塑保温，外包不锈钢保护壳，外观平整美观，管道穿越墙、板处，保温到位不间断，支吊架处设置垫木，无冷桥和结露现象，保温良好，美观节能（图 2.2-96）。

图 2.2-96　水泵房成品图

给水排水工程：给水系统平时采用市政给水供给，停水时采用给水变频泵配 80t 水箱，自动控制；排水系统雨污水分离排放。设备、管道优化设计，布局合理，安装牢固规范，排列整齐，连接严密，试压一次成功，支吊架制作精细，安装牢靠，油漆涂刷均匀光亮，介质流向标识清晰。

电气工程：电气竖井内配电箱、柜排列整齐、便于操作，盘内接线规整、相序正确、回路标识清晰准确。桥架安装牢固，支架排布均匀，接地齐全可靠。避雷带敷设平直规范，接地测试合格。灯具布设合理，安装规范，照度符合节能规范要求（图 2.2-97、图 2.2-98）。

图 2.2-97　电井桥架　　　　　　　　　　　图 2.2-98　配电箱

智能建筑工程：智能建筑包括通信、有线电视、公共广播、计算机网络、建筑设备监控、火灾报警及消防联动、电视监控、入侵报警、楼宇对讲、综合布线等系统，智能设施先进、功能完善、智能化程度高，验收合格，运行良好。

电梯工程：五号学员宿舍楼一部电梯，运行平稳，平层准确。

5. 工程亮点

通过对施工过程的严格控制，将工程难点变成亮点，做到"人无我有"、"人有我突"、"人突我优"、"人优我特"。

（1）装饰清水砖砌体

灰缝均匀，横平竖直，砂浆饱满，清洁无污染，6mm 深砖缝深浅一致，平直、通顺、光滑（图 2.2-99）。

图 2.2-99　外墙窗口效果

（2）外墙外保温粘贴劈开砖

按三顺一丁计算机排砖，根据砖模数烧制定型阳角砖，提高外墙面大角的装饰效果，墙面平整，缝路顺直，达到陶砖组砌效果（图 2.2-100、图 2.2-101）。

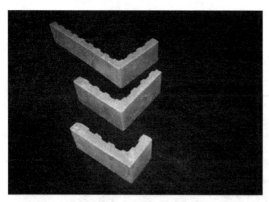

图 2.2-100　阳角砖　　　　　　图 2.2-101　外墙劈开砖大面及阳角效果

（3）屋面

屋面瓦安装搭接一致，接槎密实，表面平整，纵向、横向及斜向均呈直线，缝路顺直，排列整齐。屋脊转弯、分水、变形缝、檐口等细部处理精细、美观。青砖灰瓦，庄重典雅，相映成辉。

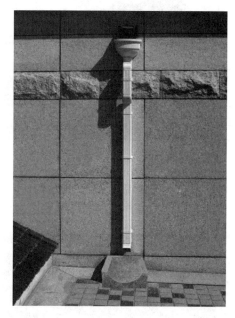

图 2.2-102　屋面花架及细部节点一

上人屋面采用缸砖，计算机细化排版，缝路一致，分格合理，分色美观。花架、女儿墙、屋面栏杆、变形缝、天沟、石材盖板、落水口、无动力风帽等屋面细部，巧思妙想，精雕细琢，做工细腻（图 2.2-102、图 2.2-103）。

图 2.2-103　屋面花架及细部节点二

（4）室外石材装饰

31 个半径 2100mm 蘑菇石圆拱套，线角方正，弧度圆顺（图 2.2-104）。

（5）石材造型墙面

造型别致，胶缝饱满、顺直（图 2.2-105）。

图 2.2-104　蘑菇石圆拱套

图 2.2-105　石材墙面

（6）采光顶、幕墙窗

造型独特，打胶严密（图 2.2-106、图 2.2-107）。

图 2.2-106　采光顶

图 2.2-107　幕墙窗

（7）曲面玻璃幕墙

教学楼圆弧曲面玻璃幕墙，曲线流畅、造型别致（图 2.2-108）。

（8）室内干挂石材墙面

做工细腻，条形通风口套割整齐（图 2.2-109）。

图 2.2-108　曲面玻璃幕墙

图 2.2-109　石材墙面

（9）地砖

地砖铺贴平整，缝格通顺（图 2.2-110）。

（10）PVC 地面

接缝平整，粘贴牢固，色泽一致（图 2.2-111）。

 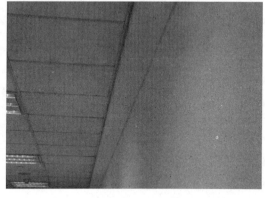

图 2.2-110　地砖　　　　　　　　　　图 2.2-111　PVC 地面

（11）地毯

拼花准确，平整美观（图 2.2-112）。

（12）吊顶界面

吊顶不同界面交接处采用凹槽处理，凹槽宽窄、深度均匀一致（图 2.2-113）。

图 2.2-112　地毯　　　　　　　　　　图 2.2-113　吊顶界面

（13）门窗套边

采用凹槽处理，美观大气（图 2.2-114）。

（14）卫生间

364 个卫生间，6 个洗浴间，墙、地砖对缝整齐划一（图 2.2-115）。

（15）地漏

地漏居中，整砖套割（图 2.2-116）。

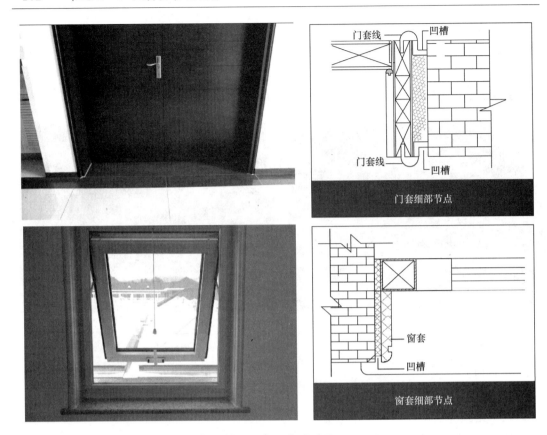

图 2.2-114 门窗套边

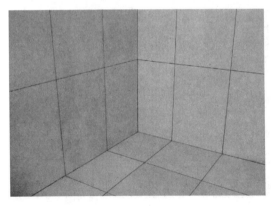

图 2.2-115 卫生间墙、地拼缝

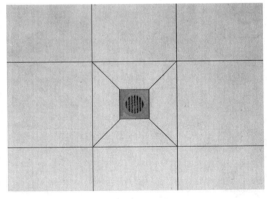

图 2.2-116 地漏

（16）卫生洁具

居中安装，牢固，高度一致，封胶严密（图 2.2-117）。

（17）活动隔断

活动隔断钢导轨顺直，推拉轻便，接缝处平整，美观大方（图 2.2-118）。

（18）吊顶附件

吊顶灯具、烟感、喷淋头、摄像头等居中成线，观感强烈（图 2.2-119）。

图 2.2-117　卫生洁具

图 2.2-118　活动隔断钢导轨

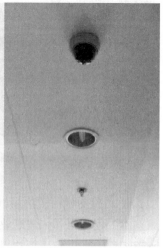

图 2.2-119　吊顶附件

（19）灯具

安装成排成行，整齐划一（图 2.2-120）。

（20）开关面板

高度一致，间距均匀（图 2.2-121）。

图 2.2-120　室内灯具

图 2.2-121　开关面板

（21）管道

排列整齐，不锈钢保护壳接缝平顺，咬口严密。

（22）避雷带

屋面避雷带成排成线，系统安全可靠，接地测试点实用，美观（图 2.2-122）。

（23）太阳能集热板

安装规范，使用功能良好（图 2.2-123）。

图 2.2-122　屋面避雷带

图 2.2-123　太阳能集热板

6. 新技术推广应用情况

本工程应用了"建筑业 10 项新技术"中的 10 大项 19 小项，荣获×××建设新技术示范工程，推广应用新技术总体水平达到省内先进水平，取得了较好的经济和社会效益。具体情况见表 2.2-5 所列。

建筑业"10 项新技术"应用情况　　　　　　　　　　　　表 2.2-5

项次	项 目 名 称	子　项		使用部位
		编号	项目内容	
1	地基基础与地下空间工程技术	1	深基坑支护及边坡防护技术	靠近学院一期南围墙一侧
2	高性能混凝土技术	2	混凝土裂缝防治技术	基础与主体结构
		3	混凝土耐久性技术	
		4	清水混凝土技术	
3	高效钢筋应用技术	5	HRB400 级钢筋应用	
		6	粗直径钢筋直螺纹机械连接技术	
4	新型模板及脚手架应用	7	清水混凝土模板技术	
5	钢结构技术	8	钢结构设计制造技术	多功能活动房钢网架
		9	钢结构防火、防腐技术	
6	安装工程应用技术	10	管道制作与连接安装技术	卡压式给水管道
				共板法兰连接金属风管
		11	建筑智能化系统应用技术	安装工程
7	建筑节能和环保应用技术	12	节能型围护结构应用技术	部分隔墙采用轻质墙板
				挤塑板外墙外保温
				挤塑板屋面保温
				节能型门窗应用
		13	新型空调和采暖技术	地板辐射供暖技术
		14	干粉砂浆应用技术	外墙饰面砖、保温板粘结、建筑涂料基层找平
8	建筑防水新技术	15	新型防水卷材应用技术	屋面
		16	建筑防水涂料	厨房、卫生间
				屋面
		17	建筑密封材料	施工缝
9	施工过程监测和控制技术	18	施工过程测量技术	高程引测、建筑控制网
10	建筑企业管理信息化技术	19	利用计算机进行施工全过程管理	施工全过程

7. 建筑节能与环保

本工程建设及施工全过程中，始终把节能环保、绿色建筑与施工放在首位，大量选用节能设备及材料，积极进行环境保护。

（1）节能产品及工艺

1）外墙、屋面采用挤塑板保温。

2）外门窗选用断热型材，中空玻璃。

3）采用 936m² 整体式蓝膜平板集热器，热水产量 80t/日，可满足 600 人生活热水需要，节能效果明显，被列为×××光热示范工程。

4）电气照明全部采用节能灯具；屋面利用玻璃顶采光。

5）设备、管道采用橡塑保温。

6）生活用水变频控制，空调水采用静态平衡技术。

7）采用节水型卫生器具，红外感应。

（2）环保与绿色施工

节地措施：本工程按照"先总体、后单体、同步绿化"的施工部署，先进行了总体道路管网的施工，完成正式道路的基层构造及正式室外雨污水排水系统，地表开挖的50cm厚耕植土壤统一堆放，以便绿化使用，将所有场地内原有树木进行了合理移栽，避免了重复施工产生的浪费（图2.2-124）。

图2.2-124　主题广场

节材措施：加强设施料管理，增加周转次数；合理安排材料的采购，减少库存；合理利用钢筋下脚料，制成柱钢筋定位框等；采用工具式楼梯、隔离栏等，使用方便，多次周转，重复利用等有效节材措施（图2.2-125、图2.2-126所示）。

图2.2-125　工具式隔离栏

图2.2-126　工具式楼梯

节水措施：合理利用原有浅表农用灌井作为洇砖、绿化浇灌用水，水资源得到较好的利用。施工现场生产、生活用水，使用节水型用水器具，施工用水进行定额计量。室外人行道、广场大面积使用透水砖，有效地节约了水资源。

节能措施：加强施工机械管理，做好设备维修保养及计量工作，施工现场照明采用节能照明灯具，生活区及办公区照明灯具选用节能型灯管。

环境保护：土方堆放时，采取覆盖、淋水降尘措施，现场加工制作洒水车洒水降尘。施工现场场界噪声进行检测和记录，噪声排放未超过国家标准。对毗邻学院的建筑物立面采用了防尘降噪新型防护布。夜间施工时，采用铝制方框灯并有遮光措施，朝向施工场地，减少光污染。大门口设置洗车台冲洗车辆；建立封闭垃圾站，移动垃圾桶，分类收集，合理利用和处置。青砖加工间、洗车台设置沉淀池，厨房设置隔油池，厕所设置化粪池，及时清理，防止水土污染。

施工现场达到了硬化、绿化、美化、净化的效果。

8. 工程验收

（1）安全功能检测及专项验收

室内环境、铝合金门窗、塑钢窗、幕墙、电梯、空调、水质、防雷等均检测合格，消防、节能通过验收。具体情况见表 2.2-6 所列。

功能检测内容及结论汇总表　　　　　　　　　　　表 2.2-6

项　目	检测、验收单位	结　论
室内环境	×××建筑设备安装质量检测中心	Ⅱ类，合格
铝合金门	×××建筑设备安装质量检测中心	气密性：7 级
		水密性：3 级
		抗风压：4 级
铝合金窗	×××建筑设备安装质量检测中心	气密性：7 级
		水密性：3 级
		抗风压：5 级
塑钢窗	×××建筑设备安装质量检测中心	气密性：5 级
		水密性：5 级
		抗风压：3 级
幕墙	×××建筑设备安装质量检测中心	气密性：3 级
		水密性：3 级
		抗风压：2 级
		平面内变形：3 级
电梯	×××特种设备检验检测院	合格
空调	×××建筑设备安装质量检测中心	合格
水质	×××疾病预防控制中心	符合生活饮用水标准
防雷	×××避雷装置安全检测站、×××气象局	检测合格
消防	×××公安消防支队	检测合格，通过验收
节能	×××建筑节能与墙体材料改革办公室	通过验收

（2）综合验收

本工程于 2011 年 8 月 18 日由建设单位组织勘察、设计、监理、施工单位验收合格，观感质量评价为"好"，根据《建筑工程施工质量评价标准》GB/T 50375—2006，综合得分 96.88 分，为高质量等级的优良工程。

（3）工程技术资料情况

工程资料分五大部分，共 239 册，竣工图 45 盒，每部分均按照施工质量管理及竣工验收资料、检验批验收资料、工程质量控制资料、安全和功能检验资料、竣工图、施工日志及建筑节能资料等进行分类组卷编制。

工程资料与工程同步，真实、完整、有效，资料内容具有可追溯性，能够相互印证。编有总目录和各分卷、分册目录，查找方便。

9. 综合效果及获奖情况

（1）工程设计先进、功能完善，科技含量高，经济、社会效益明显。

（2）绿色建筑与施工技术应用效果突出，在本地区有较好的示范作用。

（3）通过精心策划、精心管理、精心施工，质量效果突出。

图 2.2-127   ×××工程

（四）×××工程

1. 工程概况

×××工程，由×××公司投资建设，×××公司勘察，×××公司设计，×××公司监理，×××公司承建，×××工程质量安全监督站监督（图 2.2-127）。

该工程是×××保障性公租房项目，地下室为人防兼自行车库，地上为公寓，共计住房 1170 套，可容纳 4500 名外来务工人员和大学生创业居住，是保障和改善民生的重点工程。

总建筑面积 66292m^2，建筑高度 49.6m，剪力墙结构，地下 1 层，地上 17 层；地基为 CFG 桩，筏板基础。抗震等级二级，设防烈度 8 度，防水等级 2 级，耐火等级地上二级、地下一级。工程设计合理，功能齐全，节能环保。报建手续齐全，立项合法。

工程各项报建手续情况见表 2.2-7 所列。

工程各项报建手续情况   表 2.2-7

序号	报建手续名称	证书编号	颁发单位
1	施工许可证	×××号	×××规划局
2	土地使用证	×××号	×××局
3	工程规划许可证	×××	×××局
4	用地规划许可证	×××号	×××
5	施工图纸审查报告	×××	×××公司
6	立项文件	×××号	×××

工程于 2010 年 10 月 28 日开工，2012 年 8 月 21 日竣工验收交付使用，决算总造价 14800 万元。

工程开工就确立了创"鲁班奖"的质量目标。坚持"粗粮细作"，过程严格控制，确保一次成优。

2. 工程技术重点与新技术推广应用情况

（1）施工重点及技术措施

1）基础施工：采取 3 项主要技术措施，有效控制基础混凝土施工质量。

① 优化混凝土配合比、提高混凝土性能；

② 加强混凝土浇筑及收面控制；

③ 混凝土测温监控。

2）外墙保温是节能的重要举措，更是保障性住房居住条件的重要因素，因此如何有效地保证外墙保温质量及节能性能，是本工程重点。本工程采取了以下三种措施：

① 外墙保温采用喷涂 35mm 厚高效节能的硬质发泡聚氨酯，设计导热系数不大于 0.025W/m² · K，实际导热系数仅为 0.018～0.022W/m² · K，提高了保温性能；

② 沿外墙各立面自上而下做饼冲筋，间距 1.5m，确保保温层喷涂厚度不小于 35mm；

③ 保温表面满刮胶粉颗粒并粘钉 $\phi 1.2@15 \times 15$ 钢丝网，后整体施工抗裂砂浆一道，保证了保温层整体性。

经×××建设工程质量检测中心对每栋楼外墙保温进行专项检测，保温层粘结强度均大于设计值 0.1MPa。受拉承载力符合规范要求。节能构造钻芯检测保温层厚度均大于 35mm，检测结果符合设计及规范要求。

（2）新技术推广应用情况

本工程应用了建筑业 10 项新技术中的 22 子项，提高了工程质量，降低了工程成本，通过×××"新技术示范工程"验收，达到省内领先水平，受到各单位的好评。

1）地基基础和地下空间工程技术

水泥粉煤灰碎石桩（CFG 桩）复合地基技术。

2）混凝土技术

混凝土裂缝控制技术。

3）钢筋及预应力技术

高强度钢筋应用技术，大直径钢筋直螺纹连接技术

4）模板及脚手架技术

清水混凝土模板技术，组拼式大模板技术。

5）机电安装工程技术

管线综合布置技术，预分支电缆施工技术。

6）绿色施工技术

施工过程水回收利用技术，预拌砂浆技术，硬泡聚氨酯外墙保温。

7）防水技术

聚氨酯防水涂料施工技术。

8）信息化应用技术

虚拟仿真施工技术，高精度自动测量控制技术，工程项目管理信息化实施集成应用及基础信息规范分类编码技术，现场远程监控管理及工程远程验收技术，工程自动计算技术，项目多方协同管理信息化技术，建筑工程资源计划管理技术，塔式起重机安全监控管理系统应用技术。

9）陕西省建设新技术推广项目

3．工程节能环保及使用情况

（1）本工程从项目规划、设计到施工等各阶段都全面坚持"四节一环保"理念。工程外墙为加气混凝土砌块、保温为喷涂硬质发泡聚氨酯；玻璃幕墙采用铝合金断桥框料，Low-E 中空玻璃；塑钢窗双层玻璃，保温隔声效果好，节能效果显著（图 2.2-128、图 2.2-129）。

图 2.2-128　砌体样板墙

图 2.2-129　外立面效果图

（2）安装工程采用高效节能灯具、红外感应开关、变压变频调速电梯、PB 聚丁烯塑性管材、钢制散热器、6L 节水坐便器等节能措施，节约资源，降低能耗，绿色环保（图 2.2-130～图 2.2-133）。

图 2.2-130　节能光源

图 2.2-131　红外感应开关

图 2.2-132 钢制散热器

图 2.2-133 节水坐便器

（3）现场封闭施工，工完场清，干净整洁，文明环保。施工中采取多种措施，如办公室前地面采用可重复利用的透水砖铺贴，木工棚、钢筋棚及施工道路围挡采用工具式的等，最大限度地节约资源，实现"四节一环保"，通过节能、环保竣工验收，准许投入使用（图 2.2-134、图 2.2-135）。

图 2.2-134 透水砖

图 2.2-135 工具式围挡及钢筋棚

4. 工程质量情况

（1）地基与基础工程

地基与基础严格按照图纸设计及规范进行施工，无倾斜、裂缝及变形情况。

1）桩基情况

本工程地基为 CFG 桩复合地基，由×××公司施工，经×××公司检测，静荷载试验复合地基承载力特征值均大于 350kPa；低应变检测桩身完整性好，全部为Ⅰ类桩；高应变检测单桩竖向承载力特征值均大于 500kN，满足设计和规范要求。桩基检测数量见表 2.2-8 所列。

桩基检测数量表 表 2.2-8

楼号项目	桩数（根）	桩（mm）	桩长（m）	低应变检测（组）	静荷载试验（组）
7 号楼	731	ϕ400	9.5	147	4
8 号楼	731	ϕ400	9.5	147	4
9 号楼	731	ϕ400	9.5	147	4

2）沉降观测情况

本工程沉降观测单位为×××建筑勘测研究所，每栋楼设置 12 个观测点，至 2012 年 12 月 12 日，共观测了 21 次。观测结论：7、8、9 号楼相邻差异沉降较小，符合《建筑变形测量规范》（JGJ 8—2007）的相关规定，沉降已稳定。观测报告见表 2.2-9 所列。

观　测　报　告　　　　　　　　　　　　　　　　　　　　　　　　　表 2.2-9

项目楼号	观测点 （个）	最大累计沉降量 （mm）	最小累计沉降量 （mm）	平均沉降速率 （mm/d）	结　论
7 号楼	12	11 号点 13.9	3 号点 6.21	0.015	均＜0.04mm/d 沉降已稳定
8 号楼	12	4 号点 16.26	12 号点 9.94	0.015	
9 号楼	12	10 号点 17.74	12 号点 8.79	0.011	

（2）主体结构工程

主体结构未出现影响结构安全的裂缝，三栋楼总高均为 49.6m，实际垂直度最大偏差值：7 号楼 7mm，8 号楼 8mm，9 号楼 6mm，均小于规范要求。混凝土内实外光、棱角分明，达到清水混凝土效果。

（3）建筑装饰装修工程

室内设计装修用料普通，整体效果简单大方。通过一系列质量控制措施，实现了"粗粮细作"、一次成优。施工质量符合设计及规范要求，质量优良。

（4）防水工程

1）屋面防水等级为 2 级，防水材料为 SBS 卷材，做法如图 2.2-136～图 2.2-138 所示。

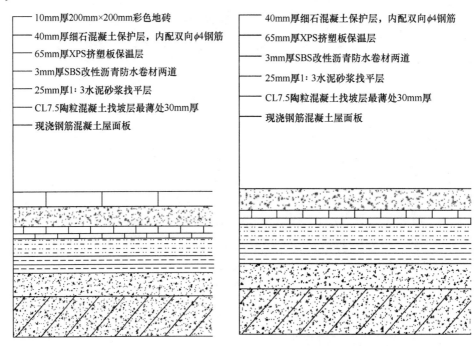

图 2.2-136　上人屋面做法　　　　　　　　图 2.2-137　不上人屋面做法

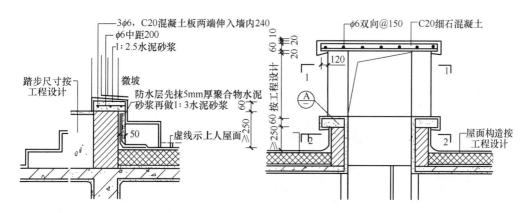

图 2.2-138　屋面出入口防水做法

2）厨卫间防水

卫生间及有防水要求的厨房为 4mm 厚 JS 防水涂料，上翻 1.8m，面层铺贴地板砖，墙面为瓷砖。

3）地下防水

地下防水等级为 2 级，采用结构自防水，同时基础筏板附加 4mm 厚 SBS 防水卷材两道，地下室外墙侧壁附加 4mm 厚 SBS 防水卷材一道，墙面无渗漏情况，质量优良。

以上防水工程分别在防水层、保护层、面层进行蓄水或淋水试验，均无渗漏情况，质量优良。

（5）机电设备安装工程

1）建筑给水排水及采暖工程

管道安装顺直，坡向正确，标识清晰，支架牢固规范。台盆、坐便器、散热器等水暖器具安装规范（图 2.2-139）。

图 2.2-139　地下室管线布置

32000m 给水、消防、采暖管道一次试压合格，系统运行良好，无一渗漏。消火栓箱安装规范，自动喷淋管道布局合理，消防联动调试一次合格，通过公安厅消防局专项验收。

2）通风与空调工程

风机安装规范，减振设施齐全，风管连接紧密，表面平整，系统调试合格（图 2.2-140、图 2.2-141）。

图 2.2-140　屋面风机

图 2.2-141　人防风机

3）建筑电气工程

配电箱安装牢固，箱内配线顺直，接线规范，标识清楚；桥架防火泥封堵严密，接地可靠。灯具安装成排成线，开关插座牢固无松动。避雷带敷设平直，引下线焊接规范，接地测试点美观实用。

4）智能建筑工程

火灾自动报警及消防联动系统、安全防范系统、综合布线系统信号准确、灵敏（图 2.2-142、图 2.2-143）。

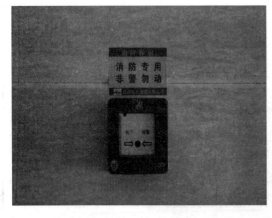

图 2.2-142　火灾报警按钮

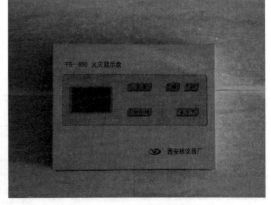

图 2.2-143　火灾显示盘

5）电梯工程

9 部微机控制变压变频调速电梯，162 个停靠点，平层准确（图 2.2-144、图 2.2-145）。

图 2.2-144　电梯前室

图 2.2-145　电梯机房

5. 工程技术资料情况

本工程资料与工程同步收集，真实有效，签章齐全，结论明确，组卷有序，装订整齐，可追溯性强。

6. 工程主要质量特色、亮点

（1）土建部分

1）玻璃幕墙

分格合理，安装规范牢固。耐候硅酮密封胶饱满严密，圆滑顺直，厚度及宽度均匀一致，符合规范要求。幕墙"四性"、"露点"等检测合格，符合设计及规范要求（图 2.2-146、图 2.2-147）。

图 2.2-146　玻璃幕墙分格合理

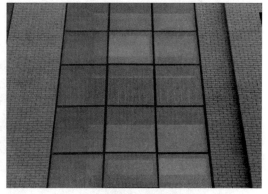

图 2.2-147　幕墙胶缝

2）水泥砂浆施工

地下室 3800m² 混凝土地面、楼梯间 3913m² 水泥砂浆地面及踏步、480m² 混凝土散水全部精心施工，原浆压光、色泽一致，表面平整（图 2.2-148、图 2.2-149）。

3）走廊

走廊净宽 2m，长度 45m，吊顶面积共计 4590m²，横向排布 3 块 600mm×600mm 矿棉板，两侧设计 100mm 宽凹槽造型，既解决了排版不均问题，又消除了吊顶与墙面裂缝

图 2.2-148   地下室地面

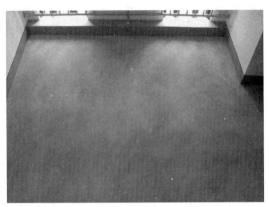

图 2.2-149   楼梯间水泥砂浆地面

问题，实现了走廊吊顶对称排版，内部件居中安装，成排成线，美观自然；走廊地板砖对称排布，铺贴平整（图 2.2-150、图 2.2-151）。

图 2.2-150   走廊吊顶

图 2.2-151   走廊地面

4）电梯厅

电梯厅 1135m² 吊顶与墙砖对缝安装，153 套拉丝不锈钢门套精致美观，墙砖磨边倒棱，拼缝细腻，协调统一（图 2.2-152～图 2.2-155）。

图 2.2-152   电梯厅

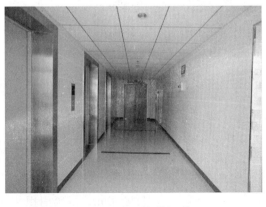

图 2.2-153   电梯门套

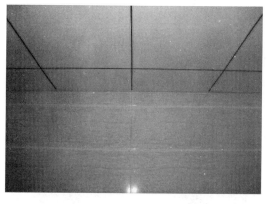

图 2.2-154　墙砖与吊顶对缝　　　　　　　　　图 2.2-155　电梯厅砖墙

5）楼梯

2016 级踏步相邻高差最大仅为 2mm。滴水线上下贯通，宽度一致，顺直流畅。6400m 水泥砂浆踢脚线色泽一致，出墙厚度均为 8mm（图 2.2-156、图 2.2-157）。

图 2.2-156　楼梯踏步　　　　　　　　　　　图 2.2-157　滴水线

6）乳胶漆

186000m² 乳胶漆涂料施工细腻，棱角方正平直，整体观感柔和亮丽（图 2.2-158）。

图 2.2-158　内墙乳胶漆涂料施工细腻

7）房间入口

1170 个室内房间入口铺贴 757m² 枣红色地砖过渡，构思巧妙，功能区分明显，35800m 瓷砖踢脚线出墙厚度一致，直线度偏差最大仅为 1mm（图 2.2-159、图 2.2-160）。

图 2.2-159　入口色带　　　　　　　　　　　图 2.2-160　瓷砖踢脚线

8）厨房、卫生间

厨房、卫生间墙、地砖精心排列，与吊顶纵横对缝，铝扣板吊顶与墙边交接处用密封胶封边，排气扇居中布置。地漏、蹲便器处瓷砖套割铺贴，美观大方，人造大理石盥洗台做工精细（图 2.2-161、图 2.2-162）。

图 2.2-161　墙、地、顶三缝合一

图 2.2-162　洁具居中安装

9）屋面

屋面精心布局，美观细腻，设备管道排列有序，协调统一，缸砖整砖铺贴，粘贴牢固，坡度准确，无积水渗漏现象（图 2.2-163、图 2.2-164）。

图 2.2-163　屋面整体布局

图 2.2-164　缸砖整砖铺贴

10）女儿墙

砂浆细拉毛施工精细（图 2.2-165）。

11）排气道

60 个排气道施工细致，钢筋混凝土盖板棱角分明（图 2.2-166）。

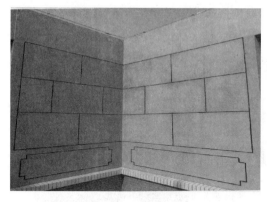

图 2.2-165　女儿墙

图 2.2-166　排气道

12）透气孔

21 个蘑菇状金属透气孔根部人造大理石正六棱柱造型简单别致（图 2.2-167）。

13）透气管

84 个铸铁透气管道根部八字角造型新颖，棱角顺直（图 2.2-168）。

14）天沟、水落口

屋面天沟地板砖铺贴，平整牢固，坡度符合规范要求，排水流畅，水落口施工精致（图 2.2-169、图 2.2-170）。

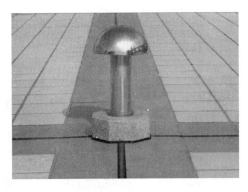

图 2.2-167　透气孔

图 2.2-168　管道根部

图 2.2-169　天沟

图 2.2-170　雨水箅子

（2）安装部分

1）采暖、消防、通风、电气等各系统管线排布合理，标识清晰（图 2.2-171）。

图 2.2-171　地下室管线排布合理

2）540 个管道穿梁套管一次预埋到位，管道安装横平竖直（图 2.2-172）。

3）102 个管道井内管道安装顺直，橡塑保温平整严密，标识清晰。阀门成排成线，支架牢固可靠（图 2.2-173）。

4）屋面 84 根铸铁透气管排列整齐，标识清晰，接地可靠（图 2.2-174、图 2.2-175）。

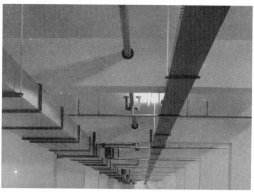

图 2.2-172　地下室自喷管道穿梁敷设

图 2.2-173　管道井管道保温严密，标识清晰

图 2.2-174　透气管道整齐划一　　　　　图 2.2-175　管道根部接地可靠

5）屋面 858m 圆钢避雷带敷设平直，专用支架间距均匀，引下线标识醒目，接地测试点美观实用（图 2.2-176、图 2.2-177）。

图 2.2-176　屋面圆钢避雷带

图 2.2-177　接地测试点

6）配电箱、柜配线顺直，分色正确，标识醒目，接地可靠；总等电位箱安装规范，建筑物等电位接地系统安全可靠（图 2.2-178、图 2.2-179）。

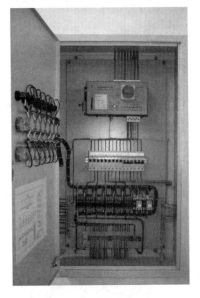

图 2.2-178　配电箱

图 2.2-179　总等电位箱

7）风管软连接、入户管道、桥架等接地保护连接紧密，标识清晰（图 2.2-180～图 2.2-182）。

图 2.2-180　风管软连接

图 2.2-181　管道标识清晰

图 2.2-182　桥架等接地保护

8）所有接地线均采用内六方螺栓紧固，接地安全可靠（图 2.2-183、图 2.2-184）。

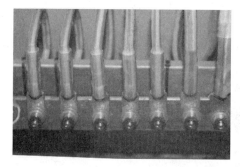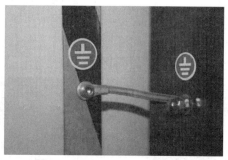

图 2.2-183　配电柜内六方螺栓接地排　　　　图 2.2-184　桥架内六方螺栓接地

9）所有支架螺栓端头、风管法兰螺栓端头等均用不锈钢帽装饰（图 2.2-185、图 2.2-186）。

图 2.2-185　支架端头装饰帽　　　　　图 2.2-186　风管法兰螺栓装饰帽

7. 综合效果及获奖情况

本工程包括地基与基础、主体结构、装饰装修、屋面、给水排水及采暖、建筑电气、智能建筑、通风与空调、电梯、建筑节能等十大分部，依据《建筑工程施工质量验收统一标准》评定为合格。

通过对桩基、幕墙、室内环境、环保、节能、防雷、消防、水质、空调、电梯等进行检测，均符合设计及规范要求。

工程于 2012 年 8 月 21 日在×××工程质量安全监督站的监督下，建设单位组织监理、设计、勘察、施工单位，一次性通过竣工验收，质量合格。

工程质量控制资料齐全完整，实体观感质量好，无违反强制性条文的情况，未发生任何质量及安全事故，综合评定为优良。

本工程安保严密，环境优美，适合居住，是×××保障性公租房中的典型，居住者反映良好，对工程质量、使用功能及环境非常满意。截至目前该工程取得的荣誉有：

(1) 陕西省优质工程"长安杯"奖；

(2) 2011 年全国保障性安居工程劳动竞赛优秀工程项目；

(3) 陕西省建设工程"新技术示范工程"；

(4) 全国 AAA 级安全文明标准化工地；

(5) 2011 年陕西省文明工地现场观摩会会场；

(6) 全国工程建设优秀 QC 小组成果奖。

总之，施工项目质量管理是一个系统过程，需要全体项目管理人员从项目实际出发，进行全方位、全过程的控制。

图 2.2-187　×××公司厂房

（五）×××厂房工程

1. 工程概况

工程位于×××公司厂区内，单层厂房，总长 260m（由三跨 66m＋118m＋76m 组成），进深 80m，总建筑面积 26966m²，建筑高度 35.20m，厂房内设飞机总装大厅和 4040m² 三层钢框架办公用附楼，局部地下一层为生产、设备辅助用房（图 2.2-187）。

工程地基为钢筋混凝土灌注桩，基础为独立承台基础和筏板基础。主体结构为现浇钢筋混凝土柱、钢网架屋盖结构，网架下弦标高 26.00m。外墙面为金属三明治板和平钢板外墙板。屋面为压型钢板上铺 PE 膜隔气层、岩棉保温层和 PVC 卷材防水层。地面为 350 mm 厚地辐热采暖耐磨地面。

安装工程主要有给水排水及采暖、建筑电气、智能建筑、通风与空调、电梯五个分部工程。设有变配电室、空调机房、设备舱冷气间、冷冻水泵间、液压源间。工程设施齐备，功能齐全。

工程于 2006 年 5 月 26 日开工，2009 年 8 月 28 日竣工验收并交付使用。

本工程各项报建手续齐全、合法，图纸审查合格。

在施工过程中未发生重大安全质量事故，无拖欠农民工工资情况。

工程建安工程决算造价 1.14 亿元。

工程责任主体单位：

建设单位：×××公司

勘察单位：×××设计研究院

设计单位：×××设计研究院

监理单位：×××监理公司

施工总承包单位：×××公司

施工参建单位：×××公司

2. 质量目标和质量控制措施

质量目标：中国建设工程鲁班奖

质量控制措施：

（1）工程开工前，公司进行了项目"创优夺杯"策划，明确了工程质量目标，成立了"鲁班奖创优领导小组"，制定了《质量创优计划》、《技术资料创优计划》、《音像资料创优计划》等。建立了以公司总工程师牵头把关、项目部技术负责人总负责、各专业分包单位技术负责人具体负责的质量保证体系，质量目标分解到人。

（2）对钢网架屋盖整体提升施工方案、屋面防水和屋面避雷施工方案、厂房地辐热耐磨混凝土地面等关键过程施工方案均邀请了省内外知名专家对方案进行了论证，确保了方案顺利实施，保证了工程质量。

（3）严格过程控制，施工中坚持技术交底制度、质量例会制度、样板领路制度、奖罚制度等。

3. 工程施工难点

（1）巨型钢筋混凝土空心柱施工

厂房南侧二个巨型钢筋混凝土空心柱，柱距 118m，柱断面 3200mm×3400mm，柱高 20.07m，从 ±0.00 到 +17.20m 处为空心，17.20m 以上为实心，柱子断面尺寸大、高度高，空心柱内部操作空间小，模板固定、混凝土浇筑难度大。

（2）屋盖钢网架整体提升

屋盖结构为三层焊接球节点斜放四角锥网架，网格尺寸 4.24m×4.24m，高度 6.5m，下弦支承，网架总面积 20976 m^2，焊接球 3199 个，各类杆件 12816 根，总重量 2100t，采用"地面拼装施焊，液压同步整体提升"施工技术。如何将这么大面积和重量的网架安全提升到 26m 高度，并与柱顶连接合拢，施工难度非常大，在西北五省没有先例。

（3）厂房南立面通长钢大门制作和安装

厂房南立面大门洞口尺寸为 258.10m×20m（$L×H$），为 8 扇通长钢大门，门高 20m，单扇门重 41.2t，双向电动推拉开启。制作安装如此高、大、重的大门，施工难度非常大。

（4）厂房地辐热采暖耐磨地面施工

厂房 20000m^2 地坪为地辐热采暖耐磨地面，厚 350mm，配双层钢筋网片，钢筋网片之间布设地辐热采暖管。地面分 8 块，每块 32.5m×64m，面积 2080m^2，按照设计要求每块不能再设分隔缝。如何控制地面平整度和防止裂缝发生为施工的一大难点。

（5）地下室综合管线布置

260m 长地下室走道顶部各种管线、桥架、空调、通风管道共计 27 根，管线纵横交错、相互影响，安装空间狭小、支架设置困难，管线和支架综合平衡布置难度大。

4. 质量特色及亮点

（1）3200mm×3400mm 钢筋混凝土空心柱表面垂直平整、阳角方正施工中制作了两套定型大钢模板，外模与内模用对拉螺栓加固连接，用四角、八点垂直吊钢丝的方法来控制柱模板垂直度。空心柱成型后混凝土内实外光，表面平整，最大垂直度偏差 2mm。

（2）20976m² 屋盖钢网架地面拼装施工规范，整体提升平稳无异常

网架地面拼装分六块由两边向中间进行，减少了焊接变形和焊接应力。网架拼装好经检测横向长度最大偏差值 12mm、纵向长度最大偏差值 21mm（规范≤30mm），起拱最大值偏差＋9％（设计值＋15％），均在设计和规范允许范围之内。

网架整个提升过程平稳，未出现异常变形。网架整体提升技术已形成陕西省省级工法《大型钢网架整体提升施工工法》。网架提升到位后经检测相邻支座高差最大 15mm、支座相对高差最大值 23mm 均满足规范要求。在网架自重及屋面全部荷载下测量的挠度最大值为 202mm，小于设计值 313mm，满足设计要求（图 2.2-188）。

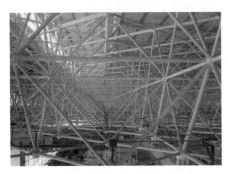

图 2.2-188　钢网架屋盖

（3）厂房南立面通长钢大门安装规范

大门采用地面组装成型后用起重机械提升安装的方法。门体组装各个节点螺栓连接位置准确，位置偏差最大值 3mm（规范 5mm），形状偏差最大值 8mm（规范 20mm），对角线偏差最大值 12mm（规范 40mm），均满足设计及规范要求。大门开启灵活，合缝严密，气势恢宏（图 2.2-189）。

图 2.2-189　南立面通长钢大门

（4）建筑外观精工细做

外墙大角顺直。13600m² 外墙金属板安装牢固平整，接缝严密。混凝土散水表面平整，灌缝密实，分格缝周边面砖镶贴美观（图 2.2-190）。

（5）20000m² 厂房地辐热采暖耐磨地面平整光洁无裂缝

地面施工过程中严格控制混凝土水灰比和坍落度，施工中采用了激光整平仪、磨光机等先进仪器和 4m 刮尺控制混凝土地面平整度等措施。地面颜色均匀一致，平整度偏差均在 3mm 以内。经过一个采暖期，供暖情况良好，地面无裂缝出现（图 2.2-191）。

图 2.2-190　室外混凝土散水　　　　　图 2.2-191　厂房地辐热耐磨地面

（6）20984m² 屋面做法创新、美观实用

屋面为压型钢板上铺设 PE 膜隔气层、岩棉保温层、PVC 卷材防水层。屋面坡向正确、无积水。84 个虹吸雨水口安装位置准确，排水通畅。6200 个避雷网格定型支座间距合理，横成排、纵成列，避雷镀锌圆钢安装平直、整齐美观。屋面使用一年来不渗不漏。

（7）附楼装饰施工"粗粮细作"

附楼走廊、办公室楼地面地砖铺贴平整、无空鼓。824m 走廊不锈钢栏杆安装牢固、平直美观。地下室走道油漆地坪平整，色泽一致（图 2.2-192、图 2.2-193）。

图 2.2-192　厂房内附楼　　　　　　图 2.2-193　附楼不锈钢栏杆

卫生间墙砖、地砖、顶棚饰面板三缝对一，整齐美观。卫生间地面坡度正确，地漏套割居中，蹲便器四周镶贴黑色砖美观。

（8）安装分部施工精细

管道安装牢固，排列整齐有序，油漆明亮，根部处理精细。泵房内水泵排列整齐，管道横平竖直，镀锌薄钢板保温外壳外观精细，标识醒目（图 2.2-194）。

图 2.2-194　空调水泵房　　　　　　　　图 2.2-195　地下室走道管线

走道顶部管线采用综合平衡技术，精心策划，认真施工，管线敷设整齐，排列有序，标识醒目，支架设置合理，间距一致。64 组分集水器安装高度一致，连接点牢固、密封严密（图 2.2-195、图 2.2-196）。

配电箱、柜安装规范，布线整齐，相序正确，接地可靠（图 2.2-197）。

图 2.2-196　集分水器成排安装　　　　　　图 2.2-197　配电室

电梯运行平稳，平层准确。智能建筑系统运行正常，功能完善。

主厂房大厅 214 套灯具安装位置准确，纵横成行成排。

附楼室内吊顶灯具、风口安装居中，成行成线。

5. 新技术、新工艺、新材料应用

本工程采用新技术、新工艺、新材料共 10 大项 26 小项，创经济效益共 560 万元，推广应用新技术总体水平达到省内领先（表 2.2-10）。

建筑业新技术、新工艺、新材料应用　　　　　　　　　表 2.2-10

序号	项　目	子　项　目		数　量
		序号	项　目　内　容	
1	地基基础和地下空间工程技术	1.1	长螺旋灌注桩	5956m³
		1.3.1	复合土钉墙支护技术	
2	高性能混凝土技术	2.1	混凝土裂缝防治技术	2400m³
		2.3	混凝土耐久性技术	
		2.4	清水混凝土技术	2330m³

续表

序号	项　目	子　项　目		数　量
		序号	项　目　内　容	
3	高效钢筋与预应力技术	3.1.1	HRB400 级钢筋应用技术	2090t
		3.3	粗直径钢筋直螺纹机械连接	
4	新型模板应用技术	4.1	清水混凝土模板技术	5221.6m²
5	钢结构技术	5.1	钢结构 CAD 设计技术	
		5.2.4	屋面网架整体提升技术	2100t
		5.3	压型钢板—混凝土组合楼板	4040m²
		5.7	钢结构的防火防腐技术	
6	安装工程应用技术	6.2	管线布置综合平衡技术	
		6.3.1	电缆敷设与冷、热缩电缆头制作技术	22405m
		6.4	建筑智能化系统调度技术	
7	建筑节能和环保应用技术	7.1	轻钢龙骨板材墙面、断桥铝合金中空玻璃、防火玻璃隔断	2964m²
		7.2	新型空调和采暖技术	
8	建筑防水新技术	8.1	PVC 防水卷材	38680m²
		8.2	聚氨酯防水涂料	360m²
		8.3	硅酮密封胶	600kg
9	施工过程监测和控制技术	9.1	施工过程测量技术	
		9.2.1	深基坑支护监测技术	
		9.2.3	钢网架施工过程受力与变形监测和控制	
10	项目管理信息化技术	10.1	工具类技术	
		10.2	管理信息化技术	

6. 工程质量验收及综合评价

工程质量验收：

2007 年 4 月 11 日通过了地基验槽，2008 年 8 月 25 日地基与基础分部通过验收，2009 年 3 月 12 日主体分部通过验收，2009 年 8 月 28 日单位工程竣工验收合格。

结构和安全功能检测情况：

（1）桩基检测。

混凝土灌注桩经×××建设工程人工地基工程质量检测站检测，共检测工程桩 173 根，单桩承载力 5000kN 和 2600kN，满足设计要求。桩身完整性良好，其中 1 类桩 165 根，占检测总数的 95.38％，2 类桩 8 根，占检测总数的 4.62％，无 3 类桩。

（2）网架检测。

经×××建设工程质量检测中心检测，该网架采用的钢管直径、壁厚，焊接球直径、壁厚减薄量、圆度，网架焊接空心球节点力学性能等均满足设计和规范要求。网架杆件焊缝质量探伤检测一次合格率 100％、网架拼装偏差、网架提升到位后相邻支座高差、支座相对高差、网架自重及屋面全部荷载下测量的挠度最大值等均满足设计要求。

（3）附楼钢结构检测。

高强度螺栓连接摩擦面抗滑移系数和扭矩系数经×××工程质量检验测试中心检测，符合规范要求。钢结构焊接质量经×××检测中心检测，符合规范要求。防火涂料原材料质量、涂刷厚度经检测均符合设计及规范要求。

（4）钢筋混凝土结构检测。

地下室梁、板构件钢筋保护层厚度、±0.000 以上混凝土结构柱和板构件钢筋保护层厚度，经×××建筑设备安装质量检测中心检测合格（合格率 93.3%、90%、93.3%、95.2%）。

（5）沉降观测。

沉降观测共设 51 个观测点，由×××勘察设计研究院观测。最大沉降量－12.34 mm，最小沉降量－0.66 mm，平均沉降速率 0.02mm/d，沉降已稳定。

（6）建筑物全高垂直度测量。

建筑物垂直度偏差最大值 3mm，满足设计及规范要求。

（7）屋面、多水房间地面，经淋水、蓄水试验均无渗漏。

（8）铝合金窗、玻璃幕墙、室内环境、避雷、空调、水质、消防、节能、电梯均检测、验收合格。

技术资料：技术资料齐全、真实，分类编目清晰，内容填写整理规范。

工程质量综合评价：

工程地基与基础、主体结构、建筑装饰装修、建筑屋面、建筑给水排水及采暖、建筑电气、智能建筑、通风与空调、电梯、节能共 10 个分部工程，均验收合格，工程观感质量"好"。依据《建筑工程施工质量评价标准》（GB/T 50375—2006），综合得分 95.36 分，单位工程质量自评为优良工程。

7. 节能环保

工程应用了金属复合发泡聚氨酯外墙保温板（导热系数 0.022W/m·k）、屋面岩棉保温板（导热系数 0.039W/m·k）、管道超细玻璃棉保温管（导热系数 0.037W/m·k）、断桥隔热铝合金窗（传热系数 2.8W/m²·k）、中空玻璃幕墙（传热系数 2.86W/m²·k）、钢大门（保温性能 2.8W/m²·k）、钢柱型散热器、地辐热采暖、蹲便器延时自闭阀等节能材料，节能效果显著。

施工过程中采取了搅拌站封闭、道路硬化、木工棚隔声材料封闭，选择环保型防腐、防火油漆涂料等环保措施。

8. 获得的荣誉

（1）长安杯；

（2）陕西省优秀工程设计；

（3）陕西省文明工地；

（4）陕西省新技术示范工程；

（5）陕西省优质结构工程；

（6）陕西省科技成果优秀奖（2008 年）；

（7）陕西省科技成果优秀奖（2009 年）；

（8）陕西省施工工法；

（9）陕西省优秀质量管理小组；

（10）陕西省优秀质量管理小组。

第 3 节　建筑工程质量通病防治

工程质量通病是指在建筑工程中经常发生普遍存在的且不易根治的一些不影响工程结构安全的质量问题，主要有裂缝、渗漏等，由于量大面广，因此对建筑工程质量危害很大，是进一步提高工程质量的主要障碍。虽然质量通病不影响结构安全，但直接影响住户的使用，从某种意义上来说，更具有社会危害性。随着大量新技术、新材料、新设备的出现，旧的通病往往尚未消除，新的通病又再出现。因此，要从基础环节抓起。80％的质量通病是由施工环节引起的，施工环节的组织，施工人员的素质，施工水平的高低，施工过程的控制，直接影响住宅工程质量通病的发生率。实践证明，选用成熟的经过时间检验的技术和产品，质量通病的发生相对较少；提高科技含量，加快施工科技水平；同时，在施工过程中也要严格按照标准规范施工，严格过程管理，才能减少质量通病的发生。

一、建筑工程质量通病的定义

（一）建筑工程质量通病的概念

建筑工程质量通病是指在建筑工程中经常发生普遍存在的且不易根治的一些不影响工程结构安全的质量问题，由于量大面广，因此对工程质量危害很大，是进一步提高工程质量的主要障碍。

（二）建筑工程质量通病的基本特征

普遍性：通病的普遍发生性。

多发性：几乎所有的工程都有可能发生的通病。

时间性：通病贯穿于整个建设过程。

多样性：产生的形式多种多样，无固定的样式。

危害性：直接影响用户的使用，具有一定的社会危害特征。

变化性：随着新技术新材料的发展，通病不断地在发生着变化。

二、建筑工程质量通病防治的意义

建筑质量的通病在房屋建筑工程中普遍存在，分析这些质量通病，它们带有某些共性，要想从根本消除建筑工程质量方面的问题，应使施工者树立一个良好的质量意识，质量意识是保证建筑工程整体质量的基本条件，同时也是搞好建筑工程质量管理的重要一项。

三、管理措施

（1）加强宣传力度，提高人们对工程质量通病危害性的认识。治理通病重在预防，尤其是对常见的、危害性较大的质量通病，更要进行大力宣传。

（2）要加强从业人员的岗位培训，提高施工管理人员和操作者的专业技术水平。要使其能严格按批准的施工组织设计、施工方案和技术措施进行精心管理和操作。施工组织设计、施工方案和技术措施要统筹兼顾各专业的相互配合问题。

（3）要建立健全各项施工质量管理的规章制度，完善质保体系。以制度作保障，加强施工过程中的质量控制。做到每个分项的每个施工部位都能责任到人，且留有记录，使其具有可追溯性。

（4）要严格按照国家和地方施工质量验收标准所规定的质量验收责任、程序和验收方法进行验收。施工单位要严格执行三检制，并严格履行验收签字程序，对于验收不合格的，坚决不允许进入下道工序的施工。

（5）要加强对原材料、建筑构配件和建筑设备的现场验收。重点检查合格证、试化验单。按规定应进行复试的材料必须在投入使用前及时复试，经检验合格后方可投入使用。建筑原材料、建筑构配件和建筑设备的现场验收一定要履行签字手续，做到责任到人。

四、常见质量通病原因分析与防治措施

（一）基础与土方回填

1. 工程桩基

桩基的分类按施工方法可分为：机械成孔桩、灌注桩、人工挖孔桩、沉管灌注桩、钢筋混凝土桩、预制桩、预应力混凝土桩、钢桩、水泥土搅拌桩、搅拌桩。

桩基础中常见的问题有桩身偏斜、移位、桩身断裂等。国家对于桩基的验收中，桩身的质量分为一类桩（桩身完整没有任何质量问题）、二类桩（桩身有轻微问题，但不影响使用，也是合格桩）、三类桩（桩身有较大问题，可能影响使用，需进行静载试验或高应变等进行检验，确认是否可以用）、四类桩（不合格，直接补桩），最后桩基还要通过高应变检测单桩的竖向承载力特征值是否大于设计值。创优工程中要求桩基础验收中，一类桩大于90％并且无三类桩。

图 2.3-1   基坑回填土下沉

2. 基坑（槽）回填土下沉（图 2.3-1）

原因分析：

（1）基坑（槽）中的淤泥、积水等杂物未及时清除就回填；

（2）夯实未达到要求，回填土中含有大量干土块或含水量大；

（3）回填土料粒径过大且含有杂质，未分层摊铺或分层厚度过大；

（4）灰土体积控制不严，灰土拌合不均匀。

防治措施：

（1）回填前应将淤泥等杂质清除干净或采取合理的降水措施；

（2）宜用灰土分层回填并夯实，土料中不应有大于50mm直径的土块；

（3）回填土料不得含有草皮、垃圾、有机杂质及粒径大于 50mm 大块块料，回填前应过筛；

（4）回填必须分层进行，分层摊铺厚度为 200～250mm，其中，人工夯填层厚不得超过 200mm，机械夯填不得超过 250mm。

3. 房心回填土下沉（图 2.3-2）

原因分析：

（1）填土土料含有杂质或土块；

（2）填土未按规定厚度分层夯实；

（3）房心处局部有软弱土层；

（4）冬期回填土含有冰块。

防治措施：

（1）选用土质好的土料回填；

（2）回填土前，应对房心原自然软弱土层进行处理；

（3）根据回填高度，制定有效的回填方案。

（二）主体结构

1. 模板工程

（1）轴线位移（图 2.3-3）

图 2.3-2　房心回填土下沉

图 2.3-3　轴线位移

原因分析：

1）翻样不认真或技术交底不清；

2）轴线测放产生误差；

3）无限位措施或限位不牢；

4）支模时未拉水平、竖向通线；

5）模板刚度差；

6）浇筑时未均匀对称下料；

7）对拉螺栓、顶撑、木楔使用不当或松动。

防治措施：

1）严格按比例翻样；

2）模板轴线测放后，组织专人进行技术复核验收；

3）墙、柱模板根部和顶部必须设可靠的限位措施；

4）支模时要拉水平、竖向通线，并设竖向垂直度控制线，以保证模板水平、竖向位置准确；

5）根据混凝土结构特点，对模板进行专门设计，以保证模板及其支架具有足够强度、刚度及稳定性；

6）混凝土浇筑前，对模板轴线、支架、顶撑、螺栓进行认真检查、复核，发现问题及时进行处理；

7）混凝土浇筑时，要均匀对称下料，浇筑高度应严格控制在施工规范允许的范围内。

（2）标高偏差

原因分析：

1）楼层无标高控制点或控制点偏少，控制网无法闭合，竖向模板根部未找平；

2）模板顶部无标高标记，或未按标记施工；

3）高层建筑标高控制线转测次数过多，累计误差过大；

4）预埋件、预留孔洞未固定牢，施工时未重视施工方法；

5）楼梯踏步模板未考虑装修层厚度。

防治措施：

1）每层楼设足够的标高控制点，竖向模板根部需做找平；

2）模板顶部设标高标记，严格按标记施工；

3）建筑楼层标高由首层±0.000 标高控制，严禁逐层向上引测，以防止累计误差，当建筑高度超过 30m 时，应另设标高控制线，每层标高引测点应不少于 2 个，以便复核；

4）预埋件及预留孔洞，在安装前应与图纸对照，确认无误后准确固定在设计位置上，必要时用电焊或套框等方法将其固定，在浇筑混凝土时，应沿其周围分层均匀浇筑，严禁碰击和振动预埋件与模板；

5）楼梯踏步模板安装时应考虑装修层厚度。

（3）结构变形

原因分析：

1）支撑及围檩间距过大，模板刚度差；

2）组合小钢模，连接件未按规定设置，造成模板整体性差；

3）墙模板无对拉螺栓或螺栓间距过大，螺栓规格过小；

4）竖向承重支撑在地基土上未夯实，未垫平板，无排水措施，造成部分地基下沉；

5）门窗洞口内模间对撑不牢，易在混凝土振捣时模板被挤偏；

6）梁、柱模板卡具间距过大，或未夹紧模板，或对拉螺栓配备数量不足，以致局部模板无法承受混凝土振捣产生的侧向压力，导致局部爆模；

7）浇筑墙柱混凝土速度过快，一次浇灌高度过高，振捣过度。

防治措施：

1）模板及支撑系统设计时，应充分考虑其本身自重、施工荷载及混凝土的自重及浇捣时产生的侧向压力，以保证模板及支架有足够的承载能力、刚度和稳定性；

2）梁底支撑间距应能够保证在混凝土重量和施工荷载作用下不产生变形，支撑底部若为泥土地基，应先认真夯实，设排水沟，并铺放通长垫木或型钢，以确保支撑不沉陷；

3）组合小钢模拼装时，连接件应按规定放置，围檩及对拉螺栓间距、规格应按设计要求设置；

4）梁、柱模板若采用卡具时，其间距要按规定设置，并要卡紧模板，其宽度比截面尺寸略小；

5）梁、墙模板上部必须有临时撑头，以保证混凝土浇捣时，梁、墙上口宽度；

6）浇捣混凝土时，要均匀对称下料。

（4）接缝不严（图 2.3-4）

原因分析：

1）翻样不认真，模板制作马虎，拼装时接缝过大；

2）木模板安装周期过长，因木模干燥造成裂缝；

图 2.3-4 接缝不严

3）木模板制作粗糙，拼缝不严；

4）浇筑混凝土时，木模板未提前浇水湿润，使其胀开；

5）钢模板变形未及时修整，梁、柱交接部位尺寸不准。

防治措施：

1）翻样要认真，经复核无误后向工人交底，认真制作定型模板和拼装（见图 2.3-5）；

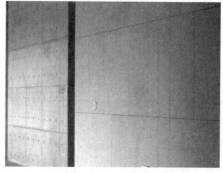

图 2.3-5 认真翻样、拼装

2）严格控制木模板含水率，制作时拼缝要严密；

3）木模板安装周期不宜过长，浇筑混凝土时，木模板要提前浇水湿润；

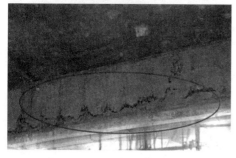

图 2.3-6 隔离剂使用不当

4）钢模板变形，特别是边框外变形，要及时修整平直；

5）钢模板间嵌缝措施要控制，不能用油毡、塑料布、水泥袋等去嵌缝堵漏。梁柱交接部位支撑要牢靠，拼缝要严密（必要时缝间加双面胶带），发生错位要校正好。

（5）隔离剂使用不当或未使用（图 2.3-6）

原因分析：

1）拆模后不清理混凝土残浆即刷隔离剂；

2）隔离剂涂刷不匀或漏涂，或涂层过厚；

3）使用了废机油隔离剂，既污染了钢筋及混凝土，又影响了混凝土表面装饰质量。

防治措施：

1）拆模后必须清除模板上遗留的混凝土残浆后，再刷隔离剂；

2）严禁用废机油作隔离剂。选用的材料有皂液、滑石粉、石灰水及其混合液和各种专门化学制品隔离剂等；

3）隔离剂材料宜拌成稠状，应涂刷均匀，不得流淌，一般刷两度为宜，以防漏刷，也不宜涂刷过厚；

4）隔离剂涂刷后应及时浇筑混凝土，以防隔离层遭受破坏。

（6）模板内部清理不干净（图 2.3-7）

原因分析：

1）钢筋绑扎完毕，模板位置未用压缩空气或压力水清扫；

2）封模前未进行清扫；

3）墙柱根部、梁柱接头最低处未留清扫孔，或所留位置不当无法进行清扫。

防治措施：

1）钢筋绑扎完毕用压缩空气或水清除模板内垃圾；

2）在封模前，派专人将模内垃圾清除干净；

3）墙柱根部、梁柱接头处预留清扫孔，预留孔尺寸不小于 100mm×100mm，模内垃圾清除完毕后及时将清扫口处封严。

2. 钢筋加工与安装

（1）钢筋表面锈蚀（图 2.3-8）

图 2.3-7　模板内部清理不干净

图 2.3-8　钢筋表面锈蚀

原因分析：

保管不良，受到雨、雪侵蚀；存放期过长；仓库环境潮湿，通风不良。

防治措施：

1）钢筋原料应存放在仓库或料棚内，保持地面干燥，钢筋不得堆放在地面上，必须用混凝土墩、砖或垫木垫起，使离地面 200mm 以上，库存期限不得过长，原则上先进库的先使用；

2）工地临时保管钢筋原料时，应选择地势较高、地面干燥的露天场地，根据天气情况，必要时加盖苫布，场地四周要有排水措施，堆放期尽量缩短。

（2）箍筋不方正，间距不一致（图 2.3-9）

原因分析：

箍筋边长成型尺寸与图纸要求误差过大。没有严格控制弯曲角度。一次弯曲多个箍筋时没有逐根对齐。

防治措施：

注意操作，使成型尺寸准确。当一次弯曲多个箍筋时，应在弯折处逐根对齐。

（3）钢筋成型尺寸不准

原因分析：

下料不准确。画线方法不对或误差大。用手工弯曲时，扳距选择不当。角度控制没有采取保证措施。

防治措施：

加强钢筋配料管理工作，根据本单位设备情况和传统操作经验，预先确定各种形状钢筋下料长度调整值，配料时事先考虑周到。为了画线简单和操作可靠，要根据实际成型条件（弯曲类型和相应的下料长度调整值、弯曲处的弯曲直径、扳距等），制定一套画线方法以及操作时搭扳子的位置规定备用。

（4）钢筋遗漏（图 2.3-10）

图 2.3-9　箍筋间距不一致　　　　　　　图 2.3-10　钢筋遗漏

原因分析：

施工管理不当，没有深入熟悉图纸内容和研究各号钢筋安装顺序。

防治措施：

绑扎钢筋骨架之前要记住图纸内容，并检查钢筋规格是否齐全准确，形状、数量是否与图纸相符。仔细研究各号钢筋绑扎安装顺序和步骤。整个钢筋骨架绑完后，应清理现场，检查有没有某号钢筋遗留。

（5）露筋（图 2.3-11）

原因分析：

保护层砂浆垫块垫得太稀或脱落。由于钢筋成型尺寸不准确，或钢筋骨架绑扎不当造成骨架外形尺寸偏大，局部抵触模板。振捣混凝土时，振动器撞击钢筋，使钢筋移位或引起绑扣松散。

防治措施：

砂浆垫块垫得适量可靠。对于竖立钢筋，可采用埋有钢丝的垫块，绑在钢筋骨架外侧。为使保护层厚度准确需用钢丝将钢筋骨架拉向模板，挤牢垫块。

（6）钢筋闪光对焊未焊透（图 2.3-12）

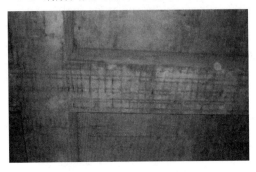

图 2.3-11 露筋

图 2.3-12 钢筋闪光对焊未焊透

原因分析：

1）焊接工艺方法应用不当；

2）焊接参数选择不合适。

防治措施：

1）适当限制连续闪光焊工艺的使用范围；

2）重视预热作用，力求扩大沿焊件纵向的加热区域，需要预热时，宜采用电阻预热法；

3）采取正常的烧化过程，使焊件获得尽可能平整的断面；

4）避免采用过高的变压器级数施焊，以提高加热效果。

（7）钢筋焊接头弯折或偏心

原因分析：

1）钢筋端头歪斜；

2）电极变形太大或安装不准确；

3）焊机夹具晃动太大；

4）操作不注意。

防治措施：

1）钢筋焊前应予以矫直或切除；

2）经常保持电极的正常外形；

3）夹具磨损应及时维修；

4）接头焊毕，稍冷却后再小心地移动钢筋。

（8）钢筋电渣压力焊夹渣（图 2.3-13）

原因分析：

主要是由于焊接电流小、钝边大、坡口角度小、焊条直径较粗等。夹渣也可能来自钢筋表面的铁锈、氧化皮、水泥浆等污物，或焊接熔渣渗入焊缝所致。在多层施焊时，熔渣没有清除干净，也会造成层间夹渣。

防治措施：

1）采用焊接工艺性能良好的焊条，正确选择焊接电流，焊接时必须将焊接区域内的脏物清除干净；

2）在搭接焊和帮条焊时，操作中应注意熔渣的流动方向，当熔池中的铁水和熔渣分离不清时，应适当将电弧拉长，利用电弧热量和吹力将熔渣吹到旁边或后边；

3）焊接过程中发现钢筋上有污物或焊缝上有熔渣，焊到该处应将电弧适当拉长，并稍加停留，使该处熔化范围扩大。

图 2.3-13　钢筋电渣压力焊夹渣

3. 混凝土工程

（1）混凝土裂缝

混凝土裂缝主要包括四种：塑性收缩裂缝、干燥收缩裂缝、温度裂缝及不均匀沉陷裂缝。

1）塑性收缩裂缝（图 2.3-14）

图 2.3-14　塑性收缩裂缝

现象：在结构表面出现形状不规则长短不一，互不连贯，类似干燥的泥浆面。大多在混凝土浇筑初期（浇筑后 4h 左右），当混凝土本身与外界气温相差悬殊，或本身温度长时间过高（40℃以上）而气候很干燥的情况下出现。塑性裂缝又称龟裂，严格讲属于干缩裂缝，出现很普遍。

原因分析：

① 混凝土浇筑后，表面没有及时覆盖，受风吹日晒，表面游离水分蒸发过快，产生急剧的体积收缩，而此时混凝土早期强度低，不能抵抗这种变形应力而导致开裂；

② 使用收缩率较大的水泥，水泥用量过多或使用过量的粉砂；

③ 混凝土水灰比过大，模板过于干燥。

防治措施：

① 配制混凝土时，严格控制水灰比和水泥用量，选择级配良好的石子，减小空隙率和砂率，要振捣密实，以减少收缩量，提高混凝土抗裂强度；

② 混凝土浇筑前将基层和模板浇水湿透；

③ 在气温高、温度低或风速大的天气下施工，混凝土浇筑后，应及时进行喷水养护，使其保持湿润，大体积混凝土浇完一段，养护一段，要加强表面的抹压和养护工作；

④ 混凝土养护可采用表面喷氯偏乳液养护剂，或覆盖草袋、塑料薄膜等方法，当表面发现微细裂缝时，应及时抹压一次，再覆盖养护；

⑤ 设挡风设施。

2）干燥收缩裂缝（图2.3-15）

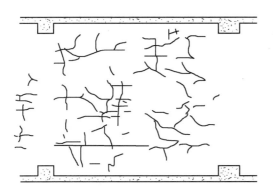

图2.3-15　干燥收缩裂缝

现象：裂缝为表面性的，宽度较细，多在0.05～0.2mm之间。其走向纵横交错，没有规律性，较薄的梁、板类构件（或桁架杆件），多沿短方向分布；整体性结构多发生在结构变截面处；平面裂缝多延伸到变截面部位或块体边缘，大体积混凝土在平面顶位较为多见，但侧面也常出现；预制构件多产生在箍筋位置。亦称"干缩裂缝"。

原因分析：

① 混凝土成型后，养护不当；

② 混凝土构件长期露天堆放，表面湿度经常发生剧烈变化；

③ 采用含泥量大的粉砂配制混凝土；

④ 混凝土经过度振捣，表面形成水泥含量较多的砂浆层；

⑤ 后张法预应力构件露天生产后久不张拉等。

防治措施：

① 控制水泥用量、水灰比和砂率，混凝土振捣密实，并注意对板面进行抹压，可在

混凝土初凝后、终凝前进行二次抹压，以提高混凝土抗拉强度，减少收缩量；

②加强混凝土早期养护，并适当延长养护时间；长期露天堆放的预制构件，可覆盖草帘、草袋，避免曝晒，并定期适当洒水，保持湿润；薄壁构件则应在阴凉地方堆放并覆盖，避免发生过大温度变化。

3）温度裂缝（图 2.3-16）

现象：表面温度裂缝走向无一定规律性；梁板式或长度尺寸较大的结构，裂缝多平生于短边；大面积结构裂缝常纵横交错。深进的和贯穿的温度裂缝，

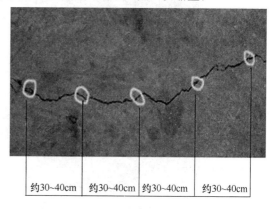

约30~40cm　约30~40cm　约30~40cm　约30~40cm

图 2.3-16　温度裂缝

一般与短边方向平行或接近于平行，裂缝沿全长分段出现，中间较密。裂缝宽度大小不一，一般在 0.5mm 以下，裂缝宽度沿全长没有多大变化。温度裂缝多发生在施工期间，缝宽受温度变化影响较明显，冬季较宽，夏季较细。沿断面高度，裂缝大多呈上宽下窄状，个别也有下宽上窄的情况，上下边缘区配筋较多的结构，有时也出现中间宽两端窄的梭形裂缝。

原因分析：

①混凝土内外温差大，特别是大体积混凝土；

②深进的各贯穿的温度裂缝多由于结构降温较大，受到外界的约束而引起；

③采用蒸汽养护的预制构件，混凝土降温制度控制不严，降温过速。

防治措施：

①采用低热或中热水泥配制混凝土，以减小水化热量；

②选用良好级配的骨料，降低水灰比；加强振捣；

③在混凝土中掺加缓凝剂，减缓浇筑速度，以利于散热；

④选用合理的混凝土浇筑顺序及分层厚度；

⑤加强混凝土的养护及保温；

⑥制定降温措施。

4）不均匀沉陷裂缝（图 2.3-17）

现象：多属贯穿性裂缝，其走向与沉陷情况有关，有的在上部，有的在下部，一般与地面垂直或呈 30°～40°角方向发展。较大的不均匀沉陷裂缝，往往上下或左右有一定的差距，裂缝宽度受温度变化影响小，因荷载大小而异，且与不均匀沉降值成比例。

原因分析：

①结构、构件下面的地基未经夯实和必要的加固处理，混凝土浇筑后，地基因浸水引起不均匀沉降；

②平卧生产的预制构件（如屋架、梁等）由于侧向刚度较差，在弦、腹杆或梁的侧面常出现裂缝；

③模板刚度不足，支撑间距过大或支撑底部松动，以及过早拆模，也常导致不均匀

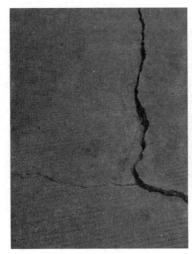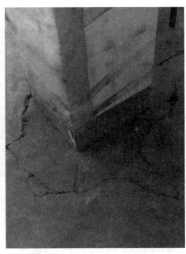

图 2.3-17 不均匀沉陷裂缝

沉陷裂缝出现。

防治措施：

① 对松软土、填土地基应进行必要的夯（压）实和加固；

② 避免直接在松软土或填土上制作预制构件，或经压夯实处理后作预制场地；

③ 模板应支撑牢固，保证有足够强度和刚度，并使地基受力均匀，拆模板时间不能过早，应按规定执行；

④ 构件制作场地周围作好排水措施，并注意防止水管漏水或养护水浸泡地基。

（2）混凝土强度不合格

原因分析：

1）粗骨料针片状较多，粗、细骨料级配不良，空隙大，含泥量大，杂物多；

2）外加剂质量不稳定，掺量不准确；

3）浇筑过程中用水量过大；

4）运输工具灌浆，或经过运输后严重离析；

5）浇筑过程中振捣不够密实，做的试块缺棱掉角，施工现场没有标养室。

防治措施：

选用品质优良水泥，不应使用硅酸三钙含量超标水泥。选用合适的外加剂，经检验合格后方可使用。加强骨料含水率的检测，变化时，及时调整配合比。施工时加强下料的监管，严禁对浇筑中的混凝土加大量水。在现场取样时应对试块磨具表面清理，加强试块养护，应放入温度为 20±3℃、湿度为 90% 以上的标准养护室中养护。

（3）蜂窝（图 2.3-18）

原因分析：

混凝土配合比不准确或骨料计量错误。混凝土搅拌时间短，没有拌合均匀，混凝土和易性差，振捣不密实。浇筑混凝土时，下料不当或一次下料过多，没有分段分层浇筑，造成混凝土漏振、离析。模板空隙未堵好，或模板支设不牢固，模板移位，造成严重漏浆或墙体烂根。

防治措施：

充分振捣混凝土并严格按照规范要求进行浇筑。同时，结合有关规程规范，严格交底。

（4）麻面（图 2.3-19）

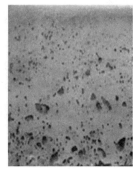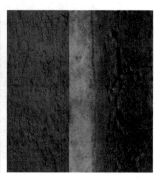

图 2.3-18　蜂窝　　　　　　　　　　　　图 2.3-19　麻面

原因分析：

1）模板表面粗糙不干净；

2）隔离剂涂刷不均匀；

3）模板接缝不严，浇筑时缝隙漏浆；

4）振捣不密实，混凝土中的气泡未排出。

防治措施：

1）模板表面清理干净，不得粘有干硬性水泥等物；

2）浇筑混凝土前，应用清水湿润模板；

3）隔离剂需涂刷均匀，不得漏刷；

4）混凝土需按操作规程分层振捣密实。

（5）孔洞（图 2.3-20）

原因分析：

在钢筋密集处混凝土浇筑不畅通。未按施工顺序和施工工艺认真操作，产生漏振。混凝土离析，砂浆分离，石子成堆，或严重跑浆。混凝土中有泥块、木块等杂物掺入。未按规定下料，一次下料过多，振捣不到。

图 2.3-20　孔洞

防治措施：

难于下料的地方，可采用豆石混凝土浇筑。正确地振捣，严防漏振。防止土块或木块等杂物的掺入。选用合理的下料浇筑顺序。加强施工技术管理和质量检查工作。

（6）缝隙、夹层（图 2.3-21）

原因分析：

浇筑前未认真处理施工缝表面。捣实不够。浇筑前垃圾未能清理干净。

防治措施：

混凝土浇筑前清理模板内杂物，并处理好施工缝表面。要振捣密实。冬期施工时要制定冬期施工措施，防止冰雪的夹层。

（7）缺棱掉角（图 2.3-22）

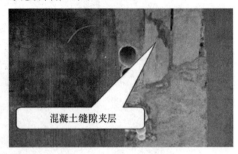

图 2.3-21　缝隙、夹层　　　　　　　图 2.3-22　缺棱掉角

原因分析：

1）模板未浇水湿润；

2）低温施工并过早拆模；

3）拆模未做到成品保护；

4）隔离剂涂刷不到位。

防治措施：

浇筑前应充分湿润模板，做好低温保温和成品保护工作，合模前涂刷隔离剂。

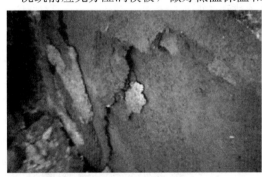

图 2.3-23　酥松脱落

（8）酥松脱落（图 2.3-23）

原因分析：

1）木模板未浇水湿润或湿润不够；

2）炎热刮风天混凝土脱模后，未浇水养护；

3）冬期浇筑混凝土时，没有采取保温措施。

防治措施：

1）注意以上所分析的原因；

2）混凝土在特殊天气下的施工时，应制定特殊的施工措施；

3）加强混凝土养护及保温工作。

4．砖砌体工程

（1）砂浆沉底结硬（图 2.3-24）

原因分析：

1）由于砂粒之间缺乏足够的胶结材料起悬浮支托作用，砂浆容易产生沉淀和出现表面泛水现象；

2）水泥混合砂浆中掺入的石灰膏等塑化材料质量差，含有较多灰渣、杂物，砂浆搅拌时间短，拌合不均匀。

防治措施：

1) 低强度等级砂浆应采用水泥混合砂浆；

2) 水泥混合砂浆中的塑化材料，应符合试验室试配时的质量要求；

3) 宜采用强度等级较低的水泥和中砂拌制砂浆，拌制时应严格执行施工配合比，并保证搅拌时间；

4) 灰槽中的砂浆，使用中应经常用铲翻拌、清底，并将灰槽内边角处的砂浆刮净，堆于一侧继续使用，或与新拌砂浆混在一起使用；

图 2.3-24　砂浆沉底结硬

5) 拌制砂浆应有计划性，拌制量应根据砌筑需要来确定，尽量做到随拌随用、少量储存，使灰槽中经常有新拌的砂浆。砂浆的使用时间与砂浆品种、气温条件等有关。

（2）砖砌体组砌混乱（图 2.3-25）

图 2.3-25　砖砌体组砌混乱

原因分析：

1) 因部分墙节点复杂，工长前期没有排砖交底工人又急于成活，因此，出现了多层砖的直缝和"二层皮"现象；

2) 砌筑砖柱需要大量的七分砖来满足内外砖层错缝的要求，打制七分砖会增加工作量，影响砌筑效率，而且砖损耗很大。在操作人员思想不够重视，又缺乏严格检查的情况下，三七砖柱习惯于用包心砌法。

防治措施：

1) 墙体中内外皮砖层最多隔200mm 就应有一层丁砖拉结，烧结普通砖采用一顺一丁、梅花丁或三顺一丁砌法，多孔砖采用一顺一丁或梅花丁砌法均可满足这一要求；

2) 专业工长提前对整个砌体工程进行排砖，在容易通缝处对操作人员进行技术交底；

3) 砖柱的组砌方法，应根据砖柱断面尺寸和实际使用情况统一考虑，但不允许采用包心砌法；

4) 砌筑砖柱所需的异形尺寸砖，宜采用无齿锯切割，或在砖厂生产；

5) 砖柱横竖向灰缝的砂浆都必须饱满；

6) 墙体组砌形式的选用，可根据受力性能和砖的尺寸误差确定，一般清水墙面常选用一顺一丁和梅花丁组砌方法。由于一般砖长度正偏差、宽度负偏差较多，采用梅花丁组砌形式。

（3）砌缝砂浆不饱满，砂浆与砖粘结不良

原因分析：

1）低强度等级的砂浆，如使用水泥砂浆，因水泥砂浆和易性差，砌筑时挤浆费劲，操作者用大铲或瓦刀铺刮砂浆后，使底灰产生空穴，砂浆不饱满；

2）用干砖砌墙，使砂浆早期脱水而降低强度，且与砖的粘结力下降，而干砖表面的粉屑又起隔离作用，减弱了砖与砂浆层的粘结；

3）用铺浆法砌筑，有时因铺浆过长，砌筑速度跟不上，砂浆中的水分被底砖吸收，使砌上的砖层与砂浆失去粘结；

4）砌清水墙时，为了省去刮缝工序，采取了大缩口的铺灰方法，使砌体砖缝缩口深度达 20mm 以上，既降低了砂浆饱满度，又增加了勾缝工作量。

防治措施：

1）改善砂浆和易性是确保灰缝砂浆饱满度和提高粘结强度的关键；

2）改进砌筑方法，不宜采取铺浆法或摆砖砌筑，应推广"三一砌砖法"，即一块砖、一铲灰、一挤揉的砌筑方法；

3）当采用铺浆法砌筑时，必须控制铺浆的长度，一般气温情况下不得超过 750mm，当施工期间气温超过 30℃时，不得超过 500mm；

4）严禁用干砖砌墙，砌筑前 1～2d 应将砖浇湿，使砌筑时烧结普通砖和多孔砖的含水率达到 10％～15％，灰砂砖和粉煤灰砖的含水率达到 8％～12％；

5）冬期施工时，在正温度条件下也应将砖面适当湿润后再砌筑。

（4）砌筑后成品墙面二次开槽和打洞（图 2.3-26）

图 2.3-26　后期墙面二次开槽和开洞

原因分析：

1）安装在成品的砌体墙面进行二次的开槽；

2）在砌筑前期时没有对孔洞预留，导致后期二次对墙面破坏。

防治措施：

1）在砌体施工前组织砌体领班和安装领班开会，对预留的管线要求安装在砌体施工时进行配合，避免出现二次开槽；

2）土建单位提前和安装单位开会，安装单位要及时告知土建图纸上没有的孔洞，避免成品墙面的二次开洞。

5. 水泥砂浆地面及墙面抹灰

（1）地面起砂（图 2.3-27）

原因分析：

1）水泥砂浆的拌合物水灰比过大；

2）压光工序安排不当；

3）养护不当或水泥未达到强度就上人或进行下道工序；

4）水泥地面受冻，原材料不符合要求。

防治措施：

1）严格控制水灰比；

2）掌握好面层的压光时间；

3）及时养护；

4）合理安排施工，避免上人过早；

5）防止早期受冻。

（2）水泥砂浆地面空鼓（图 2.3-28）

图 2.3-27 地面起砂

图 2.3-28 水泥砂浆地面空鼓

原因分析：

1）垫层或基层表面清理不干净，垫层或基层表面未浇水湿润；

2）垫层或基层表面有积水，炉渣垫层质量不好。

防治措施：

1）严格处理底层（垫层或基层）；

2）注意结合层的施工质量，保证炉渣垫层和混凝土垫层的施工质量。

（3）砖墙、混凝土基层抹灰空鼓、裂缝（图 2.3-29）

原因分析：

1）基层不平整，抹灰厚度不匀；

2）温度变化及风干引起裂缝；

3）抹灰后管线穿墙凿洞，墙体受到剧烈冲击振动；

图 2.3-29 混凝土基层裂缝

4）砂浆配合比不当；

5）板条规格尺寸过大或过小，材质不好；

6）养护过程中，被碰撞破坏；

7）每遍抹灰间隔控制不好。

防治措施：

基层处理要严格按照规范要求施工，正确使用砂浆配合比，认真做好养护。

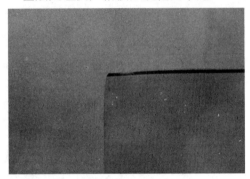

图 2.3-30 阴阳角不垂直

（4）抹灰面不平，阴阳角不垂直、不方正（图 2.3-30）

原因分析：

抹灰前没有按规定找方、挂线、做灰饼和冲筋，冲筋用料强度较低或过早进行抹灰。冲筋离阴阳角距离较远。

防治措施：

1）抹灰前，按规定找方，横线找平，立线吊直弹准线和墙裙线；

2）冲筋的材料合格，布置合理；

3）抹阴阳角时随时检查角的方正，及时修正。

（三）装饰装修工程

1. 石膏板吊顶拼缝处开裂、洞口转角处开裂、灯槽周围开裂

原因分析：

（1）洞口四周没有用加强龙骨；

（2）灯槽和洞口的石膏板立面作为了底面板或在转角处没有用整板；

（3）自攻螺钉破坏了石膏板面。

防治措施：

（1）在洞口四周用 50 副龙骨做横龙骨，卡子用钳子加紧；

（2）在有洞口处最好采用底面封板，转角处采用"L"形整板可防止开裂；

（3）自攻螺钉不能破坏板面，没入 1~2mm，自攻螺钉距板边为 15mm（图 2.3-31、图 2.3-32）。

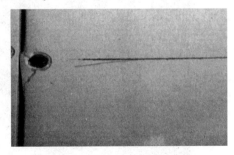

图 2.3-31 自攻螺钉安装正确

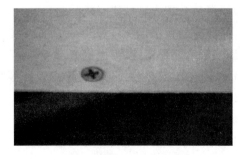

图 2.3-32 自攻螺钉安装错误

2. 轻质板块吊顶面层变形（图 2.3-34）

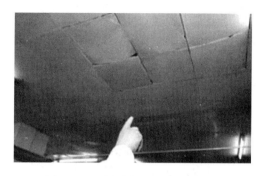

图 2.3-33　石膏板吊顶拼缝处开裂　　　　图 2.3-34　轻质板块吊顶面层变形

原因分析：

（1）材质中水分含量高，板块接头未留空隙；

（2）龙骨分隔过大，有挠度。

防治措施：

（1）保持板材干燥；

（2）防止板块凹凸变形，龙骨的分隔应符合标准。

3. GRC 轻质隔墙板面裂缝（图 2.3-35）

图 2.3-35　隔墙板面裂缝

原因分析：

（1）梁底钢卡的数量、位置及锚固出现漏卡、钢卡锚固不牢、位置不合理；

（2）板下部混凝土支垫浇筑不密实，下部支垫不能完全支顶墙板，且安装时用于定位和支顶墙板的木楔子在混凝土支垫未完全凝固的时候抽取，时间过早，导致板下沉产生裂缝；

（3）竖向缝内砂浆收缩产生裂纹延展至板，板面无防止此类裂纹延展的措施。

防治措施：

（1）明确梁底钢卡数量及位置；

（2）板下混凝土支垫浇筑时先对其接触面进行清扫，洒水湿润，并支设模板，留设混凝土浇筑口，用细石混凝土嵌填捣实，用于支顶墙板的木楔子待混凝土密实七 d 后抽取，再用同配合比的混凝土补筑；

（3）在板对接竖缝内外侧加贴防裂纤维网。

4. 室外面砖墙面脱落（图 2.3-36）

原因分析：

（1）设计图纸缺乏细部大样；

（2）墙体因温差产生裂缝；

（3）铺贴砖面时没有做到砂浆饱满；

（4）找平层一次成活，过厚过快。

防治措施：

（1）施工前做好专项设计，确定好节点图；

（2）墙体做加强处理；

（3）铺贴时砂浆均匀灌注并抹匀；

（4）找平层至少要求两次以上成活。

5. 室内瓷砖墙面空鼓脱落（图 2.3-37）

图 2.3-36　面砖墙面脱落

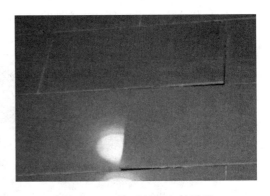
图 2.3-37　瓷砖墙面空鼓脱落

原因分析：

基体、板块底面未清理干净，铺贴时砂浆不饱满。

防治措施：

铺贴之前基体和块材底面必须清理干净，使用符合设计要求的配合比砂浆并做到饱满铺贴，硬化前应采取防冻措施。

图 2.3-38　地面瓷砖空鼓

6. 地面瓷砖空鼓（图 2.3-38）

原因分析：

（1）基层清理不干净；

（2）垫层砂浆铺贴过厚；

（3）板块背面有浮灰或者未浸水湿润。

防治措施：

基层必须清理干净，垫层砂浆应使用干硬性砂浆并薄厚均匀铺贴，板块背面必须清理干净同时提前浇水湿润。

（四）建筑屋面

1. 屋面找坡不准，排水不畅（图 2.3-39）

原因分析：

（1）屋面排水坡度不符合要求；

（2）天沟、檐沟内的排水坡度不合格；

（3）水落管杂物未清理。

防治措施：

（1）在设计中正确处理分水、排水和防水之间的关系；

（2）屋面及排水沟内的坡度要符合标准要求；

（3）屋面找平层施工时严格按设计坡度拉线。

2. 找平层起砂、起皮、开裂（图 2.3-40）

图 2.3-39　屋面排水不畅　　　　　　图 2.3-40　找平层开裂

原因分析：

（1）水泥砂浆配合比不准，搅拌不匀；

（2）屋面基层清扫不干净，养护不充分；

（3）找平层刚度及抗裂性能不足。

防治措施：

严格控制砂浆的配合比，基层清理必须到位，充分养护。

3. 保温层开裂、脱落

原因分析：

（1）板缝用粘胶或抹面胶浆填充；

（2）网格布搭接只有 3cm 以下；

（3）保温板基层没有清理、基层不平整；

（4）保温板粘贴面积过少或板边没有抹灰。

防治措施：

（1）保温板碰头缝不抹胶粘剂，在网格布搭接处搭接宽度上下左右不小于 10cm；

（2）保温板粘结面基层的总粘贴面积为 40％，四边应全部抹灰。

4. 卷材防水层空鼓（图 2.3-41）

图 2.3-41 卷材防水层空鼓

原因分析：

（1）基层潮湿，沥青胶结材料与基层粘结不良；

（2）由于人员走动或其他工序的影响，找平层表面被泥水沾污，与基层粘结不良；

（3）立墙卷材的铺贴，操作比较困难，热作业容易造成铺贴不实不严。

防治措施：

（1）无论用外贴法或内贴法施工，都应把地下水位降至垫层以下不少于 300mm，垫层上应抹 1：2.5 水泥砂浆找平层；

（2）保持找平层表面干燥洁净，必要时应在铺贴卷材前采取刷洗、晾干等措施；

（3）铺贴卷材前 1～2d，喷或刷 1～2 道冷底子油，以保证卷材与基层表面粘结。

5. 卷材搭接不良

原因分析：

临时保护墙砌筑强度高，不易拆除，或拆除时不仔细，没有采取相应的保护措施。施工现场组织管理不善，工序搭接不紧凑。排降水措施不完善，水位回升，浸泡、粘污了卷材。在缺乏保护措施的情况下，底板垫层四周架空平伸向立墙卷铺的卷材，更易污损破坏。

防治措施：

从混凝土底板下面甩出的卷材可刷油铺贴在永久保护墙上，但超出永久保护墙部位的卷材不刷油铺实，而用附加保护油毡包裹钉在木砖上，待完成主体结构、拆除临时保护墙时，撕去附加保护油毡，可使内部各层卷材完好无缺。

6. 管道处铺贴不严密

原因分析：

对管道未进行认真的清理、除锈。穿管处周边呈死角，使卷材不易铺贴严密。

防治措施：

（1）管道表面的污垢和铁锈要清除干净，卷材应按转角要求铺贴严实；

（2）可在穿管处埋设带法兰的套管，将卷材防水层粘贴在法兰上，粘贴宽度至少为 100mm，并用夹板将卷材压紧。

7. 卷材开裂、粘结不牢（图 2.3-42）

原因分析：

设计构造考虑不周，卷材材性差，施工工艺差，成品保护差；保温层屋面采用水泥砂浆找平层时，基层刚度不够。

防治措施：

（1）改进设计构造；

（2）在保温层上推荐使用混凝土或钢筋混凝土找平层；

图 2.3-42 卷材开裂

（3）使用合格的卷材；

（4）改进卷材铺贴工艺，加强成品保护的意识等。

8. 涂膜裂缝、脱皮、鼓包

原因分析：

（1）基层刚度不足；

（2）施工时温度过高；

（3）基层表面有杂质，未充分干燥；

（4）基层表面不平整。

防治措施：

在保温层上必须设置细石混凝土找平层，同时清理表面并充分晾干，涂膜施工时应分层施工，基层表面局部不平整时可先进行修补工作。

（五）建筑给水、排水及采暖工程

1. 室内给水系统（图 2.3-43）

原因分析：

（1）螺纹加工时不符合规定，断丝或缺丝的总数已超过规范规定；

（2）螺纹连接时，拧紧程度不合适；

（3）生料带或麻丝缠绕方向不正确；

（4）管道安装后，没有认真进行水压试验。

防治措施：

（1）加工螺纹时，要求螺纹端正、无毛刺等；

（2）选用的管钳要合适，用大规格的管钳上小管径的管件，会因用力过大使管件损坏，反之因用力不够致使管件上不紧而造成渗水或漏水；

（3）螺纹连接时，应根据螺纹方向正确缠绕生料带或麻丝，以保证连接严密；

（4）安装完毕要严格按施工及验收规范的要求，进行严密性和强度水压试验。

2. 排水管道堵塞（图 2.3-44）

图 2.3-43　管道漏水

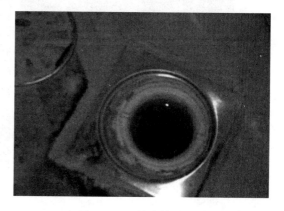

图 2.3-44　排水管道堵塞

原因分析：

（1）排水管道在施工过程中，未及时对管道上临时甩口进行封堵，致使有杂物掉入管内；

（2）排水管道管径未按设计要求施工或变径过早，使管道流量变小；

（3）排水管道未进行通水、通球试验，排水管倒坡；

（4）地漏安装高度高于地面。

防治措施：

（1）排水管道在施工过程中的临时甩口需进行临时封堵，并保证封堵严密，防止杂物进入管道内；

（2）管道直径应严格按设计要求进行施工，严禁变径过早，造成管道流量变小，容易造成管道堵塞；

（3）在施工过程中坡度不宜过小，排水管道在竣工验收前，必须做通水和通球试验，并把排水管道内的杂物冲洗干净，防止管道堵塞现象的发生；

（4）地漏安装标高，应根据土建提供的建筑标高线进行，以略低于成品地面 2～3mm 为宜。

3. 卫生器具安装不平正，不牢固

原因分析：

（1）卫生器具相关配件不配套；

（2）未设置加固件，导致卫生器具安装不牢固；

（3）未进行蓄水和通水试验。

防治措施：

（1）卫生器具以及相关配件必须匹配成套供应；

（2）必须预先设置加固件以保证器具安装牢固、稳定；

（3）卫生器具安装结束后，必须立即进行蓄水和通水试验。

4. 建筑电气箱、盒位移及变形（图 2.3-45）

安装标高线

图 2.3-45　电气盒位移及变形

原因分析：

（1）预埋箱、盒时未参照土建装修的统一水平线控制标高；

（2）铁箱盒用气焊切割，致使箱盒变形，孔径不规矩；

（3）土建施工时模板变形或移动，而使箱盒位移，导致箱盒凹于墙面或凸出墙面。

防治措施：

（1）预埋箱、盒确定标高时，可以参照土建装修统一预放的水平线；

（2）箱盒开眼孔，必须使用专用的开孔工具，保持箱、盒孔眼整齐；

（3）装在现浇混凝土墙内的箱盒，应与钢筋网先连接牢固，并在后面加撑子，使之能被模板顶牢。

5. 风管咬口制作不平整（图 2.3-46）

原因分析：

风管板材下料找方直角不准确，咬口宽度受力不均匀，风管制作工作平台不平整，风管咬口线出现弯曲、裂纹。

防治措施：

（1）风管板材下料应经过校正后进行；

（2）明确各边的咬口形式，咬口线应平直整齐，工作平台平整、牢固，便于操作；

（3）采用机械咬口加工风管板材的品种和厚度应符合使用要求。

6. 风管安装不平直（图 2.3-47）

图 2.3-46　风管咬口不平整　　　　图 2.3-47　风管安装不平直

原因分析：

风管支架、吊卡、托架位置标高不一致，间距不相等。支架制作受力不均。法兰之间连接螺栓松紧度不一致。铆钉、螺栓间距太大，法兰管口翻边宽度小，风管咬口开裂。

防治措施：

（1）按标准调整风管支架、吊卡、托架的位置，保证受力均匀；

（2）调整风管法兰的同心度和对角线，控制风管表面平整度；

（3）法兰风管垂直度偏差小时，可加厚法兰垫或控制法兰螺栓松紧度，偏差大时，需对法兰重新找方铆接；

（4）风管翻边宽度应不小于 6mm，咬口开裂可用铆钉铆接后，再用锡焊或密封胶处理。铆钉、螺栓间距应均等，间距不得超过 150mm。

单元3　施工安全管理

第1节　施工安全管理概述

一、建筑安全生产事故情况

近年来，随着我国经济社会的发展，投资规模不断扩大，建筑业有了迅猛发展。伴之而来的企业经营模式市场化、施工技术日趋复杂、机具装备日益大型化等一系列变化，使得建筑安全生产状况是伤亡人数居高不下，重特大事故频频发生，对国民经济造成了重大损失，对施工安全生产不断提出新问题，形成了新的挑战。

根据住房和城乡建设部公布的《全国房屋市政工程生产安全事故情况通报》数据的统计，总的来看，2004～2014年期间，我国总共发生房屋市政工程生产安全事故8151起、死亡9619人，平均每年发生事故741起、死亡892人（图3.1-1）；2004～2014年期间，我国建筑施工事故发生数、死亡人数一直呈下降趋势，表明我国建筑安全生产形势得到了进一步改善，但是从2013年起，又有了小幅度的反弹，2013年全国共发生安全事故528起，死亡674人，分别比2012年上升了8.42%和8.01%。

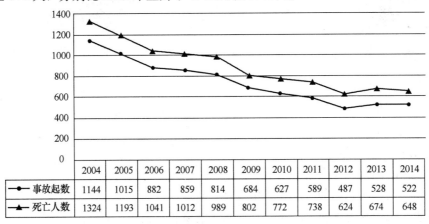

	2004	2005	2006	2007	2008	2009	2010	2011	2012	2013	2014
事故起数	1144	1015	882	859	814	684	627	589	487	528	522
死亡人数	1324	1193	1041	1012	989	802	772	738	624	674	648

图3.1-1　2004～2014年全国房屋市政工程生产安全事故情况

2014年，全国共发生房屋市政工程生产安全事故522起、死亡648人，比2013年事故起数减少6起、死亡人数减少26人（图3.1-2、图3.1-3），同比分别下降1.14%和3.86%。全国有31个地区发生房屋市政工程生产安全事故，其中有12个地区的死亡人数同比上升。

2014年，全国共发生房屋市政工程生产安全较大及以上事故29起、死亡105人，比去年同期事故起数增加4起、死亡人数增加3人，同比分别上升16.00%和2.94%，其中

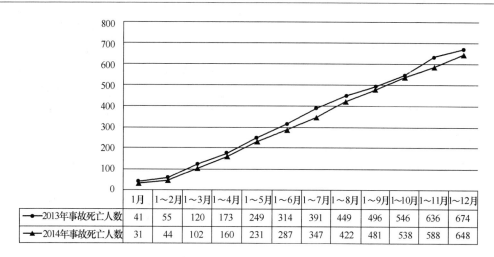

	1月	1~2月	1~3月	1~4月	1~5月	1~6月	1~7月	1~8月	1~9月	1~10月	1~11月	1~12月
2013年事故死亡人数	41	55	120	173	249	314	391	449	496	546	636	674
2014年事故死亡人数	31	44	102	160	231	287	347	422	481	538	588	648

图 3.1-2　2014 年事故起数情况

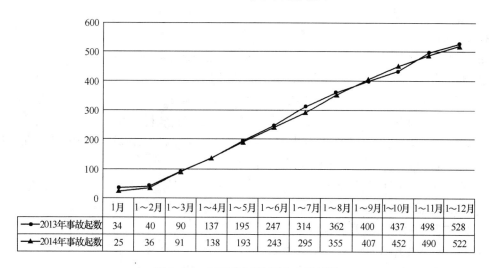

	1月	1~2月	1~3月	1~4月	1~5月	1~6月	1~7月	1~8月	1~9月	1~10月	1~11月	1~12月
2013年事故起数	34	40	90	137	195	247	314	362	400	437	498	528
2014年事故起数	25	36	91	138	193	243	295	355	407	452	490	522

图 3.1-3　2014 年事故死亡人数情况

重大事故 1 起，未发生特别重大事故。

2014 年，全国有 18 个地区发生房屋市政工程生产安全较大及以上事故。其中江苏、黑龙江各发生 3 起，北京、辽宁、湖北、宁夏、广西、新疆、河南各发生 2 起，四川、山东、安徽、贵州、湖南、广东、青海、江西、山西各发生 1 起。特别是北京市海淀区清华附中体育馆工程发生"12.29"重大事故，造成 10 人死亡，给人民生命财产带来重大损失，造成不良的社会影响。

2014 年，全国房屋市政工程安全生产形势总体平稳，事故起数和死亡人数总量有小幅度下降，但当前的安全生产形势依然比较严峻。一是部分地区事故起数同比上升，特别是江苏（起数上升 82.5%、人数上升 42.4%）、福建（起数上升 70.0%、人数上升 23.5%）、四川（起数上升 62.5%、人数上升 7.1%）、山东（起数上升 58.3%、人数上升 23.5%）等地区上升幅度较大。二是较大及以上事故起数和死亡人数出现反弹，重大事故还没有完全遏制。从事故发生时段来看，较大及以上事故高发时段主要集中在第四季度，特别是 12 月份共发生 7 起较大及以上事故，岁末安全生产工作还须加强。

由此可见，尽管政府和有关单位采取了一系列的有力措施加强建筑安全生产工作，事故起数和死亡人数总量有所减少，但是建筑施工伤亡事故发生仍然没有得到控制，部分地区建筑安全生产形势依然严峻，较大及以上事故起数和死亡人数出现反弹，表明我们所取得的成果还需要进一步巩固，同时，我国建筑安全管理水平要实现进一步的改善和提高，必须有效遏制重大事故的发生。

二、施工现场伤亡事故类别

建筑施工事故易发、多发，这是由建筑施工的特点决定的。

（一）建筑施工的特点

1. 产品固定，人员流动

建筑施工最大的特点就是产品固定，人员流动。任何一项工程、构筑物等一经选定了地址，破土动工兴建后就固定不动了，但生产人员要围绕着它上上下下地进行生产活动。建筑物体积大、生产周期长，有的持续几个月或一年，有的需要三五年或更长的时间。这就形成了在有限的场地上集中了大量的操作人员、施工机具、施工材料等进行作业，这与其他产业的人员固定、产品流动的生产特点截然不同。

建筑施工人员流动性大，不仅体现在一项工程中，项目完成后，施工队伍就要转移到新的地点去建设新项目。施工队伍中绝大多数施工人员是来自农村的农民工，他们不但要随工程流动，而且还要根据季节的变化（农忙、农闲）进行流动，给安全管理带来很大的困难。

2. 露天高处作业多，手工操作，繁重体力劳动

建筑施工绝大多数为露天作业，露天作业约占整个工程的 70%。建筑施工包括相当多的从事高空露天作业，工作条件差。许多工作如抹灰工、瓦工、混凝土工、架子工等仍以手工操作为主。劳动繁重、体力消耗大，加上作业环境恶劣，如光线、雨雪、风霜、雷电等影响，导致操作人员注意力不集中或由于心情烦躁违章操作的现象十分普遍。

3. 建筑施工变化大，规则性差，不安全因素随工程进度的变化而改变

每项工程由于用途不同、结构不同、施工方法不同等，危险有害因素不相同；同样类型的建筑物，因工艺和施工方法不同，危险有害因素也不同；即使在一项工程中，从基础、主体到装修，每道工序不同，危险有害因素也不同；在同一道工序，由于工艺和施工方法不同，危险有害因素也不相同。因此，建筑施工变化大，规则性差。施工现场的危险有害因素，随着工程进度的变化而不断变化，每个月、每天，甚至每个小时都在变化，给安全防护带来诸多困难。

建筑施工的上述特点，决定了施工生产的安全隐患多存在于高处作业、交叉作业、垂直运输、个体劳动保护以及使用电气工具上。随着超高层、个性化的建筑产品的出现，给建筑施工带来新的挑战，也给建筑安全管理和安全防护技术提出了新的要求。

（二）建筑施工伤亡事故类别

伤亡事故是指职工在劳动生产过程中发生的人身伤害、急性中毒事故。

建筑施工事故是指建筑施工过程中发生的导致人员伤亡及财产损失的各类伤害。《企业职工伤亡事故分类》（GB 6441—1986）中伤害的类别分为二十种，根据统计分类，建

筑施工中主要的、易发的、伤亡人数多的事故分别是：高处坠落、物体打击、触电、机械伤害和坍塌，将其称之为五大伤害。根据近几年统计数据显示，起重伤害的比例逐渐加大，建筑安全事故主要伤害类型变为六种。

（1）高处坠落。高处坠落是指在高处作业中发生坠落造成的伤亡事故。凡在坠落高度基准面 2m 以上（含 2m）有可能坠落的高处进行的作业。从临边、洞口，包括屋面边、楼板边、阳台边预留洞口、楼梯口等坠落；在物料提升机，塔吊安装、拆除过程坠落；混凝土构件浇筑时因模板支撑失稳倒塌，及安装拆除模板时坠落；结构和设备吊装，及电动吊篮施工时坠落。

高处坠落的主要类型：

1）因被踩踏材料材质强度不够，突然断裂；

2）高处作业移动位置时，踏空、失稳；

3）高处作业时，由于站位不稳或操作失误被物体碰撞坠落等。

（2）触电事故。人体是导体，当人体接触到具有不同电位两点时，由于电位差的作用，就会在人体内形成电流，这种现象就是触电，因触电而发生的人身伤亡事故，即触电事故。施工现场的触电事故主要有三类：施工人员触碰电线或电缆线、建筑机械设备漏电和对高压线防护不当导致触电。触电伤害分为电击和电伤两种。

（3）物体打击。物体打击是指施工过程中的砖石块、工具、材料、零部件等在高空下落时对人体造成的伤害，以及崩块、锤击、滚石等对人身造成的伤害，不包括因爆炸而引起的物体打击。主要发生在同一垂直作用面的交叉作业中和通道口处坠落物体的打击。

物体打击的主要类型：

1）高空作业中，由于工具零件、砖瓦、木块等物从高处掉落伤人；

2）人为乱扔废物、杂物伤人；

3）起重吊装、拆装、拆模时，物料掉落伤人；

4）设备带病运行，设备中物体飞出伤人；

5）设备运转中，违章操作，铁棍飞弹伤人等。

（4）机械伤害。机械伤害是指施工机械、机具对操作人员砸、撞、绞、碾、碰、割、戳等造成的伤害。工程中大量使用施工机械，使得施工的速度加快，同时伴随着机械伤害这类事故的发生的增加，主要发生在垂直运输机械设备、吊装设备，及施工现场各种机械设备的伤害。

（5）坍塌事故。坍塌事故是指物体在外力和重力的作用下，越过自身极限强度的破坏成因，结构稳定失衡坍落造成物体高处坠落，物体打击、挤压伤害及窒息的事故。主要发生在土方施工、脚手架和模板支撑体系失稳坍塌和房屋拆除过程中的坍塌。常见的坍塌事故主要有槽、坑、沟土方坍塌事故；建筑物拆除作业及墙体坍塌事故；模板支撑架坍塌事故；脚手架坍塌事故；地下暗挖坍塌事故。其中槽、坑、沟土方坍塌事故占此类事故总数的第一位，模板支撑架坍塌事故近年来逐年增加，根据有关方面统计，作业脚手架或模板支撑架坍塌事故占总坍塌事故的 30% 左右。

据 2014 年全国建筑施工伤亡事故分析，房屋市政工程生产安全事故按照类型划分，高处坠落事故 276 起，占总数的 52.87%；坍塌事故 71 起，占总数的 13.60%；物体打击

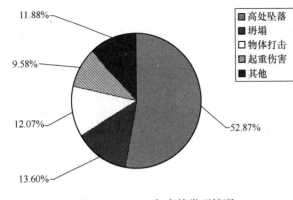

图 3.1-4 2014 年事故类型情况

事故 63 起，占总数的 12.07%；起重伤害事故 50 起，占总数的 9.58%；机械伤害、车辆伤害、触电、中毒和窒息等其他事故 62 起，占总数的 11.88%（图 3.1-4）。

值得注意的是，高处坠落、坍塌、物体打击、起重伤害、机械伤害、触电这几类事故依然是最主要的事故类型，对这几类事故，我们应该齐抓共管，做好专项治理和预防工作。

三、施工现场伤亡事故多发部位

根据 2010～2012 年这三年的安全事故情况统计，全国房屋市政工程发生生产安全事故 1732 起，按照发生部位划分，其中：洞口和临边事故 381 起，占总数的 22.00%；脚手架事故 214 起，占总数的 12.36%；塔吊事故 202 起，占总数的 11.66%；基坑事故 134 起，占总数的 7.74%；模板事故 119 起，占总数的 6.87%；井字架与龙门架事故、施工机具事故、外用电梯事故、临时设施事故、现场临时用电等其他事故 682 起，占总数的 39.38%（图 3.1-5）。

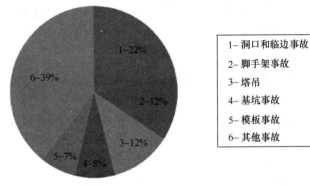

图 3.1-5 事故发生部位情况

从这三年的类型事故发生部位死亡人数比例可以看出：洞口和临边、脚手架、塔吊、基坑、模板依然是事故发生的主要部位。

四、危险性较大分部分项工程的安全管理

（一）危险性较大工程的相关概念

危险性较大的分部分项工程是指建筑工程在施工过程中存在的、可能导致作业人员群死群伤或造成重大不良社会影响的分部分项工程。

危险性较大的分部分项工程安全专项施工方案（简称"专项方案"），是指施工单位在编制施工组织（总）设计的基础上，针对危险性较大的分部分项工程单独编制的安全技术措施文件。

（二）危险性较大工程的范围

根据住房和城乡建设部《危险性较大的分部分项工程安全管理办法》（建质〔2009〕87 号）规定，危险性较大的分部分项工程范围包括：

1. 基坑支护、降水工程

开挖深度超过 3m（含 3m）或虽未超过 3m 但地质条件和周边环境复杂的基坑（槽）支护、降水工程。

2. 土方开挖工程

开挖深度超过 3m（含 3m）的基坑（槽）的土方开挖工程。

3. 模板工程及支撑体系

（1）各类工具式模板工程：包括大模板、滑模、爬模、飞模等工程。

（2）混凝土模板支撑工程：搭设高度 5m 及以上；搭设跨度 10m 及以上；施工总荷载 10kN/m² 及以上；集中线荷载 15kN/m 及以上；高度大于支撑水平投影宽度且相对独立无联系构件的混凝土模板支撑工程。

（3）承重支撑体系：用于钢结构安装等满堂支撑体系。

4. 起重吊装及安装拆卸工程

（1）采用非常规起重设备、方法，且单件起吊重量在 10kN 及以上的起重吊装工程。

（2）采用起重机械进行安装的工程。

（3）起重机械设备自身的安装、拆卸。

5. 脚手架工程

（1）搭设高度 24m 及以上的落地式钢管脚手架工程。

（2）附着式整体和分片提升脚手架工程。

（3）悬挑式脚手架工程。

（4）吊篮脚手架工程。

（5）自制卸料平台、移动操作平台工程。

（6）新型及异型脚手架工程。

6. 拆除、爆破工程

（1）建筑物、构筑物拆除工程。

（2）采用爆破拆除的工程。

7. 其他

（1）建筑幕墙安装工程。

（2）钢结构、网架和索膜结构安装工程。

（3）人工挖扩孔桩工程。

（4）地下暗挖、顶管及水下作业工程。

（5）预应力工程。

（6）采用新技术、新工艺、新材料、新设备及尚无相关技术标准的危险性较大的分部分项工程。

（三）超过一定规模危险性较大工程的范围

1. 深基坑工程

（1）开挖深度超过 5m（含 5m）的基坑（槽）的土方开挖、支护、降水工程。

（2）开挖深度虽未超过 5m，但地质条件、周围环境和地下管线复杂，或影响毗邻建筑（构筑）物安全的基坑（槽）的土方开挖、支护、降水工程。

2. 模板工程及支撑体系

(1) 工具式模板工程：包括滑模、爬模、飞模工程。

(2) 混凝土模板支撑工程：搭设高度 8m 及以上；搭设跨度 18m 及以上；施工总荷载 15kN/m² 及以上；集中线荷载 20kN/m 及以上。

(3) 承重支撑体系：用于钢结构安装等满堂支撑体系，承受单点集中荷载 700kg 以上。

3. 起重吊装及安装拆卸工程

(1) 采用非常规起重设备、方法，且单件起吊重量在 100kN 及以上的起重吊装工程。

(2) 起重量 300kN 及以上的起重设备安装工程；高度 200m 及以上内爬起重设备的拆除工程。

4. 脚手架工程

(1) 搭设高度 50m 及以上落地式钢管脚手架工程。

(2) 提升高度 150m 及以上附着式整体和分片提升脚手架工程。

(3) 架体高度 20m 及以上悬挑式脚手架工程。

5. 拆除、爆破工程

(1) 采用爆破拆除的工程。

(2) 码头、桥梁、高架、烟囱、水塔或拆除中容易引起有毒有害气（液）体或粉尘扩散、易燃易爆事故发生的特殊建、构筑物的拆除工程。

(3) 可能影响行人、交通、电力设施、通信设施或其他建、构筑物安全的拆除工程。

(4) 文物保护建筑、优秀历史建筑或历史文化风貌区控制范围的拆除工程。

6. 其他

(1) 施工高度 50m 及以上的建筑幕墙安装工程。

(2) 跨度大于 36m 及以上的钢结构安装工程；跨度大于 60m 及以上的网架和索膜结构安装工程。

(3) 开挖深度超过 16m 的人工挖孔桩工程。

(4) 地下暗挖工程、顶管工程、水下作业工程。

(5) 采用新技术、新工艺、新材料、新设备及尚无相关技术标准的危险性较大的分部分项工程。

(四) 危险性较大工程的安全管理

1. 专项方案管理

(1) 专项方案的编制

施工单位应当在危险性较大工程施工前编制专项方案；对于超过一定规模的危险性较大的分部分项工程，施工单位应当组织专家对专项方案进行论证。实行施工总承包的，专项方案应当由施工总承包单位组织编制。其中，起重机械安装拆卸工程、深基坑工程、附着式升降脚手架等专业工程实行分包的，其专项方案可由专业承包单位组织编制。

(2) 专项方案应当包括的内容

1) 工程概况：危险性较大的分部分项工程概况、施工平面布置、施工要求和技术保证条件。

2) 编制依据：相关法律、法规、规范性文件、标准、规范及图纸（国标图集）、施工组织设计等。

　　3）施工计划：包括施工进度计划、材料与设备计划。

　　4）施工工艺技术：技术参数、工艺流程、施工方法、检查验收等。

　　5）施工安全保证措施：组织保障、技术措施、应急预案、监测监控等。

　　6）劳动力计划：专职安全生产管理人员、特种作业人员等。

　　7）计算书及相关图纸。

　　（3）专项方案的审批

　　专项方案应当由施工单位技术部门组织本单位施工技术、安全、质量等部门的专业技术人员进行审核。经审核合格的，由施工单位技术负责人签字。实行施工总承包的，专项方案应当由总承包单位技术负责人及相关专业承包单位技术负责人签字。

　　不需专家论证的专项方案，经施工单位审核合格后报监理单位，由项目总监理工程师审核签字。

　　（4）超过一定规模的危险性较大工程专项方案论证

　　专项方案论证应当由施工单位组织召开专家论证会。实行施工总承包的，由施工总承包单位组织召开专家论证会。

　　西安市专项方案论证流程：

　　1）专项施工方案由建设或施工总承包单位组织安全、质量等部门负责人进行审核后，向市质安站提交《建筑工程安全专项施工方案论证登记表》、工程形象进度资料和专项施工方案等有关资料，其中专项施工方案应装订成册，封面签章齐全（包括：编制人、审核人、审批人签字和审批单位盖章）。

　　2）市质安站审核施工单位提交的有关资料，符合要求的，予以登记编号。由工程所在区县、开发区监督机构或申请单位共同抽取论证会专家。专家组成员名单确定后，由施工单位将需论证方案送达专家，专家应于会前审阅方案，为论证会做相关准备。

　　3）申请单位应在收到《建筑工程安全专项施工方案论证会通知单》至少 2 个工作日后组织专家审查论证。审查采用会审的方式，工程所在地质量安全监督机构对论证会进行监督管理。

　　下列人员应当参加专家论证会：①专家组成员；②方案编制人员；③建设单位项目负责人或技术负责人；④施工单位分管安全的负责人、技术负责人、项目经理、项目技术负责人、项目专职安全生产管理人员；⑤监理单位项目总监理工程师及相关人员；⑥工程所在地质量安全监督机构人员。

　　4）专项方案经论证后，专家组经合议当场提交《西安市建筑施工危险性较大工程安全专项施工方案专家论证报告》，对论证的内容提出明确的意见。专家组成员本人应在论证报告上签字，注明专业技术职称，并对审查结论负责。专家组论证报告应作为专项方案的附件。

　　论证报告结论为修改后通过的，施工单位应当根据专家意见进行修改完善，并填写《需作进一步修改的专项施工方案审查表》报专家组组长审核，专家组组长审核签字后，方可组织实施。报告结论为不通过的，施工单位应当根据论证报告组织修改，并重新组织专家进行论证。

　　施工单位应当根据论证报告修改完善专项方案，并经施工单位技术负责人、项目总监理工程师、建设单位项目负责人签字后，方可组织实施。实行施工总承包的，应当由施工总承包单位、相关专业承包单位技术负责人签字。

　　（5）专项方案的变更管理

　　施工单位应当严格按照专项方案组织施工，不得擅自修改、调整专项方案。如因设计、结构、外部环境等因素发生变化确需修改的，修改后的专项方案应当重新审核。对于超过一定规模的危险性较大工程的专项方案，施工单位应当重新组织专家进行论证。

　　2. 专项方案的实施

　　（1）专项方案交底

　　专项方案实施前，编制人员或项目技术负责人应当向现场管理人员和作业人员进行安全技术交底。

　　（2）专项方案实施的监测

　　施工单位应当指定专人对专项方案实施情况进行现场监督和按规定进行监测。发现不按照专项方案施工的，应当要求其立即整改；发现有危及人身安全紧急情况的，应当立即组织作业人员撤离危险区域。施工单位技术负责人应当定期巡查专项方案实施情况。

　　（3）专项方案实施验收

　　对于按规定需要验收的危险性较大工程，总承包单位组织施工单位技术和安全负责人、项目经理和项目技术负责人、项目安全负责人、项目总监理工程师和专业监理工程师、建设单位项目负责人和技术负责人、勘察设计单位项目技术负责人、涉及的相关参建单位技术负责人进行验收。验收合格的，经施工单位项目技术负责人及项目总监理工程师签字后，方可进入下一道工序。

五、安全管理人员岗位职责

　　（一）五方主体项目负责人质量终身责任制

　　2014 年 9 月 4 日住建部召开全国工程质量治理两年行动电视会议，要求全面落实五方主体项目负责人质量终身责任（五方主体项目负责人指建设单位项目负责人、勘察单位项目负责人、设计单位项目负责人、施工单位项目经理和监理单位总监理工程师）。主要内容有：

　　（1）明确项目负责人质量终身责任。五方项目负责人在工程设计使用年限内，承担相应的质量终身责任。

　　（2）推行质量终身责任承诺和竣工后永久性标牌制度。要求工程项目开工前，工程建设五方项目负责人必须签署质量终身责任承诺书，工程竣工后设置永久性标牌，载明参建单位和项目负责人姓名，增强相关人员的质量终身责任意识。

　　（3）建立项目负责人质量终身责任信息档案。建设单位要建立五方项目负责人质量终身责任信息档案，竣工验收后移交城建档案管理部门统一管理保存。

　　（4）加大质量责任追究力度。对检查发现项目负责人履责不到位的，按照《建筑工程五方责任主体项目负责人质量终身责任追究暂行办法》和《建筑施工项目经理质量安全责任十项规定》规定，给予罚款、停止执业、吊销执业资格证书等行政处罚和相应行政处分，及时在建筑市场监管与诚信信息平台公布不良行为和处罚信息。

（二）项目经理部安全生产岗位责任制

项目经理在工程项目施工中处于中心地位，应承担施工安全和质量的责任。

1. 项目经理安全生产岗位责任制

（1）工程项目经理对工程项目的安全生产负有全面责任。

（2）建立和健全项目体安全管理网络，确定安全管理目标，组织编制安全保证计划。

（3）根据工程特点，加强对分包单位的控制和管理。

（4）认真执行各项安全生产规章制度，明确项目体各管理岗位的安全生产职责，负责检查项目体的安全生产责任制落实情况。

（5）适时组织对工程项目部的安全体系评审和协调。

（6）落实安全保证计划的资源配置。

（7）依据施工组织设计，落实各项安全技术措施，对分部分项工程必须派人进行安全技术交底。

（8）落实专人负责检查特种作业人员持证情况，对新的分包单位进入工地，要有针对地进行安全教育，制止违章操作。

（9）发生工伤事故成立即时组织抢救，保护现场，迅速如实上报，并参加事故调查处理，按"四不放过"的原则，落实各项整改工作。

（10）自觉接受上级安全生产部门的监督和管理。

2. 安全员的安全生产岗位职责

施工现场安全员是协助项目经理履行安全生产职责的专项助理，其主要工作是协助项目经理做好安全管理工作，《建筑与市政工程施工现场专业人员职业标准》（JGJ/T 250—2011）里也明确了安全员的主要职责，即项目安全策划、资源环境安全检查、作业安全管理、安全事故处理、安全资料管理。

（1）项目安全策划是制定工程项目施工现场安全生产管理计划的一系列活动。施工项目安全生产管理计划包括安全控制目标、控制程序、组织结构、职责权限、规章制度、资源配置、安全措施、检查评价和奖惩制度以及对分包的安全管理；复杂或专业性项目的总体安全措施、单位工程安全措施及分部分项工程安全措施；非常规作业的单项安全技术措施和预防措施等。同时，对项目现场，尚应按照《环境管理体系　要求及使用指南》（GB/T 24001—2004）的要求，建立并持续改进环境管理体系，以促进安全生产、文明施工并防止污染环境。

施工项目安全生产管理计划及安全生产责任制度均由施工单位组织编制，项目经理负责，安全员参与。

施工现场安全事故应急救援预案，应包括建立应急救援组织、配备必要的应急救援器材、设备，其编制由施工单位组织，项目经理负责，安全员参与。

（2）安全员参与现场安全防护、消防、围挡、职工生活设施、施工材料、施工机具、施工设备安装、作业人员许可证、作业人员保险手续、项目安全教育计划、现场地下管线资料、文明施工设施等项目的检查。

（3）安全员要参与审核危险性较大的分部、分项工程专项施工方案，因方案涉及施工安全保证措施，安全员一般应参与专项施工方案的编制。对施工作业班组的安全技术交底工作应由施工员负责实施，安全员参与实施监督、检查。

（4）项目安全生产事故应急救援演练是项目部根据项目应急救援预案进行的定期专项应急演练，由项目经理负责。安全员监督演练的定期实施、协助演练的组织工作。当安全生产事故发生后，项目经理负责组织、指挥救援工作，安全员参与组织救援。

安全生产事故发生后，施工单位要及时如实报告、采取措施防止事故扩大、保护事故现场。安全生产事故主要由政府组织调查。项目部的职责主要是协助调查。因此，安全员的职责就是协助调查人员对安全事故的调查、分析。

安全员的工作职责宜符合表 3.1-1 的规定。

安全员的工作职责   表 3.1-1

序号	分类	主要工作职责
1	项目安全策划	（1）参与制定施工项目安全生产管理计划。 （2）参与建立安全生产责任制度。 （3）参与制定施工现场安全事故应急救援预案
2	资源环境安全检查	（1）参与开工前安全条件检查。 （2）参与施工机械、临时用电、消防设施等的安全检查。 （3）负责防护用品和劳保用品的符合性审查。 （4）负责作业人员的安全教育培训和特种作业人员资格审查
3	作业安全管理	（1）参与编制危险性较大的分部、分项工程专项施工方案。 （2）参与施工安全技术交底。 （3）负责施工作业安全及消防安全的检查和危险源的识别，对违章作业和安全隐患进行处置。 （4）参与施工现场环境监督管理
4	安全事故处理	（1）参与组织安全事故应急救援演练，参与组织安全事故救援。 （2）参与安全事故的调查、分析
5	安全资料管理	（1）负责安全生产的记录、安全资料的编制。 （2）负责汇总、整理、移交安全资料

六、安全管理资料

施工现场的安全管理大体分为硬件管理和软件管理两个方面。现场安全防护设施和文明施工属于硬件管理的范围；安全保证体系、规章制度和安全管理资料属于软件管理的范围。

（一）安全管理资料概述

安全管理资料是项目经理部安全管理的必备文件，是建筑施工企业按有关规定要求，在施工管理过程中建立和形成的资料，对安全生产过程管理的真实记录，应视为工程项目部施工管理的一部分，同时安全管理资料又是企业实施科学化安全管理的重要组成部分，反映施工企业安全管理水平。它对实现施工现场安全达标和加强科学化安全管理起着考核和指导的作用，为事故调查提供参考依据。

建立和完善安全管理资料的过程，就是实施预测、预控、预防事故的过程。因此，工地安全管理资料的搜集、整理与建档的管理工作，应由项目部专职安全员和资料员共同负责。搜集资料与现场检查评分的工作主要由安全员负责；资料整理分类与建档管理的工作，主要由资料员负责。施工现场的安全员、资料员都应具备基本的安全管理知识，熟悉安全管理资料内容，并结合现场实际情况，按照规定如实地记载、整理和积累相关安全管理资料，做到及时、准确、完善；并做到与施工进度同步相结合，与施工现场实况相结合，与部颁规范标准要求相结合。只有把安全管理资料整理得全面、细致、严谨、可行、具有针对性并使之标准化、规范化、制度化，切实运用于施工过程之中，才能有效地指导安全施工，及时发现问题和采取有效措施，排除施工现场的不安全因素，达到预防为主，防患于未然的目的。

（二）资料整理的原则

（1）真实性原则——是整理资料的最根本要求。保证资料的真实性是资料整理以及分析的根本。

（2）准确性原则——描述事实要准确，特别是数据。数据的准确性直接影响后续分析的正确性。

（3）完整性原则——尽可能全面、如实地反映全貌。尽量避免以偏概全，使资料分析的结果产生假象从而对研究的结论产生错误影响。

（4）统一性原则——对调查指标有统一的解释，对各项数值、计算方法、计算单位要统一，以免造成计算的失误。

（5）简明性原则——资料尽可能简单、明确。该用文字说明的用文字说明，该用表格的用表格，该用图表的用图表，做到类别分明。

（三）安全资料整理归集的一般做法

施工现场安全管理资料，是专职安全员的业务工作之一，但相关资料的搜集、整理、归档并无统一规定，目前常见做法有以下几类：

（1）施工现场安全管理资料，按照住建部《建筑施工安全检查标准》中规定的内容为主线归集整理，并按"安全管理"检查评分表所列的 10 个检查项目名称顺序排列，其他分项检查评分表作为子项目分别归集到安全管理检查评分表相应检查项目之内，10 个子项目是：

1）安全生产责任制；	2）施工组织设计及专项施工方案；
3）安全技术交底；	4）安全检查；
5）安全教育；	6）应急救援；
7）分包单位安全管理；	8）持证上岗；
9）生产安全事故处理；	10）安全标志。

（2）施工现场安全管理资料按照安全生产保证体系进行整理归集，可分为：

1）安全生产管理职责；	2）安全生产保证体系文件；
3）采购；	4）分包管理；
5）安全技术交底及动火审批；	6）检查、检验记录；
7）事故隐患控制；	8）安全教育和培训。

（3）施工现场安全管理资料，按照《建筑施工企业安全生产评价标准》中规定的内容为主线整理归集，可分为企业安全生产条件和企业安全生产业绩两大类。

（四）安全管理资料目录

按照《建筑施工安全检查标准》中规定的内容为主线归集整理安全管理资料，房建工程项目安全管理资料分类目录详见表 3.1-2 所列。

房建工程项目安全管理资料分类目录　　　　　　　表 3.1-2

资料分类		卷内排序	施工安全资料名称	表格编号（资料来源）	保存人		
					安全员	分包	资料员
1. 安全管理资料	1.1　安全生产责任制	1	项目部组建及项目经理任命文件	总公司/工程部	√		√
		2	项目部安全生产领导小组组建文件	项目部	√	√	
		3	项目部管理人员花名册	表 1.1.3	√		√
		4	工程项目安全生产备案登记表	当地质安站	√		
		5	建设项目工伤保险参保证明		√		
		6	项目部人员安全生产责任制	项目部	√		
		7	各工种安全技术操作规程	总公司	√	√	
		8	项目安全生产目标责任书	总公司/工程部	√		
		9	项目安全目标责任分解表	表 1.1.9	√	√	
		10	安全生产责任制和责任目标考核办法	项目部	√		
		11	安全生产责任制和责任目标考核记录	表 1.1.11	√	√	
		12	安全文明施工费管理制度及使用情况统计记录	表 1.1.12	√	√	
		13	项目安全例会制度和记录	表 1.1.13	√		
		14	项目适用的安全生产法律法规、标准规范目录及有效版本	表 1.1.14	√		
		15	企业、当地政府关于安全生产工作的规范性文件	项目部收集	√	√	√
	1.2　危险源辨识与监控、施工组织设计及专项方案	1	危险源辨识评价清单	表 1.2.1	√	√	
		2	具有不可接受的风险及预控措施清单	表 1.2.2	√	√	
		3	施工组织设计及报审表	表 1.2.3	√		√
		4	危险性较大的分部分项工程识别清单	表 1.2.4	√		
		5	危险性较大的分部分项工程安全专项施工方案报审表	表 1.2.5	√		
		6	超过一定规模的危险性较大的分部分项工程识别清单	表 1.2.6	√	√	√
		7	超过一定规模的危险性较大的分部分项工程安全专项施工方案清单	表 1.2.7	√		
		8	超过一定规模的危险性较大的分部分项工程专项施工方案专家论证表、报审表	表 1.2.8	√	√	√
		9	项目技术负责人针对危险性较大工程专项方案对管理人员的安全技术交底记录	表 1.2.9	√	√	
		10	超过一定规模的危险性较大工程作业监控记录表	表 1.2.10			
		11	危险源公示记录	表 1.2.11			

续表

资料分类		卷内排序	施工安全资料名称	表格编号（资料来源）	保存人		
					安全员	分包	资料员
1. 安全管理资料	1.3 安全技术交底	1	项目安全技术交底制度				
		2	总包对分包的安全技术总交底记录	表1.3.2			
		3	项目技术负责人对项目管理人员的安全技术总交底记录	表1.3.3			
		4	分项工程安全技术交底清单	表1.3.4			√
		5	分项工程安全技术交底记录	表1.3.5			√
		6	季节性安全技术交底记录	表1.3.6			√
	1.4 安全检查	1	项目安全检查制度		√		
		2	项目安全自查记录	表1.4.2	√	√	
		3	隐患整改通知及回复反馈单	表1.4.3	√	√	
		4	企业（工程部）、监理单位、地方政府对项目安全检查的记录（包括整改回复）		√	√	
		5	阶段性安全标准化考评记录	表1.4.5	√		
		6	项目检测工具清单、检测工具校准记录	表1.4.6	√		
		7	"三违"处罚单	表1.4.7	√	√	
		8	专职安全管理人员日志	表1.4.8	√	√	
	1.5 安全教育	1	项目安全教育培训制度		√		
		2	项目安全教育培训提纲及资料		√	√	
		3	三级安全教育清单	表1.5.3	√	√	
		4	进场三级安全教育记录	表1.5.4-1/2	√	√	
		5	安全知识考核试卷		√		
		6	日常安全教育清单	表1.5.6	√	√	
		7	日常安全教育记录	表1.5.7	√	√	
		8	管理人员安全教育培训记录	表1.5.8	√		
		9	班前安全活动记录	表1.5.9	√	√	
		10	安全教育图片粘贴单	表1.5.10	√		
	1.6 分包安全管理	1	分包单位清单	表1.6.1	√		√
		2	分包安全基本条件报审记录	表1.6.2	√	√	√
		3	分包合同、安全管理协议		√	√	
		4	分包单位项目组建及项目经理任命文件		√	√	
		5	分包管理人员配备花名册	表1.6.5	√	√	√
		6	分包单位劳务人员花名册	表1.6.6	√	√	

资料分类		卷内排序	施工安全资料名称	表格编号（资料来源）	保存人		
					安全员	分包	资料员
1. 安全管理资料	1.7 持证上岗	1	特种作业人员管理制度		√		
		2	项目部特种作业人员花名册	表1.7.2	√	√	√
		3	特种作业人员操作资格证		√	√	√
		4	特种作业人员体检表	表1.7.4	√	√	
		5	项目经理、专职安全员安全考核合格证		√		√
		6	特种作业人员安全教育记录	表1.7.5	√		
	1.8 应急救援及事件处理	1	生产安全事故应急救援及报告处理制度		√		
		2	项目生产安全事故应急预案		√	√	
		3	应急救援人员名单	表1.8.3	√	√	
		4	应急救援器材及急救药品登记清单	表1.8.4	√		
		5	预案培训、演练记录	表1.8.5	√	√	
		6	安全生产信息月报表	表1.8.6	√	√	
	1.9 安全标志及现场标牌	1	安全标志使用管理制度		√		
		2	现场安全标志、标牌布置平面图		√		
		3	施工现场安全标志、标识标牌设置登记表	表1.9.3	√		
		4	安全标志、标牌设置照片	表1.9.4	√		
	1.10 安全生产带班	1	项目负责人现场带班制度		√		
		2	项目负责人现场带班记录	表1.10.2	√		
2. 文明施工资料	2.1 文明施工管理	1	施工许可证/开工报告				√
		2	文明工地创建计划				√
		3	项目管理人员名册	表2.1.3			√
		4	项目管理人员执业资格或岗位证书			√	√
		5	项目十项新技术推广使用清单	表2.1.5			√
		6	农民工工资支付发放记录	劳务分包		√	会计员
		7	建设单位安全文明施工措施费支付凭证		√		
	2.2 现场围挡与封闭	1	围挡、大门、门卫室、车辆冲洗台设计图纸				行政管理员
		2	围挡、门卫室的施工验收记录				
		3	门卫值守管理制度				
		4	进出人员登记记录	表2.2.4			
		5	管理人员、作业人员工作卡示意图				
		6	现场出入口、车辆冲洗设备照片				
	2.3 施工场地与材料堆放	1	现场平面布置图（含道路及排水沟、沉淀池、材料堆放处、吸烟处、绿化布置等）		√		
		2	材料堆放安全规定		√	√	
		3	材料标识牌示意		√		
		4	工完场清规定		√	√	

续表

资料分类		卷内排序	施工安全资料名称	表格编号（资料来源）	保存人		
					安全员	分包	资料员
2. 文明施工资料	2.4 现场办公与住宿	1	宿舍管理制度				行政管理员
		2	宿舍、办公建筑设计图纸				
		3	宿舍、办公建筑竣工验收记录				
		4	提供给分包的办公、生活设施交接验收记录	表2.4.4		√	
		5	宿舍人员名单	表2.4.5			
		6	宿舍定期检查记录	表2.4.6			
	2.5 现场防火	1	消防安全管理规定				
		2	高层建筑的消防措施				
		3	易燃易爆物品安全管理规定				
		4	消防器材、设施分布平面图				
		5	消防设备、设施、器材登记表	表2.5.5			
		6	动火审批记录	表2.5.6			
		7	灭火及应急疏散预案、演练记录	表2.5.7			
	2.6 生活设施	1	施工现场卫生管理制度		√		
		2	食堂餐饮服务许可证				
		3	炊事人员健康证复印件及公示牌照片		√		
		4	炊事人员预防食物中毒知识教育培训记录		√		
		5	食堂原料及半成品采购台账及验收记录		√		
		6	炊事机具合格证及验收记录				
		7	食堂卫生、安全定期检查记录				
		8	浴室管理制度				
		9	浴室定期检查、消毒记录				
		10	生活设施设置照片				
	2.7 治安综合治理	1	治安保卫制度		√		
		2	与相关单位治安、防火、环保协议书		√		
		3	保卫人员值班、巡查工作记录				
		4	来访人员及车辆登记表				
		5	入场人员登记卡				
	2.8 社区服务及文化建设	1	绿色施工方案（防粉尘、防噪声、防光污染措施）				环保员
		2	夜间施工审批记录				
		3	垃圾排放许可或协议				
		4	施工现场场界噪声测定记录				
		5	传染病预防和控制管理制度				
		6	健康知识和文明绿色施工教育记录			√	
		7	班组文明竞赛计划及竞赛评比记录				
		8	业余学校开展教育培训记录			√	
		9	教育、竞赛活动照片		√		

续表

资料分类		卷内排序	施工安全资料名称	表格编号（资料来源）	保存人		
					安全员	分包	资料员
3. 脚手架	3.1 落地/悬挑脚手架	1	脚手架及转料平台专项施工方案		√	√	√
		2	钢管、扣件、脚手板、工字钢等材质证明及进场确认记录		√	√	√
		3	脚手架分段、整体检查验收记录	表3.1.3-1/2	√	√	√
		4	转料平台使用前检查验收记录	表3.1.4	√		√
	3.2 高处作业吊篮	1	高处作业吊篮专项施工方案		√	√	√
		2	产权单位营业执照、行业确认书、租赁合同				
		3	产品合格证、使用说明书及行业推荐证书		√		
		4	吊篮安装人员操作资格证		√		√
		5	安全锁合格证及标定记录		√	√	√
		6	安装完毕自检合格记录		√	√	
		7	吊篮安装完毕检测报告		√	√	
		8	使用前的联合验收记录	表3.2.8	√		
		9	产权单位对使用人员培训考核合格证明				
	3.3 附着升降脚手架	1	附着升降脚手架专项施工方案		√	√	√
		2	架体的鉴定（评估）证书、行业推荐证书、告知登记、外省进陕登记		√	√	√
		3	捯链、防坠装置的出厂合格证		√	√	
		4	穿墙螺栓、钢梁、钢丝绳的材质证明		√	√	
		5	进场联合验收记录		√	√	
		6	专业分包对现场作业人员的安全教育培训记录		√	√	
		7	专业分包单位的自检合格证明		√	√	
		8	安装完毕首次提升前的联合验收记录	表3.3.8	√	√	
		9	提升、下降作业调度令	表3.3.9	√	√	
		10	提升、下降作业前检查验收记录	表3.3.10	√	√	
		11	提升、下降作业后检查验收记录	表3.3.11	√	√	
		12	转料平台使用前验收记录		√		√
	3.4 满堂脚手架	1	满堂脚手架专项施工方案		√		√
		2	钢管、扣件、脚手板、工字钢等材质证明及进场确认记录		√		√
		3	满堂脚手架分段、整体检查验收记录	表3.4.3			√

续表

资料分类		卷内排序	施工安全资料名称	表格编号（资料来源）	保存人		
					安全员	分包	资料员
4. 基坑工程		1	地上、地下管线及建（构）筑物等有关资料移交单	表 4.1			
		2	土方开挖及基坑支护专项施工方案				√
		3	基坑支护施工质量验收记录			√	√
		4	基坑开挖及支护过程监控人委派书	表 4.4			
		5	基坑支护沉降观测记录	表 4.5	√	√	
		6	基坑支护水平位移观测记录	表 4.6			
		7	降水专项施工方案		√	√	√
5. 模板工程	5.1 普通模板支架	1	模板工程专项施工方案		√		
		2	模板支架扣件拧紧抽样检查记录	表 5.1.2	√	√	√
		3	模板支架检查验收记录	表 5.1.3	√	√	√
		4	模板拆除审批监控记录	表 5.1.4	√	√	
	5.2 液压爬升模板	1	模板工程专项施工方案	专业分包			
		2	生产厂家的营业执照、施工资质、安全生产许可证、产品出厂合格证和主要设备的合格证				
		3	液压爬模的鉴定（评估）证书				
		4	对进场架体及模板构件、设备安装前的验收				√
		5	安装完毕首次爬升前的联合验收				√
		6	专业分包对现场作业人员的安全教育培训记录				√
		7	爬升作业前检查验收记录				
		8	爬升作业调度令				
		9	爬升作业后检查验收记录				
6. 高处作业		1	劳动防护用品安全管理规定		√		
		2	安全设施所需材料、设备的采购（租赁）及使用安全管理制度		√		
		3	安全帽、安全带、安全网的生产许可证、产品合格证、准用证、经营或销售许可证、检测报告		√	√	材料员
		4	防护用品进场查验记录	表 6.4	√		
		5	劳动防护用品发放记录	表 6.5	√	√	
		6	提供给分包单位的安全防护用品交接验收记录	表 6.6	√	√	
		7	洞口与临边安全防护方案		√		
		8	临边防护验收表	表 6.8	√		
		9	洞口防护验收表	表 6.9	√		
		10	防护设施搭设验收记录	表 6.10	√		
		11	安全防护设施拆除（移动）审批表	表 6.11	√		

续表

资料分类		卷内排序	施工安全资料名称	表格编号（资料来源）	保存人		
					安全员	分包	资料员
7.施工用电		1	临时用电管理责任制		√		
		2	临时用电组织设计		√		
		3	临时用电工程检查验收表	表 7.3	√		
		4	绝缘电阻测试记录	表 7.4	√		
		5	接地电阻测试记录	表 7.5	√		
		6	漏电保护器检测记录	表 7.6	√		
		7	电工安装、调试、迁移、拆除工作记录	表 7.7	√		
		8	电工巡检、维修工作记录	表 7.8	√		
		9	用电设施交接验收记录表	表 7.9	√	√	
8.施工升降机与物料提升机	8.1 施工升降机	1	施工升降机产权登记证（新购置的收集：特种设备制造许可证、产品合格证、行业推荐证书、防坠器检（标）定记录、使用说明书）		√	产权单位	机械管理员
		2	产权单位营业执照、施工资质、安全生产许可证、行业确认书、告知登记		√		
		3	最近一次检测报告、防坠器标定记录		√		
		4	施工升降机安装/拆卸施工方案		√		
		5	施工升降机安装/拆卸告知	表 8.1.5	√		
		6	基础验收记录	表 8.1.6	√		
		7	进场安装前联合验收记录	表 8.1.7	√		
		8	安装完毕自检记录、检测报告、联合验收记录	表 8.1.8	√		
		9	施工升降机使用登记记录	表 8.1.9	√		
		10	施工升降机加节验收记录	表 8.1.10	√		
		11	施工升降机运行记录	表 8.1.11	√		
		12	定期检查维护记录	表 8.1.12	√		
		13	司机操作资格证书		√		
	8.2 物料提升机	1	厂家特种设备制造安全认可证、产品合格证和检测报告、使用说明书、行业推荐证书		√		
		2	产权单位的营业执照、资质证书、安全生产许可证、行业确认书、安拆人员操作资格证		√		
		3	最近一次的检测报告		√		
		4	物料提升机安装/拆卸施工方案		√		
		5	基础验收记录	表 8.2.5	√		
		6	物料提升机安装前自检记录	表 8.2.6	√		
		7	安装完毕自检记录、检测报告、联合验收记录		√		
		8	物料提升机运行记录	表 8.2.8	√		
		9	定期检查维护记录	表 8.2.9			
		10	司机操作资格证书		√		

续表

资料分类		卷内排序	施工安全资料名称	表格编号（资料来源）	保存人		
					安全员	分包	资料员
9.塔式起重机与起重吊装	9.1 塔式起重机	1	塔式起重机产权登记证［新购置的收集：特种设备制造许可证、产品合格证、行业推荐证书、防坠器检（标）定记录、使用说明书］		√	产权单位	机械管理员
		2	产权单位营业执照、施工资质、安全生产许可证、行业确认书、告知登记		√		
		3	最近一次检测报告、汽车吊检测报告		√		
		4	塔式起重机安装/拆卸施工方案		√		
		5	塔式起重机安装/拆卸报告	表 9.1.5	√		
		6	基础验收记录	表 9.1.6	√		
		7	进场安装前联合验收记录		√		
		8	安装完毕自检记录、检测报告、联合验收记录		√		
		9	塔式起重机使用登记	表 9.1.9	√		
		10	多塔防碰撞措施		√		
		11	塔式起重机顶升加节验收记录	表 9.1.11	√		
		12	塔式起重机附着锚固检验记录	表 9.1.12	√		
		13	塔式起重机运行记录	表 9.1.13	√		
		14	定期检查维护记录	表 9.1.14	√		
		15	司机操作资格证书		√		
	9.2 起重吊装	1	结构吊装工程专项施工方案		√	√	
		2	吊装单位营业执照、施工资质、安全生产许可证		√	√	
		3	起重机出厂合格证、检测报告		√	√	
		4	起重机验收记录		√	√	
		5	司索指挥、司机操作资格证		√	√	
10.施工机具		1	机械设备安全管理台账	表 10.1	√	√	机械管理员
		2	机械设备进场检查验收记录	表 10.2.1	√	√	
		3	提供给分包的机具交接验收记录	表 10.3	√	√	
		4	机械设备日常运行记录	表 10.4	√	√	
		5	机械设备维修保养记录	表 10.5	√	√	

　　以上资料目录，集中了施工现场主要和基本的资料，但不是全部的资料目录，工地还应根据本工程施工的特点，补充相关书面资料，如：施工项目工程概况类资料，企业资质证书类资料，关于安全生产的法律、法规、部门规章、安全技术标准、指导性文件等。同时，随着行业管理的不断完善，管理部门新出台的一些管理制度和要求，也应作为施工安全管理的必备资料，使安全资料更加科学、规范、合理。

第 2 节   事故致因理论及风险控制简介

事故发生有其自身发展规律和特点，只有掌握事故发生的规律，才能保证安全生产系统处于安全状态，不少专家学者从不同角度，对事故进行了研究，给出了很多事故致因理论，主要的有海因里希事故因果连锁理论和墨菲定律。

一、海因里希事故因果连锁理论

海因里希在《工业事故预防》一书中最先提出了事故因果连锁论，阐明了导致伤亡事故的各种因素之间以及这些因素与事故、伤害之间的关系。该理论的核心思想是：伤亡事故的发生不是一个孤立的事件，而是一系列原因事件相继发生的结果，即伤害与各原因相互之间具有连锁关系。海因里希把工业事故的发生、发展过程描述为具有如下因果关系的事件的连锁：

（1）人员伤亡的发生是事故的结果；

（2）事故的发生是由于人的不安全行为或（和）物的不安全状态所导致的；

（3）人的不安全行为、物的不安全状态是由于人的缺点造成的；

（4）人的缺点是由于不良环境诱发的，或者是由于先天遗传因素造成的。

于是，海因里希提出的事故因果连锁过程包括如下 5 种因素：第一，遗传及社会环境。遗传因素及社会环境是造成人的缺点的原因。遗传因素可能使人具有鲁莽、固执、粗心等对于安全来说属于不良的性格，社会环境可能妨碍人的安全素质培养，助长不良性格的发展。这种因素是因果链上最基本的因素。第二，人的缺点。即由于遗传因素和社会环境因素所造成的人的缺点。人的缺点是使人产生不安全行为或造成物的不安全状态的原因。这些缺点既包括诸如鲁莽、固执、过激、神经质、轻率等性格上的先天缺陷，也包括诸如缺乏安全生产知识和技能等的后天不足。第三，人的不安全行为或物的不安全状态。所谓人的不安全行为或物的不安全状态，是指那些曾经引起过事故，或可能引起事故的人的行为，或机械、物质的状态，它们是造成事故的直接原因。海因里希认为，人的不安全行为是由于人的缺点而产生的，是造成事故的主要原因。第四，事故。事故是由于物体、物质、人或放射线等的作用或反作用，使人员受到或可能受到伤害的、出乎意料的、失去控制的事件。第五，损害或伤害。即直接由事故产生的财物损坏或人身伤害。

上述事故因果连锁关系，可用 5 块多米诺骨牌对该过程形象地加以描述：如果第一块骨牌倒下（即第一个原因出现），则发生连锁反应，后面的骨牌相继被碰到（相继发生）。最后一块骨牌即为伤害。因此，海因里希连锁理论又被称为多米诺骨牌理论（Domino Theory）（图 3.2-1）。

该理论从物理学的作用与反作用角度阐明了导致伤亡事故的各种因素之间以及这些因素与伤害之间的关系，最先提出了人的不安全行为和物的不安全状态的概念，指出企业安全工作的中心是防止人的不安全行为或消除物的不安全状态。即移去因果连锁中的任一骨牌，将连锁破坏，中断事故连锁进程，从而达到预防伤害事故的目的。同时建立了事故致因的"事件链"这一重要概念，清楚地验证了在事故过程中实施干预的重要性，为后来研

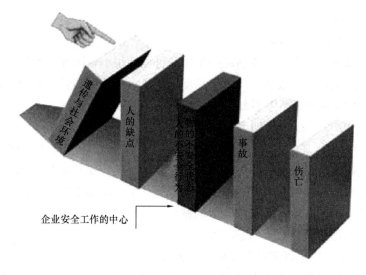

遗传与社会环境　人的缺点　人的不安全状态与人的不安全行为　事故　伤亡

企业安全工作的中心

图 3.2-1　海因里希事故因果连锁过程

究事故机理提供了一种有价值的方法，促进了事故致因理论的发展。

　　同时，海因里希从伤亡事故与轻微事故和隐患之间的比例关系提出了"海因里希法则"，这个法则意思是说，当一个企业有 300 个隐患或违章，必然要发生 29 起轻伤或故障，在这 29 起轻伤事故或故障当中，有一起重伤、死亡或重大事故。这一法则完全可以用于企业的安全管理上，即在一件重大的事故背后必有 29 件轻度的事故，还有 300 件潜在的隐患。这个法则揭示了一个十分重要的事故预防原理：要预防死亡重伤害事故，必须预防轻伤害事故；预防轻伤害事故，必须预防无伤害无惊事故；预防无伤害无惊事故，必须消除日常不安全行为和不安全状态；而能否消除日常不安全行为和不安全状态，则取决于日常管理是否到位，也就是我们常说的细节管理，这是作为预防事故的最重要的基础工作。

二、墨菲定律

　　"墨菲定律"是一种心理学效应，由爱德华·墨菲（EdwardA. Murphy）工程师提出的。主要内容：①任何事都没有表面看起来那么简单；②所有的事都会比你预计的时间长；③会出错的事总会出错；④如果你担心某种情况发生，那么它就更有可能发生。即任何一个事件，只要具有大于零的概率，就不能够假设它不会发生。

　　墨菲定律的内容并不复杂，道理也不深奥，关键在于它揭示了在安全管理中人们为什么不能忽视小概率事件的科学道理；揭示了安全管理必须发挥警示职能，坚持预防为主原则的重要意义；同时指出，对于人们进行安全教育，提高安全管理水平具有重要的现实意义。

　　对待这个定律，安全管理者存在着两种截然不同的态度：一种是消极的态度，认为既然差错是不可避免的，事故迟早会发生，那么，管理者就难有作为；另一种是积极的态度，认为差错虽不可避免，事故迟早要发生的，那么安全管理者就不能有丝毫放松的思想，要时刻提高警觉，防止事故发生，保证安全。正确的思维方式是后者。根据墨菲定律可得到如下两点启示：

（一）不能忽视小概率危险事件

由于小概率事件在一次实验或活动中发生的可能性很小，因此，就给人们一种错误的理解，即在一次活动中不会发生。与事实相反，正是由于这种错觉，麻痹了人们的安全意识，加大了事故发生的可能性，其结果是事故可能频繁发生。譬如，中国运载火箭每个零件的可靠度均在 0.9999 以上，即发生故障的可能性均在万分之一以下，可是在 1996、1997 两年中却频繁地出现发射失败，虽然原因是复杂的，但这不能不说明小概率事件也会常发生的客观事实。纵观无数的大小事故原因，可以得出结论："认为小概率事件不会发生"是导致侥幸心理和麻痹大意思想的根本原因。墨菲定律正是从强调小概率事件的重要性的角度明确指出：虽然危险事件发生的概率很小，但在一次实验（或活动）中，仍可能发生，因此，不能忽视，必须引起高度重视。

（二）墨菲定律是安全管理过程中的长鸣警钟

安全管理的目标是杜绝事故的发生，而事故是一种不经常发生和不希望有的意外事件，这些意外事件发生的概率一般比较小，就是人们所称的小概率事件。由于这些小概率事件在大多数情况下不发生，所以，往往被人们忽视，产生侥幸心理和麻痹大意思想，这恰恰是事故发生的主观原因。墨菲定律告诫人们，安全意识时刻不能放松。要想保证安全，必须从现在做起，从我做起，采取积极的预防方法、手段和措施，消除人们不希望有的和意外的事件。

安全状态如何，是各级各类人员活动行为的综合反映，个体的不安全行为往往祸及全体，即"100－1＝0"。因此，安全管理不仅仅是领导者的事，更与全体人员的参与密切相关。墨菲定律正是从此意义上揭示了在安全问题上要时刻提高警惕，人人都必须关注安全问题的科学道理。这对于提高全员参加安全管理的自觉性，将产生积极的影响。

三、风险控制技术

风险管理是研究风险发生规律和风险控制技术。在生产经营活动中可能发生的造成人身伤亡、设备设施损坏、环境破坏等不期望后果的事故，属于一种风险。

把风险管理原理引入安全生产工作，可有效提升事故预防水平，全面落实安全第一、预防为主、综合治理的安全方针。这是现代企业安全管理的必然发展趋势和选择。安全生产风险管理是应用风险管理的理论和风险控制技术，实现安全管理的一种科学方法。

在对建筑工程施工安全风险进行识别、分析与评估的基础上，选择行之有效的安全风险防范措施，将安全风险所造成的负面效应降低到最低限度。常用的安全风险控制措施：风险回避、风险缓解、风险转移和风险自留。

（一）风险回避

风险回避是指当项目的安全风险发生可能性较大和损失较严重时，主动放弃项目或变更计划从而消除安全风险或安全风险产生的条件，以避免产生风险损失的方法。对潜在损失大、概率大的灾难性安全风险一般采用回避对策。安全回避可以在某安全风险发生之前，完全彻底地消除其可能造成的损失，而不仅仅是减少损失的影响程度。风险回避是一种最彻底的消除风险影响的控制技术。

风险回避虽然能有效的消除风险源，彻底消除某些安全风险造成的损失和可能造成的恐惧心理，但不可否认它是一种消极的风险应对措施，因为在回避了风险的同时，也回避了可能的获利机会，从而影响建筑企业的生存和发展。

（二）风险缓解

风险缓解是指采用措施降低安全风险发生的概率或减少风险损失的严重性，或同时降低安全风险发生的概率和后果。风险缓解的措施主要有以下几种：

1. 降低风险发生的可能性

采取各种预防措施，以降低风险发生的可能性是风险缓解的重要途径。在建筑工程施工中常用的措施有：工程法、程序法和教育法。

工程法：以工程技术为手段，减弱甚至消除安全风险的威胁。例如：在高空作业下方设置安全网；对现场的各种施工机具、设备设置安全保护装置等军事工程法的具体应用。

程序法：用制度化、规范化的方式从事工程施工以保证安全风险因素能及时处理，并发现随时可能出现的新的风险因素，降低损失发生的概率。

教育法：针对事故的认为风险因素为着眼点实施控制的方法。项目管理人员和操作人员的不安全行为构成项目的风险因素，因此要减轻安全风险，就必须对项目人员进行安全风险知识教育。

2. 减少风险损失

减少或控制风险损失是指在风险损失已发生的情况下，采取各种可能的措施以遏制损失继续扩大或限制其扩展的范围，使损失降到最低限度。

3. 分散风险

分散风险是指通过增加风险承担者以减轻总体安全风险的压力，达到共同分摊安全风险的目的。

（三）风险自留

风险自留，是一种由施工单位自行承担安全风险后果的风险应对策略。风险自留是一种财务性技术，要求施工单位制定后备措施，预留费用，作为安全风险发生时的损失补偿。其主要用于处置残余风险，因为当其他的风险应对措施均无法实施或即使能实施，但成本很高且效果不佳，这样只能选择风险自留。

（四）风险转移

风险转移是项目管理者设法将风险的结果连同对风险应对的权利和责任转移给其他经济单位以使自身免受风险损失。转移安全风险仅将安全风险管理的责任转移给他方，并不能消除安全风险。一般分保险和非保险两种方式。

第 3 节　职业健康安全管理体系

一、职业健康安全管理体系简介

职业健康安全管理体系（OHSMS）是 20 世纪 80 年代后期国际上兴起的现代安全管理模式，是国际上继 ISO 9000 质量管理体系标准和 ISO 14000 环境管理体系标准后世界各国关注的又一管理标准，是一套系统化、程序化和具有高度自我约束、自我完善的科学管理体系。其核心是要求企业采用现代化的管理模式，使包括安全生产管理在内的所有生产经营活动科学、规范并有效，通过建立安全健康风险的预测、评价、定期审核和持续改进完善机制，从而预防事故发生和控制职业危害。

职业健康安全管理体系是企业总体管理体系中的一部分，作为我国推荐性标准的职业健康安全管理体系标准，目前被企业普遍采用，用以建立职业安全管理体系。该标准覆盖了国际上的 OHSMS 18000 体系标准，即：

《职业健康安全管理体系 要求》（GB/T 28001—2011）

《职业健康安全管理体系 实施指南》（GB/T 28002—2011）

根据《职业健康安全管理体系 要求》（GB/T 28001—2011）的定义，职业健康安全是指影响或可能影响工作场所内的员工或其他工作人员（包括临时工和承包方员工）、访问者或任何其他人员的健康安全的条件和因素。

（一）职业健康安全管理体系的结构和模式

1. 职业健康安全管理体系的结构

《职业健康安全管理体系 要求》（GB/T 28001—2011）有关职业健康安全管理体系的结构如图 3.3-1 所示。从中可以看出，该标准由"范围"、"规范性引用文件"、"术语和定义"和"职业健康安全管理体系要求"四部分组成。"范围"中规定了管理体系标准中的一般要求，指出本标准中的所有要求旨在被纳入到任何职业健康安全管理体系中。其应用程度取决于组织的职业健康安全方针、活动性质、运行的风险与复杂性等因素。本标准旨在针对职业健康安全，而非诸如员工健身或健康计划、产品安全、财产损失或环境影响等其他方面的健康和安全。

2. 职业健康安全管理体系的运行模式

为适应现代职业健康安全管理的需要，《职业健康安全管理体系 要求》（GB/T 28001—2011）在确定职业健康安全管理体系模式时，强调按系统理论管理职业健康安全及其相关事务，以达到预防和减少生产事故和劳动疾病的目的。具体实施中采用了戴明模型，即一种动态循环并螺旋上升的系统化管理模式。职业健康安全管理体系运行模式如图 3.3-2 所示。

3. 各要素之间的相互关系

职业健康安全管理体系包括 17 个基本要素，这 17 个要素的相互关系、相互作用共同有机地构成了职业健康安全管理体系的整体。

为了更好地理解职业健康安全管理体系要素间的关系，可将其分为两类，一类是体现主体框架和基本功能的核心要素，另一类是支持体系主体框架和保证实现基本功能的辅助性要素。

核心要素包括以下 10 个要素：职业健康安全方针；对危险源辨识、风险评价和控制措施的确定；法律法规和其他要求；目标和方案；资源、作用、职责、责任和权限；合规性评价；运行控制；绩效测量和监视；内部审核；管理评审。

7 个辅助性要素包括：能力、培训和意识；沟通、参与和协商；文件；文件控制；应急准备和响应；事件调查、不符合、纠正措施和预防措施；记录控制。

图 3.3-1　职业健康安全管理体系的结构图

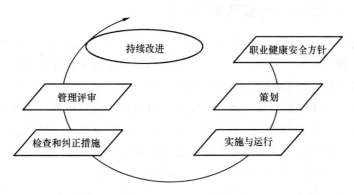

图 3.3-2　职业健康安全管理体系运行模式

（二）建筑业建立 OHSMS 的作用和意义

1. 有助于提高企业的职业健康安全管理水平

OHSMS 通过开展周而复始的策划、实施、检查和评审改进等活动，保持体系的持续改进与不断完善，这种持续改进、螺旋上升的运行模式，将不断地提高企业的职业健康安全管理水平。

2. 有助于推动职业安全健康法规的贯彻落实

职业健康安全管理作为组织全面管理的一个重要组成部分，突破了以强制性政府指令为主要手段的单一管理模式，使企业由消极被动地接受监督转变为主动地参与的市场行为，有助于国家有关法律法规的贯彻落实。

3. 有助于降低经营成本，提高企业经济效益

OHSMS 要求企业对各个部门的员工进行相应的培训，使他们了解职业安全健康方针及各自岗位的操作规程，提高全体职工的安全意识，预防及减少安全事故的发生，降低安全事故的经济损失和经营成本。同时，OHSMS 还要求企业不断改善劳动者的作业条件，保障劳动者的身心健康，这有助于提高企业职工的劳动效率，并进而提高企业的经济效益。

4. 有助于提高企业的形象和社会效益

为建立 OHSMS，企业必须对员工和相关方的安全健康提供有力的保证。这个过程体现了企业对员工生命和劳动的尊重，有利于改善企业的公共关系，提升社会形象，增强凝聚力，提高企业在金融、保险业中的信誉度和美誉度，从而增加获得贷款、降低保险成本的机会，增强其市场竞争力。

5. 有助于促进我国建筑企业进入国际市场

建筑业属于劳动密集型产业。我国建筑业由于具有低劳动力成本的特点，在国际市场中比较有优势。但当前不少发达国家为保护其传统产业采用了一些非关税壁垒（如安全健康环保等准入标准）来阻止发展中国家的产品与劳务进入本国市场。因此，我国企业要进入国际市场，就必须按照国际惯例规范自身的管理，冲破发达国家设置的种种准入限制。OHSMS 作为第三张标准化管理的国际通行证，它的实施将有助于我国建筑企业进入国际市场，并提高其在国际市场上的竞争力。

二、施工企业职业健康安全管理体系认证

施工企业开展 OHSMS 认证工作，表明企业建立了适应现代社会要求的 OHSMS 和机制；证明企业在安全生产保障和事故预防的能力方面达到了较好的水平；作为国际社会的通行惯例，在 OHSMS 管理方面，企业获得了进入国际市场的"通行证"；在遵守国家法律、行业规程、技术标准、劳动者需求的符合性方面，达到应有的层次；保障企业安全生产、促进企业经济效益创造了良好的管理条件；在合作信誉、市场机会、信贷信誉、商业可信度等方面，OHSMS 认证都有实际的意义和价值。

（一）施工企业职业健康安全管理体系认证的基本程序

建立 OHSMS 的步骤如下：领导决策—成立工作组—人员培训—危害辨识及风险评价—初始状态评审—职业健康安全管理体系策划与设计—体系文件编制—体系试运行—内部审核—管理评审—第三方审核及认证注册等。建筑企业可参考如下步骤来制定建立与实施职业健康安全管理体系的推进计划：

1. 学习与培训

职业健康安全管理体系的建立和完善的过程，是始于教育，终于教育的过程，也是提

高认识和统一认识的过程。教育培训要分层次、循序渐进地进行，需要企业所有人员的参与和支持。在全员培训基础上，要有针对性地抓好管理层和内审员的培训。

2. 初始评审

初始评审的目的是为职业健康安全管理体系建立和实施提供基础，为职业健康安全管理体系的持续改进建立绩效基准。初始评审主要包括以下内容：

（1）收集相关的职业安全健康法律、法规和其他要求，对其适用性及需遵守的内容进行确认，并对遵守情况进行调查和评价。

（2）对现有的或有计划的建筑施工相关活动进行危害辨识和风险评价。

（3）确定现有措施或计划采取的措施是否能够消除危害或控制风险。

（4）对所有现行职业健康安全管理的规定、过程和程序等进行检查，并评价其对管理体系要求的有效性和适用性。

（5）分析以往建筑安全事故情况以及员工健康监护数据等相关资料，包括人员伤亡、职业病、财产损失的统计、防护记录和趋势分析。

（6）对现行组织机构、资源配备和职责分工等进行评价。

初始评审的结果应形成文件，并作为建立职业健康安全管理体系的基础。为实现职业健康安全管理体系绩效的持续改进，建筑企业应参照职业健康安全管理体系实施章节中初始评审的要求定期进行复评。

3. 体系策划

根据初始评审的结果和本企业的资源，进行职业健康安全管理体系的策划。策划工作主要包括：

（1）确立职业安全健康方针；

（2）制定职业安全健康体系目标及其管理方案；

（3）结合职业健康安全管理体系要求进行职能分配和机构职责分工；

（4）确定职业健康安全管理体系文件结构和各层次文件清单；

（5）为建立和实施职业健康安全管理体系准备必要的资源；

（6）文件编写。

4. 体系试运行

各个部门和所有人员都按照职业健康安全管理体系的要求开展相应的安全健康管理和建筑施工活动，对职业健康安全管理体系进行试运行，以检验体系策划与文件化规定的充分性、有效性和适宜性。

5. 评审完善

通过职业健康安全管理体系的试运行，特别是依据绩效监测和测量、审核以及管理评审的结果，检查与确认职业健康安全管理体系各要素是否按照计划安排有效运行，是否达到了预期的目标，并采取相应的改进措施，使所建立的职业健康安全管理体系得到进一步的完善。

（二）施工企业职业健康安全管理体系认证的重点工作内容

1. 建立健全组织体系

建筑企业的最高管理者应对保护企业员工的安全与健康负全面责任，并应在企业内设立各级职业健康安全管理的领导岗位，针对那些对其施工活动、设施（设备）和管理过程的职业安全健康风险有一定影响的从事管理、执行和监督的各级管理人员，规定其作用、职责和权限，以确保职业健康安全管理体系的有效建立、实施与运行，并实现职业安全健康目标。

2. 全员参与及培训

建筑企业为了有效地开展体系的策划、实施、检查与改进工作，必须基于相应的培训来确保所有相关人员均具备必要的职业安全健康知识，熟悉有关安全生产规章制度和安全操作规程，正确使用和维护安全和职业病防护设备及个体防护用品，具备本岗位的安全健康操作技能，及时发现和报告事故隐患或者其他安全健康危险因素。

3. 协商与交流

建筑企业应通过建立有效的协商与交流机制，确保员工及其代表在职业安全健康方面的权利，并鼓励他们参与职业安全健康活动，促进各职能部门之间的职业安全健康信息交流和及时接收处理相关方关于职业安全健康方面的意见和建议，为实现建筑企业职业安全健康方针和目标提供支持。

4. 文件化

与 ISO 9000 和 ISO 14000 类似，职业健康安全管理体系的文件可分为管理手册（A层次）、程序文件（B 层次）、作业文件（C 层次，即工作指令、作业指导书、记录表格等）三个层次。（图 3.3-3）

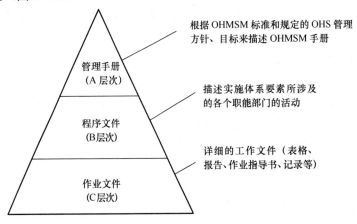

图 3.3-3　职业健康安全管理体系文件的层次关系

5. 应急预案与响应

建筑企业应依据危害辨识、风险评价和风险控制的结果、法律法规等的要求，以往事故、事件和紧急状况的经历以及应急响应演练及改进措施效果的评审结果，针对施工安全事故、火灾、安全控制设备失灵、特殊气候、突然停电等潜在事故或紧急情况从预案与响应的角度建立并保持应急计划。

6. 评价

评价的目的是要求建筑企业定期或及时地发现其职业健康安全管理体系的运行过程或体系自身所存在的问题，并确定出问题产生的根源或需要持续改进的地方。体系评价主要包括绩效测量与监测、事故和事件以及不符合的调查、审核、管理评审。

7. 改进措施

改进措施的目的是要求建筑企业针对组织职业健康安全管理体系绩效测量与监测、事故和事件以及不符合的调查、审核以及管理评审活动所提出的纠正与预防措施的要求，制定具体的实施方案并予以保持，确保体系的自我完善功能，并依据管理评审等评价的结果，不断寻求方法持续改进建筑企业自身职业健康安全管理体系及其职业安全健康绩效，从而不断消除、降低或控制各类职业安全健康危害和风险。职业健康安全管理体系的改进措施主要包括纠正与预防措施和持续改进两个方面。

（三）整合型认证

我国加入 WTO 以来，为了与国际前沿管理接轨，不少建筑施工企业都相继进行了 ISO 9001 的质量管理体系、ISO 14001 环境管理体系和 GB/T 28001 职业健康安全管理体系认证。由于标准的出台有先后，因此企业都在按各自不同的需要进行和采取了分别认证的管理方式，这样对一个企业就必须同时对质量（QMS）、环境（EMS）、安全（OHSMS）分别编制多套手册、多套程序、多次内审、多次监察，给企业带来了极大的麻烦和不便。近年来国际上就针对这一问题进行了整合型（或称一体化）国际认证管理体系的探索和尝试，即将两个或两个以上的管理体系有机地统一在一起运行。

尽管三个体系的目的不同，ISO 9000 质量体系是要满足质量管理和对顾客满意的要求，ISO 14000 环境管理体系要服从众多相关方的需求，特别是法规的要求，OHSAS 18000 职业健康安全管理体系则主要关注组织内部员工的人身权利。但三个体系都遵循相同的管理原理，依据标准在企业内部建立文件化的体系，依靠事前建立的文件体系指导和控制实际管理行为，都强调通过 PDCA 管理模式实现可持续改进。因此，不影响在体系建立过程中充分发挥其相同点所提供的条件，努力实现体系之间的协调、整合以及总体系的一体化，以便更好地发挥管理系统的功能。21 世纪的管理趋势是将这三个管理体系同时运用在企业的日常管理中，使顾客满意、社会满意、员工满意。

第 4 节　安全生产新法规和标准规范简介

一、新修订的《安全生产法》简介

（一）新《安全生产法》颁布实施的意义

第十二届全国人大常务委员会第十次会议于 2014 年 8 月 31 日审议通过《安全生产法（修正案）》决定，自 2014 年 12 月 1 日起施行。《安全生产法》根据该决定进行修改并重新公布。新安法发布是安全生产法制建设的一大创举。新安法实施将开创安全生产依法治理新纪元。为推进依法治理、建立规范的安全生产法制秩序提供了强大的法律武器，也为我们的安全生产监督管理工作提供了法律支撑。

（二）《安全生产法》修订内容和范围

此次《安全生产法》修改范围之广泛、内容之多、力度之大，在我国法律修改史上都是空前的。新《安全生产法》共 7 章、114 条，与原法相比，增加了 17 个条文、修改了 59 个条文，分别占到原法 97 个条文的 15%、52%。

（三）《安全生产法》修改要点解读

1. 增加完善十八项法律规定

（1）完善了安全生产方针和安全生产工作机制

新安法第三条：完善了安全生产总的指导方针，增加了综合治理，即：安全生产工作应当坚持安全第一、预防为主、综合治理的方针，这是长期安全生产实践的经验总结。进一步明确了安全生产的重要地位、主体任务和实现途径。

完善了安全生产工作机制。即建立生产经营单位负责、政府监管、行业自律、职工参与和社会监督的安全生产工作机制。

（2）完善工会组织对安全生产监督职责

新安法第七条规定：工会组织依法对安全生产工作进行监督。生产经营单位的工会依法组织职工参加本单位安全生产工作的民主管理和民主监督，维护职工在安全生产方面的合法权益。生产经营单位制定或者修改有关安全生产的规章制度，应当听取工会的意见。

这一规定完善了工会组织对安全生产的监督职责，组织职工参加民主管理和民主监督，维护职工安全生产合法权益，明确职工对企业规章制度制定的参与权。

（3）增加安全生产规划并与城乡规划相衔接的规定

新安法第八条规定：国务院和县级以上地方各级人民政府应当根据国民经济和社会发展规划制定安全生产规划，并组织实施。同时明确：安全生产规划应当与城乡规划相衔接。

通过安全生产规划，明确安全生产长远目标、工作任务、重点工程和保障措施，促进政府和企业加大安全投入，提升安全保障能力。

（4）增加协会组织工作定位的规定

新安法第十二条规定了协会组织的工作定位：一是提供安全生产、信息和培训服务。二是发挥自律作用，作为行业的代表，组织制定行业规范，实施行业自律。

（5）增加生产经营单位加强对安全生产责任制落实情况监督考核的规定

新安法第十九条规定：生产经营单位的安全生产责任制应当明确各岗位的责任人员、责任范围和考核标准等内容。生产经营单位应当建立相应的机制，加强对安全生产责任制落实情况的监督考核，保证安全生产责任制的落实。

（6）增加生产经营单位提取使用安全费用的规定

保证安全经费投入，是生产经营活动安全进行，防止和减少事故发生的重要保障。为鼓励企业加大安全投入。2005年以来，国家安监总局和财政部先后研究制定下发文件，明确了安全费用提取使用一系列政策措施。新安法上升为法律规定。

新安法第二十条规定：有关生产经营单位应当按照规定提取和使用安全生产费用，专门用于完善和改进安全生产条件的有关支出。安全生产费用在成本中据实列支。安全生产费用提取、使用和监督管理的具体办法由国务院财政部门会同安全生产监督管理部门征求国务院有关部门意见后制定。建立安全生产费用提取使用制度，是保障企业安全生产资金投入，防止和减少生产安全事故发生的重要举措。

（7）完善生产经营单位安全生产管理机构、人员的设置、配备标准和工作职责

新安法第二十一条～第二十三条：一是明确矿山、建筑施工单位、金属冶炼企业、道

路运输单位企业和危险物品的生产、经营、储存单位，应当设置安全生产管理机构或者配备专职安全生产管理人员，将其他生产经营单位设置专门机构、配备专职人员的从业人员下限由 300 人调整为 100 人。二是规定了安全生产管理机构以及管理人员的 7 项职责，主要包括拟订本单位安全生产规章制度、操作规程、应急救援预案，组织宣传贯彻安全生产法律、法规；组织安全生产教育和培训，制止和纠正违章指挥、强令冒险作业、违反操作规程的行为，督促落实本单位安全生产整改措施等。三是明确生产经营单位作出涉及安全生产的经营决策，应当听取安全生产管理机构以及安全生产管理人员的意见。

（8）完善了生产经营单位的安全生产教育和培训规定

对从业人员进行安全生产教育和培训，是实现安全生产的一项重要基础性工作，是安全生产的治本之策。新安法第二十五条对生产经营单位开展安全生产教育和培训作出了严格规定。一是规定生产经营单位必须对从业人员进行安全生产教育培训。二是规定由生产经营单位的主要负责人组织制定并实施本单位安全生产教育和培训计划，规定安全生产教育和培训的主要内容和目标。三是规定了参加安全生产教育和培训的从业人员范围，既包括本单位招收的人员，也包括被派遣劳动者，中等职业学校、高等学校实习生等。四是规定应当建立健全教育和培训档案。

（9）增加了劳务派遣单位和用工单位的职责和劳动者权利义务的规定

随着劳动用工制度改革的深化，劳务输出用工发展很快，对缓解生产经营单位用工问题发挥了积极的作用，但反映出的安全问题也很突出，需要从法律上进行规范。

新安法第二十五条和第五十八条作出了规定。一是规定生产经营单位使用被派遣劳动者的，应当将被派遣劳动者纳入本单位从业人员统一管理，对被派遣劳动者进行岗位安全操作规程和安全操作技能的教育培训。二是规定劳务派遣单位应当对被派遣劳动者进行必要的安全生产教育培训。三是规定生产经营单位使用被派遣劳动者的，被派遣劳动者享有本法规定的从业人员的权利，并应当履行本法规定的从业人员的义务，与《劳动合同法》相衔接。明确了劳务派遣和用人单位的责任，双方都有教育培训的责任，各有所侧重。

（10）完善了建设项目"三同时"规定

新安法第二十八条规定：生产经营单位新建、改建、扩建工程项目的安全设施，必须与主体工程同时设计、同时施工、同时投入生产和使用。安全生产"三同时"对于保障建设项目的安全条件，解决安全条件先天不足的问题具有重要作用。

（11）完善了矿山井下、海上石油开采设备安全管理规定

新安法第三十四条规定：生产经营单位使用的危险物品的容器、运输工具，涉及生命安全，以及危险性较大的海洋石油开采特种设备、矿山井下特种设备，必须按照国家有关规定，由专业生产单位生产，并经具有专业资质的检测、检验机构检测、检验合格，取得安全使用证或者安全标志，方可投入使用。检测、检验机构对检测、检验结果负责。

这一规定，把涉及安全生产的危险性较大的海洋石油开采特种设备和矿山井下特种设备在本法中予以明确，与特种设备安全法相衔接。

（12）增加了安全生产工艺设备淘汰目录的规定

新安法第三十五条规定：国家对严重危及生产安全的工艺、设备实行淘汰制度。具体目录国务院安全生产监督管理部门会同有关部门制定并公布。省、自治区、直辖市人民政

府可以根据实际情况制定并公布具体目录，对前款规定以外的危及生产安全的工艺、设备予以淘汰。

与原法相比，新法增加了国务院安全生产监督管理及有关部门，省、自治区、直辖市人民政府分别确定淘汰目录的规定，增强了法律规定的可操作性，通过制定发布严重危及生产的工艺、设备目录的形式，及时对严重危及生产安全的工艺、设备实行动态管理，有利于提高工艺、设备的安全保障，促进生产经营单位的安全生产。

（13）完善了危险作业安全管理的规定

新安法第四十条规定：生产经营单位进行爆破、吊装以及国务院安全生产监督管理部门会同国务院有关部门规定的其他危险作业，应当安排专门人员进行现场安全管理，确保操作规程的遵守和安全措施的落实。

这一规定，授权安全生产监管部门会同有关部门可以根据新情况、新问题确定危险作业的新类型，强化现场管理，落实防范措施。

（14）完善了生产经营项目、场所发包租赁规定

由于有些生产经营单位以包代管，以租代管，对承包单位、承租单位的安全生产问题不负责任，导致事故隐患大量存在，甚至发生安全事故。新安法第四十六条规定：生产经营项目、场所发包、出租给其他单位的……生产经营单位对承包单位、承租单位的安全生产工作统一协调、管理，定期进行安全检查，发现安全问题，应当及时督促整改。

依照这一规定，安全管理责任仍由发包、出租方承担，进一步强化了生产经营单位发包、租赁的责任，有利于生产经营单位对建设项目、场所的安全生产工作统一协调、管理，及时发现安全隐患和问题，及时督促整改落实。

（15）完善了对危险物品查封扣押的规定

新安法第六十二条：对有根据认为不符合保障安全生产的国家标准或者行业标准的设施、设备、器材以及违法生产、储存、使用、经营、运输的危险物品予以查封或者扣押，对违法生产、储存、使用、经营危险物品的作业场所予以查封，并依法作出处理决定。

此项规定进一步完善了原法中有关行政强制措施的规定，避免因对违法生产、储存、使用、经营、运输的危险物品处置不当而引发事故。

（16）增加了事故应急救援基地、队伍、预案演练、配备应急救援装备和物资的规定

应急救援是防范安全事故的最后一道防线，通过事故应急救援，最大限度地减少人员伤亡和财产损失。新安法第七十六条将多年来生产安全事故应急救援工作的基本保障和实践中的有效做法上升为法律规定：一是明确国家加强生产安全事故应急能力建设，在重点行业、领域建立应急救援基地和应急救援队伍，鼓励社会力量建立应急救援队伍（新安法第七十七条）；二是国务院安全生产监督管理部门建立全国统一的生产安全事故应急救援信息系统，国务院有关部门建立健全相关行业、领域的生产安全事故应急救援信息系统（新安法第七十七条）；三是生产经营单位应当依法制定本单位生产安全事故应急救援预案，与有关人民政府组织制定的生产安全事故应急救援预案相衔接，并定期组织演练（新安法第七十八条）；四是生产经营单位配备相应的应急救援装备和物资，提高应急救援的专业化水平。

（17）完善了事故调查处理和事故调查报告公开的规定

新安法第八十三条规定：事故调查处理应当按照科学严谨、依法依规、实事求是、注重实效的原则。及时、准确地查清事故原因，查明事故性质和责任，总结事故教训，提出整改措施，并对事故责任者提出处理意见。事故调查报告应当依法及时向社会公布。

这一规定从法律上肯定了近年来事故调查处理工作取得的经验：一是进一步完善了事故调查应当遵循的原则。由原法的"实事求是、尊重科学"改为"科学严谨、依法依规、实事求是、注重实效"；二是进一步完善了事故调查报告公开制度。只有及时向社会公布事故调查报告，才能回应遇难者家属及社会公众的关切，同时真正发挥事故的教育警示作用；三是增加了事故发生单位落实整改措施的义务，强化了事故调查的后续处理工作。

（18）增加有关部门制定重大隐患判定标准的规定

新安法第一百一十三条规定：国务院安全生产监督管理部门和其他负有安全生产监督管理职责的部门应当根据各自的职责分工，制定相关行业、领域重大事故隐患的判定标准。

各行业企业安全隐患各具特殊性，重大隐患非常复杂。国家安监总局对重大事故隐患作出了原则性的规定，各个行业可以制定相关行业领域的重大隐患判定标准。这一规定对提高事故隐患处理的科学性、针对性、有效性具有重要意义。

2. 建立 10 项法律制度

（1）建立事故隐患排查治理制度

新安法把加强事前预防、强化隐患排查治理作为一项重要内容，纳入法律规范。新安法第三十八条规定：生产经营单位应当建立健全生产安全事故隐患排查治理制度，采取技术、管理措施，及时发现并消除事故隐患。事故隐患排查治理情况应当如实记录，并向从业人员通报。

（2）建立重大事故隐患治理督办制度

重大事故隐患危害较大，整改难度也较大。新安法第三十八条规定：县级以上地方各级人民政府负有安全生产监督管理职责的部门应当建立健全重大事故隐患治理督办制度，督促生产经营单位消除重大事故隐患。

（3）建立重大事故隐患越级报告制度

新安法第四十三条规定：生产经营单位的安全生产管理人员在检查中发现重大事故隐患，依照前款规定向本单位有关负责人报告，有关负责人不及时处理的，安全生产管理人员可以向主管的负有安全生产监督管理职责的部门报告。

赋予安全生产管理人员越级报告的权利，规定有关主管部门应当依法处理的职责，有利于及时排除重大隐患，防止生产安全事故发生。

（4）建立推进安全生产标准化建设制度

2010 年，国务院发布《国务院关于进一步加强企业安全生产工作的通知》。2011 年，国务院安委会下发了《关于深入开展企业安全生产标准化建设的指导意见》，结合多年来的实践，新安法第四条规定，生产经营单位应当推进安全生产标准化建设，提高安全生产水平，确保安全生产。

（5）建立推行注册安全工程师制度

为明确注册安全工程师的定位，发挥注册安全工程师的作用，提高安全生产管理人员的安全管理水平，引导安全管理队伍朝着职业化方向发展，解决中小企业安全生产"无人管、不会管"问题，新安法第二十四条确立了注册安全工程师制度，并从三个方面加以推进：一是危险物品的生产、储存单位以及矿山、金属冶炼单位应当有注册安全工程师从事安全生产管理工作；二是鼓励其他生产经营单位聘用注册安全工程师从事安全生产管理工作；三是建立注册安全工程师按专业分类管理制度。

（6）建立推进安全生产责任保险制度

新安法第四十八条规定：国家鼓励生产经营单位投保安全生产责任保险。通过引入保险机制，发挥保险机构作用，促进安全生产。

（7）建立依法实施停电停供民用爆炸物品强制措施制度

新安法第六十七条规定，对存在重大事故隐患的生产经营单位作出停产停业、停止施工、停止使用相关设施或设备的决定，生产经营单位拒不执行，有发生生产安全事故的现实危险的，在保证安全的前提下，经本部门主要负责人批准，负有安全生产监督管理职责的部门可以采取通知有关单位停止供电、停止供应民用爆炸物品等措施，强制生产经营单位履行决定。

（8）建立严重违法行为公告和通报制度

新安法第七十五条规定：负有安全生产监督管理职责的部门应当建立安全生产违法行为信息库，如实记录生产经营单位的安全生产违法行为信息；对违法行为情节严重的生产经营单位，应当向社会公告，并通报行业主管部门、投资主管部门、国土资源主管部门、证券监督管理机构和有关金融机构。

（9）建立分级分类监管和执法计划制度

新安法第五十九条明确规定：安全生产监督管理部门应当按照分类分级监督管理的要求，制定安全生产年度监督检查计划，并按照年度监督检查计划进行监督检查，发现事故隐患，应当及时处理。新安法还规定了在监督检查中发现重大事故隐患不依法及时处理的法律责任。

（10）建立高危企业安全管理人员任免告知制度

新安法第二十三条规定：危险物品的生产、储存单位以及矿山、金属冶炼单位的安全生产管理人员的任免，应当告知主管的负有安全生产监督管理职责的部门。

3. 创新强化 10 项法律规定

（1）强化以人为本，坚持安全发展

新安法第三条明确提出安全生产工作应当以人为本，坚持安全发展。

（2）强化各级政府建立健全安全生产协调机制

新安法第八条规定，国务院和县级以上地方各级人民政府应当建立健全安全生产工作协调机制，及时协调、解决安全生产监督管理中存在的重大问题，支持、督促各有关部门依法履行安全生产监督管理职责。这一规定明确了各级政府安全生产委员会的职责。

（3）强化"三个必须"，明确有关部门的安全监管职责

新安法第九条明确规定，各级政府安全生产监督管理部门实施综合监督管理，有关部门在各自的职责范围内对有关行业、领域的安全生产工作实施监督管理。

（4）强化安全监管部门的执法地位

新安法第六十二条规定：安全生产监督管理部门和其他负有安全生产监督管理职责的部门依法开展安全生产行政执法工作，对生产经营单位执行有关安全生产的法律、法规和国家标准或者行业标准的情况进行监督检查。

（5）强化乡镇人民政府以及街道办事处、开发区安全生产监管职责

新安法第八条规定：乡、镇人民政府以及街道办事处、开发区管理机构等地方人民政府的派出机关应当按照职责，加强对本行政区域内生产经营单位安全生产状况的监督检查，协助上级人民政府有关部门依法履行安全生产监督管理职责。

（6）强化和落实生产经营单位的主体责任

国发〔2010〕23 号文明确要求落实企业主体责任，新安法将其上升为法律规定。此次修法在总则第三条中明确规定"强化和落实生产经营单位的主体责任"。

（7）强化了安全监管人员的职责

新安法对负有安全生产监督管理职责的工作人员依法履职提出了更加严格的要求，增加了在监督检查中发现重大事故隐患，不依法及时处理应承担的法律责任。

（8）强化了应急救援措施的规定

新安法第八十二条规定：参与事故救援的部门和单位应当服从统一指挥，加强协同联动，采取有效的应急救援措施，并根据事故救援的需要采取警戒、疏散等措施，防止事故扩大和次生灾害的发生。

（9）强化了对生产经营单位的处罚

1）强化对事故企业的处罚

新安法第一百零九条规定：对发生事故负有责任的生产经营单位除要求其依法承担相应的赔偿等责任外，对发生一般、较大、重大、特别重大事故负有责任的生产经营单位，由安监部门处以 20 万元到 1000 万元的罚款，发生特别重大事故情节特别严重的，处 1000 万元以上 2000 万元以下的罚款。

2）强化了对拒不执行采取措施消除事故隐患指令的处罚

新安法第九十九条规定：生产经营单位未采取措施消除事故隐患的，责令立即消除或者限期消除；生产经营单位拒不执行的，责令停产停业整顿，并处 10 万元以上 50 万元以下的罚款，对其直接负责的主管人员和其他直接责任人员处 2 万元以上 5 万元以下的罚款。

3）强化了对生产经营单位拒绝、阻碍监督检查的处罚

新安法第一百零五条规定：违反本法规定，生产经营单位拒绝、阻碍负有安全生产监督管理职责的部门依法实施监督检查的，责令改正；拒不改正的，处 2 万元以上 20 万元以下的罚款；对直接负责的主管人员和其他直接责任人员处 1 万元以上 2 万元以下的罚款；构成犯罪的，依照刑法有关规定追究刑事责任。

4）强化了对未开展建设项目"三同时"和安全评价的处罚

新安法第九十五条规定：生产经营单位未按规定开展建设项目"三同时"和安全评价的：责令停止建设或者停产停业整顿，限期改正；逾期未改正的，处 50 万元以上 100 万元以下的罚款，对其直接负责的主管人员和其他直接责任人员处 2 万元以上 5 万元以下的罚款；构成犯罪的，依照刑法有关规定追究刑事责任。

5）强化了对危险物品擅自使用和处置的处罚

新安法第九十七条规定：未经依法批准，擅自生产、经营、运输、储存、使用危险物品或者处置废弃危险物品的，依照有关危险物品安全管理的法律、行政法规的规定予以处罚；构成犯罪的，依照刑法有关规定追究刑事责任。

（10）强化生产经营单位主要负责人和安全管理人员的责任追究和处罚

1）强化了终身行业禁入

新安法第九十一条规定：生产经营单位主要负责人，对重大、特别重大生产安全事故负有责任的，终身不得担任本行业生产经营单位的主要负责人。

2）强化了对事故企业主要负责人的处罚

新安法第九十二条规定：生产经营单位的主要负责人未履行本法规定的安全生产管理职责，导致发生生产安全事故的，由安全监督管理部门依照规定处以罚款：按一般、较大、重大、特别重大分别处上一年年收入30％、40％、60％、80％的罚款。

3）强化了主要负责人对事故抢救不力的处罚

新安法第一百零六条规定：生产经营单位的主要负责人在本单位发生生产安全事故时，不立即组织抢救或者在事故调查处理期间擅离职守或者逃匿的，给予降级、撤职的处分，并由安全生产监督管理部门处上一年年收入60％～100％的罚款；对逃匿的处15日以下拘留；构成犯罪的，依照刑法有关规定追究刑事责任。

4）强化了对安全管理人员的责任追究

新安法第九十三条规定：生产经营单位的安全生产管理人员未履行本法规定的安全生产管理职责的，责令限期改正；导致发生生产安全事故的，暂停或者撤销其与安全生产有关的资格；构成犯罪的，依照刑法有关规定追究刑事责任。

二、新颁布的安全标准规范简介

我国的立法部门和相关行业结合国情和行业特点制定了许多有关建筑施工安全的法规和行业标准。安全生产标准规范作为安全生产法规体系中的一个重要组成部分，也是安全生产管理的基础和监督执法工作的重要技术依据。伴随着新的《安全生产法》的修订，我国对建筑安全生产的标准规范也作了修订。新颁布的安全标准规范及实施日期见表3.4-1所列。

新颁布的安全标准规范一览表　　　　　　　　　　表3.4-1

类　别	编　码	名　称	实施日期
国家标准	GB 50870—2013	建筑施工安全技术统一规范	2014年3月1日
行业标准	JGJ 300—2013	建筑施工临时支撑结构技术规范	2014年1月1日
	JGJ 305—2013	建筑施工升降设备设施检验标准	2014年1月1日
	JGJ 311—2013	建筑深基坑工程施工安全技术规范	2014年4月1日
	JGJ 65—2013	液压滑动模板施工安全技术规程	2014年1月1日
	JGJ 146—2013	建设工程施工现场环境与卫生标准	2014年6月1日
	JGJ 348—2014	建筑工程施工现场标志设置技术规程	2015年8月1日
国家标准	GB 50194—2014	建设工程施工现场供用电安全规范	2015年1月1日

第 5 节　建筑施工安全标准化考评

一、安全标准化的概念

《企业安全生产标准化基本规范》3.1 条款规定，安全生产标准化是指通过建立安全生产责任制，制定安全管理制度和操作规程，排查治理隐患和监控重大危险源，建立预防机制，规范生产行为，使各生产环节符合有关安全生产法律法规和标准规范的要求，人、机、物、环处于良好的生产状态，并持续改进，不断加强企业安全生产规范化建设。

这一定义涵盖了企业安全生产工作的全局，从建章立制、改善设备设施状况、规范作业人员行为等方面提出了具体要求，是企业实现管理标准化、现场标准化、操作标准化的基本要求和衡量标准；是企业夯实安全管理基础、提高设备本质安全程度、加强人员安全意识、落实企业安全生产主体责任、建设安全生产长效机制的有效途径。

安全生产标准化内涵就是生产经营单位在生产经营和全部管理过程中，分析生产安全风险，建立预防机制，依据国家有关安全生产的法律、法规、规章和标准健全科学的安全生产责任制、安全生产管理制度和操作规程并全过程、全方位、全天候地贯彻实施，使各生产环节和相关岗位的安全工作符合法律法规、标准规程的要求，达到和保持一定的标准，并持续改进、完善和提高，使企业的人、机、环始终处在最好的安全状态下运行，进而保证和促进企业在安全的前提下健康快速发展。

安全生产标准化在形式上可概括为：企业安全管理标准化、安全技术标准化、安全装备标准化、环境安全生产标准化和岗位安全作业标准化五大方面。重点是把握企业安全管理标准化、现场安全管理标准化和岗位安全作业标准化。企业安全管理标准化应充分体现企业安全管理基础工作各项标准；现场安全管理标准化体现企业作业现场各项安全生产条件标准；岗位安全作业标准化应充分体现员工正确操作程序和安全确认程序。

建筑施工安全生产标准化是指建筑施工企业在建筑施工活动中，贯彻执行建筑施工安全法律法规和标准规范，建立企业和项目安全生产责任制，制定安全管理制度和操作规程，监控危险性较大分部分项工程，排查治理安全生产隐患，使人、机、物、环始终处于安全状态，形成过程控制、持续改进的安全管理机制。

二、安全标准化建设的依据

(1) 安全标准化的依据：《企业安全生产标准化基本规范》（AQ/T 9006—2010），本标准适用于工矿企业开展安全生产标准化工作以及对标准化工作的咨询、服务和评审；其他企业和生产经营单位可参照执行。有关行业制定安全生产标准化标准应满足本标准的要求。

(2) 标准化的原则：企业开展安全生产标准化工作，遵循"安全第一、预防为主、综合治理"的方针，以隐患排查治理为基础，提高安全生产水平，减少事故发生，保障人身安全健康，保证生产经营活动的顺利进行。采取企业安全生产标准化工作实行企业自主评定、外部评审的方式。

（3）标准化核心要求：安全目标、组织机构和人员、安全责任体系、安全生产投入、法律法规与安全管理制度、队伍建设、生产设备设施、科技创新与信息化、作业管理、隐患排查和治理、危险源辨识与风险控制、职业健康、安全文化、应急救援、事故的报告和调查处理、绩效评定和持续改进 16 个核心要素。

三、建筑施工安全标准化考评

（1）建筑施工安全生产标准化考评的形式包括：建筑施工项目安全生产标准化考评和建筑施工企业安全生产标准化考评。

建筑施工项目实行施工总承包的，施工总承包单位对项目安全生产标准化工作负总责。施工总承包单位应当组织专业承包单位等开展项目安全生产标准化工作。

（2）企业安全标准化考评的依据

《施工企业安全生产管理规范》（GB 50656—2011）；

《职业健康安全管理体系　要求》（GB/T 28001—2011）；

《施工企业安全生产评价标准》（JGJ/T 77—2010）。

（3）项目安全生产标准化考评的依据

《建筑施工安全检查标准》（JGJ 59—2011）。

（4）考评的内容

企业安全生产考评的内容：包括安全生产管理、安全技术管理、设备和设施管理、企业市场行为和施工现场安全管理这五项。

项目安全生产考评的内容：安全管理、文明施工、脚手架工程、基坑与模板、高处作业、临时用电、物料提升机与施工升降机、塔式起重机与起重吊装、施工机具等。

（5）考评的目的

考评是进一步规范建筑施工安全生产标准化的需要。为贯彻落实国务院及国务院安委会相关文件精神，2013 年，住房和城乡建设部办公厅印发了《关于开展建筑施工安全生产标准化考评工作的指导意见》，对建筑施工安全生产标准化考评工作提出了总体要求。为推进标准化考评工作顺利有效实施，需要通过制定具体的考评办法进一步明确考评的程序、内容、时限及相应的奖惩措施等。

第 6 节　建筑施工事故案例及责任追究

一、武汉市 "9·13" 重大建筑施工升降机坠落事故

2012 年 9 月 13 日 13 时 10 分许，武汉市东湖生态旅游风景区东湖景园还建楼（以下简称 "东湖景园"）C 区 7-1 号楼建筑工地，发生一起施工升降机坠落造成 19 人死亡的重大建筑施工事故，直接经济损失约 1800 万元（图 3.6-1）。

（一）事故经过

东湖景园位于武汉市东湖生态旅游风景区，分为 A、B、C 三个区，2011 年 5 月 18 日开工建设，总建筑面积约 80 万 m²。发生事故的 C7-1 号楼位于东湖景园 C 区，该区共

图 3.6-1　××建筑施工升降机坠落事故现场

建有高层楼房 7 栋，建筑面积约 15 万 m^2。C7-1 号楼为 33 层框架剪力墙结构住宅用房，建筑面积约 1.6 万 m^2，2012 年 6 月 25 日主体结构封顶，事故发生时正处于内外装修施工阶段。

　　事故设备为 SCD200/200TK 型施工升降机，有左右对称 2 个吊笼，额定载重量为 2×2t，升降机备案额定承载人数为 12 人，最大安装高度为 150m。2012 年 9 月 13 日 11 时 30 分许，升降机司机将东湖景园 C7-1 号楼施工升降机左侧吊笼停在下终端站，按往常一样锁上电锁拔出钥匙，关上护栏门后下班。当日 13 时 10 分许，司机仍在宿舍正常午休期间，提前到该楼顶楼施工的 19 名工人擅自将停在下终端站的 C7-1 号楼施工升降机左侧吊笼打开，携施工物件进入左侧吊笼，操作施工升降机上升。该吊笼运行至 33 层顶楼平台附近时突然倾翻，连同导轨架及顶部 4 节标准节一起坠落地面，造成吊笼内 19 人当场死亡。

　　(二) 事故原因分析及事故性质认定

　　1. 直接原因

　　经调查认定，武汉市东湖生态旅游风景区"9·13"重大建筑施工事故发生的直接原因是：事故发生时，事故施工升降机导轨架第 66 和 67 节标准节连接处的 4 个连接螺栓只有左侧两个螺栓有效连接，而右侧（受力边）两个螺栓连接失效无法受力。在此工况下，事故升降机左侧吊笼超过备案额定承载人数（12 人），承载 19 人和约 245kg 物件，上升到第 66 节标准节上部（33 楼顶部）接近平台位置时，产生的倾翻力矩大于对重体、导轨架等固有的平衡力矩，造成事故施工升降机左侧吊笼顷刻倾翻，并连同 67～70 节标准节坠落地面。

　　2. 间接原因

　　(1) 施工总承包单位：公司管理混乱，将施工总承包一级资质出借给其他单位和个人承接工程；公司使用他人资格证书作为项目经理，但未安排证书本人实际参与项目投标和施工管理活动；未落实企业安全生产主体责任，安全生产责任制不落实，未与项目部签订安全生产责任书；安全生产管理制度不健全、不落实，培训教育制度不落实，未建立安全隐患排查整治制度；对施工和施工升降机安装使用的安全生产检查和隐患排查流于形式，未能及时发现和整改事故施工升降机存在的重大安全隐患。上述问题是导致事故发生的主要原因。

（2）施工项目部：项目部现场负责人和主要管理人员均非施工总承包公司人员，现场负责人及大部分安全员不具备岗位执业资格；安全生产管理制度不健全、不落实，在无《建设工程规划许可证》、《建筑工程施工许可证》、《中标通知书》和《开工通知书》的情况下，违规进场施工，且施工过程中忽视安全管理，现场管理混乱，并存在非法转包；未按照规定对施工升降机加节进行申报和验收，并擅自使用；联系购买并使用伪造的施工升降机"建筑施工特种作业操作资格证"；对施工人员私自操作施工升降机的行为，批评教育不够，制止管控不力。

（3）施工升降机的设备产权及安装、维护单位：安全生产主体责任不落实，安全生产管理制度不健全、不落实，安全培训教育不到位，企业主要负责人、项目主要负责人、专职安全生产管理人员和特种作业人员等安全意识薄弱；公司内部管理混乱，起重机械安装、维护制度不健全、不落实，施工升降机加节和附着安装不规范，安装、维护记录不全不实；安排不具备岗位执业资格的员工杜三武负责施工升降机维修保养；未按照规定对施工升降机加节进行验收和使用管理。

（4）建设管理单位：公司不具备工程建设管理资质，在无《建设工程规划许可证》、《建筑工程施工许可证》和未履行相关招投标程序的情况下，违规组织施工、监理单位进场开工。未经规划部门许可和放、验红线，擅自要求施工方以前期勘测的三个测量控制点作为依据，进行放线施工；在《建筑规划方案》之外违规多建一栋两单元住宅用房；在施工过程中违规组织虚假招投标活动。未落实企业安全生产主体责任，安全生产责任制不落实，未与项目管理部签订安全生产责任书；安全生产管理制度不健全、不落实，未建立安全隐患排查整治制度。项目管理部只注重工程进度，忽视安全管理，未按照规定督促相关单位对施工升降机进行加节验收和使用管理。

（5）监理单位：监理单位安全生产主体责任不落实，未与分公司、监理部签订安全生产责任书，安全生产管理制度不健全，落实不到位；公司内部管理混乱，对分公司管理、指导不到位，未督促分公司建立健全安全生产管理制度；对项目《监理规划》和《监理细则》审查不到位；使用他人资格证书作为项目总监，但未安排证书本人实际参与项目投标和监理活动。项目监理部负责人和部分监理人员不具备岗位执业资格；安全管理制度不健全、不落实，在项目无《建设工程规划许可证》、《建筑工程施工许可证》和未取得《中标通知书》的情况下，违规进场监理；未按规定督促相关单位对施工升降机进行加节验收和使用管理，自己也未参加验收。

（6）建设单位：违反有关规定选择无资质的项目建设管理单位；对项目建设管理单位、施工单位、监理单位落实安全生产工作监督不到位；对施工现场存在的安全生产问题督促整改不力。

（7）建设主管部门：虽然对全市建设工程安全隐患排查、安全生产检查工作进行了部署，但组织领导不力，监督检查不到位；对城建安全生产管理站领导、指导和监督不力。后续监督检查工作不到位，未能及时发现并制止东湖景园违法施工行为。在该项目无《建设工程规划许可证》、《建筑工程施工许可证》的情况下，未能有效制止违法施工，对参建各方安全监管不到位。对工程安全隐患排查、起重机械安全专项大检查的工作贯彻执行不力，未能及时有效督促参建各方认真开展自查自纠和整改，致使事故施工升降机存在的重大安全隐患未及时得到排查整改。

（8）城管执法部门：作为全市违法建设行为监督执法部门，在接到东湖景园违法施工举报后，没有严格执法。

经调查认定，武汉市东湖生态旅游风景区"9·13"重大建筑施工事故是一起生产安全责任事故。

（三）事故责任处理

根据事故调查和责任认定，对有关责任方做出以下处理：施工单位施工项目部现场负责人、安全负责人、内外墙粉刷施工项目负责人；施工升降机设备产权及安装、维护单位总经理、施工升降机维修负责人；监理单位监理部总监代表；建设单位项目管理部负责人等 7 人以涉嫌重大责任事故罪予以批捕。对建设单位、施工单位、安全监管部门的主要领导和主要负责人等 4 人建议移送司法机关处理。施工单位董事长、总经理，监理公司副总工，建筑管理、安全生产管理等部门的主要负责人共 17 人给罢免人大代表资格、留党察看、行政撤职、行政记过处分等党纪、政纪处分和行政处罚。

二、西安地铁 3 号线"5·6"隧道坍塌较大事故

2013 年 5 月 6 日凌晨 2 时 40 分许，西安地铁 3 号线 TJSG-12 标段通化门至胡家庙区间左线北侧暗挖隧道施工现场，隧道内拱顶突然发生坍塌，导致 5 名施工人员死亡，1 人受伤。

（一）事故经过

西安地铁 3 号线 TJSG-12 标段通化门至胡家庙区间位于西安市东二环中段金花北路地下，呈南北方向敷设，由于地质原因，隧道施工分为人工暗挖和盾构机掘进两种方式。盾构区间从始发井起至通化门地铁站，右线全长 439.2m，左线全长 454.4m；人工暗挖隧道左线全长 258.79m，右线全长 273.73m。其中，该区间过 F4 地裂缝段及其至胡家庙车站段为浅埋暗挖法施工，在 YDK31＋436.465（ZDK31＋436.408）处设置盾构始发竖井一处，并兼做过 F4 地裂缝浅埋暗挖段施工竖井。

2013 年 5 月 5 日，施工单位在组织该项目左线北侧隧道施工过程中，经理部总工郭××、技术员郭××为方便后续施工，在未经安全论证、未报请施工图纸设计单位同意的情况下，决定在隧道内下台阶中部开挖梯形减压槽。下午 19 时许，按照施工进度安排，土方施工班组长刘××带领作业人员进入该标段施工竖井底部，进行左线北侧隧道下台阶 1～2 榀钢筋格栅拱架（用于隧道支护，分为上下两部分，闭合后呈环形结构，每榀宽度约为 0.3m）下半部安装，同时在下台阶开挖减压槽。当晚 22 时 30 分许，技术员郭××、土建监理李××，对安装完成的支撑拱架进行查验，并口头同意进行混凝土浇筑。李××在发现施工人员违规开挖减压槽后，未进行制止。5 月 6 日凌晨 0 时 30 分许，班组长刘××等 8 名作业人员，在挖掘机配合下对隧道内上台阶"核心土"进行降低处理，并继续进行减压槽开挖作业。5 月 6 日凌晨 2 时 40 分许，8 名作业人员所处区域支撑拱顶突然发

生坍塌，其中一人迅速逃出洞口，其余 7 人被困在坍塌拱顶内，经及时营救，2 人被救出，其余 5 人被埋死亡。

经调查认定，这是一起因隧道拱顶为湿陷性饱和软黄土、软塑、局部流塑、高压缩性土，承载力低，左上方紧邻既有建筑物基坑肥槽，肥槽中积水不断渗透至拱部土层中，右上方雨污水管线反坡排水不畅，长期带压渗流，随着隧道开挖过程，土体物理力学性能恶化，自稳能力显著下降，加之设计单位、施工单位、监理单位、监测单位违规建设施工，导致围岩瞬间破坏，隧道初期支护拱圈整体掉落，而引发的较大生产安全事故。

（二）事故原因分析

1. 直接原因

隧道拱顶为湿陷性饱和软黄土、软塑、局部流塑、高压缩性土，承载力低（f_{ak} = 90kPa）；左上方紧邻既有建筑物基坑肥槽，肥槽中积水不断渗透至拱部土层中（竖井东西两侧勘察孔相邻几十米，地下水位相差 2m，有地下水自西侧补给）；右上方雨污水管线反坡排水不畅，长期带压渗流。随着隧道开挖过程，土体物理力学性能恶化，自稳能力显著下降，围岩瞬间破坏，导致隧道初期支护拱圈整体掉落。

2. 间接原因

（1）设计单位：在浅埋暗挖隧道 B 型断面结构图（图号：030515-SQJ-03-012，坍塌隧道施工设计图）说明中，明确要求断面采用短台阶加临时仰拱开挖法，但未在相应图纸中进行具体标注说明，存在重大工作疏漏，且在施工单位明确提出异议后，未能及时予以纠正，致使该安全防护措施未得到落实。

（2）施工单位：违反有关施工程序，在设计单位未对图纸相关内容进行交底的情况下，违规开工建设，致使有关安全防范措施未能得到有效落实；在组织施工过程中，违反有关设计文件及《通化门至胡家庙区间浅埋暗挖隧道安全专项施工方案》（以下简称：《安全专项施工方案》），违规在坍塌隧道内下台阶开挖减压槽，致使隧道拱形支撑持力层土体水平方向抗压强度减弱；违反《地下铁道工程施工及验收规范》（GB 50299—1999）5.4.2 中："基坑两侧 10m 范围内不得存土，在已回填的隧道结构顶部存土时，应核算沉降量后确定堆土高度"的规定，在施工竖井基坑边缘和坍塌隧道正上方设置存土点，且未进行沉降量核算，为项目后续施工造成重大安全隐患；违反《安全专项施工方案》中的相关要求，未对坍塌隧道马头门处上台阶格栅与围护桩主钢筋进行连接固定；未能按照有关设计图纸说明和《实施性施工组织设计》要求，在隧道内采取临时仰拱（在隧道中部采取的临时水平支护措施）支撑措施；未对坍塌隧道拱顶进行有效的沉降量监测。

（3）监理单位：监理职责履行不到位，在建设单位未组织有关勘察、设计单位向施工、监理、监测单位进行勘察、设计文件交底的情况下，允许施工单位违规进行开工建设，致使有关安全防范措施未能得到有效落实；在发现施工单位违反《安全专项施工方案》中的相关规定，没有对坍塌隧道马头门处上台阶格栅与围护桩主钢筋进行连接固定的违规施工行为后，未采取有效监理措施予以纠正，致使安全隐患未得到及时消除；事故发生前，其监理人员在发现施工人员违规在坍塌隧道下台阶挖掘减压槽后，没有及时予以制止。

（4）地质监测单位：在坍塌隧道拱顶上方监测点被施工单位设置的存土点遮挡、覆盖后，已无法进行正常沉降数据监测，该公司未采取措施及时恢复相关监测工作，致使坍塌隧道拱顶部位长期缺乏沉降监测数据，无法及时发现拱顶受压下沉变化。

（5）建设单位：未能采取有效措施督促设计、施工、监理等单位，对涉及施工安全的重点环节和部位采取有效的技术防范措施；在未组织设计、施工、监理等单位进行施工设计图纸交底的情况下，对违规施工建设行为没有进行制止。

（三）事故责任处理

根据事故调查和责任认定，对有关责任方做出以下处理：将设计方工程师武××、施工单位项目部技术员郭××、监理单位土建监理工程师李××这 3 人移送司法机关，依法追究其相应法律责任；给予设计单位工程师等 17 名事故责任人相应的党纪、政纪处分；依照有关法律法规对设计单位等 4 家事故责任单位给予相应行政处罚；责成建设单位向市政府作出深刻书面检查。

三、"5·14"重大溜灰管坠落事故

2014 年 5 月 14 日 7 时 23 分，××煤矿发生一起重大溜灰管坠落事故，造成 13 人死亡，16 人受伤，直接经济损失 2933 万元。

（一）事故经过

××煤矿为新建矿井，该项目未取得项目核准批复，属违规开工建设。项目采用 EPC 总承包管理模式。

事故发生时，××煤矿正在进行井筒工程施工，其中主立井、一号副立井、二号副立井、回风立井井筒均已施工到底，完成井筒铺底，正在进行内壁套砌，发生事故的一号副立井井筒累计成井 661.7m，内壁套砌工程完成 56.4m。

5 月 14 日 2 时左右，一号副立井掘进队队长阚××组织召开班前会，3 时 15 分至 3 时 40 分，36 名工人陆续入井，到达立井吊盘施工。4 时 41 分，施工方开始使用溜灰管和两个底卸式料桶同时向井下运送 C70 混凝土。第一车（混凝土运输车）4 时 41 分开始，4 时 46 分结束；第二车 5 时 03 分开始，5 时 22 分结束，此时井口反映溜灰管下灰速度慢；第三车 5 时 25 分开始，6 时 10 分结束；第四车 6 时 12 分开始，6 时 28 分因堵管停止下料。7 时整，掘进队队长阚××带大铁锤吹风管、扳手等工具下井处理堵管。7 时 23 分，井筒内传出强烈异响，稳车钢丝绳剧烈抖动。此时，井下共有作业人员 37 人。7 时 48 分，施工方 3 人下井观察，发现溜灰管大部分坠落，西部半个吊盘被毁损，多名工人被困。

事故发生后立即开展事故抢险救灾，经救援，共有 26 人升井（其中 2 人在医院抢救无效死亡），11 人被困井下。

5 月 14 日 11 时 45 分，××煤矿主要负责人姜××、惠××安排企业有关人员向××区政府电话报告发生事故，区政府随即向市政府进行了报告，接报后，××市政府立即启动煤矿安全生产应急预案，成立了事故抢险救援指挥部，抢险指挥部下设了技术救援组、医疗救治组、宣传报道组、后勤保障组、现场维稳组、善后处理组，分头开展抢险救援工作。截至 5 月 20 日 15 时 30 分，找到 11 名被困人员遗体。至此，事故共造成 13 人死亡。

经调查认定，××煤矿"5·14"重大溜灰管坠落事故是一起责任事故。

（二）事故发生的直接原因、间接原因和事故性质

1. 直接原因

施工方违反作业规程使用溜灰管输送 C70 混凝土，在输送混凝土过程中发生堵管，在未撤出井下人员的情况下，违章使用大锤、吹风管、扳手等工具处理，造成溜灰管与法兰盘焊缝撕裂，溜灰管相继坠落造成本起事故。

2. 间接原因

（1）违反施工作业规程和施工组织设计。建设方和施工方为赶工期，擅自违章改变施工方法，违章指挥，冒险作业，违规使用溜灰管输送 C70 混凝土，且未制定安全技术措施。

（2）安全生产责任落实不到位。建设方、总承包方、施工方、监理方均为××公司下属企业。项目名义上采用总承包形式，但实际未签订总承包合同，在项目工程管理上以联合管理团队模式进行管理，双方职责交叉、层级交叠、责任不实、组织松散，相互监督制约力不强，各项安全生产制度未严格落实到位。

总承包方和××煤矿项目部组成联合管理团队对××煤矿的管理是名义上的，总承包方对安全生产管理权力有限，未真正发挥总承包方的作用。

施工方安全生产主体责任落实不到位。安全隐患排查治理工作不深入、不细致，在安全生产检查中，未及时发现溜灰管的安全隐患，安全生产检查存在死角、盲区。

监理方未严格落实安全监理责任，当班监理擅离职守，未尽到安全监理职责，对施工方违章使用溜灰管作业监管不力，发现不及时。

（3）安全培训工作不到位。项目经理无执业资格证，部分监理人员无证上岗，部分安全管理人员未按期复训；职工安全培训工作流于形式，安全意识淡薄，安全红线意识树立不牢、心存侥幸，职工对作业现场的安全隐患和危险源认识不到位，对违章可能带来的严重后果认识不足。

（4）违规组织施工建设。××煤矿建设项目未核准，初步设计及安全设施设计未经审查批复，擅自组织井筒开挖和主体工程施工。

（5）政府及相关部门监管不到位。××市政府、××区政府对××煤矿建设项目缺乏监管，相关部门未采取有效措施对该矿违规建设行为予以制止。

××区煤炭局作为县区行业监管部门，监管不力，对违规建设行为查处不力。

××市能源局作为市行业监管部门，未按职责要求对项目前期进行监管，未按"打非治违"专项整治活动要求，对企业开展专项检查，对企业违规建设问题失察。

××市发改委未按照国家发改委、省发改委要求，对项目前期进行监督管理、开展项目稽查，对项目前期缺乏监管。

××煤监局××分局作为煤矿安全监察机构，对政府相关部门履职不到位问题监督不力；对安全设施设计未经审查擅自组织施工问题执法不严，查处不力。

（三）事故责任处理

根据事故调查和责任认定，对有关责任方做出以下处理：将××煤矿一号副立井项目部经理韩××、生产副经理居××、××煤矿项目部施工管理部副经理赵××、××煤矿

监理项目部一号副立井主管监理庐××4 人移送司法机关；给予建设方、总承包方、施工方、监理方和地方政府及相关部门等 17 名事故责任人相应的党纪、政纪处分；对市发展和改革委员会主任进行诫勉谈话。依照有关法律法规对××公司第四工程处等 4 家事故责任单位给予相应行政处罚。

四、安全生产的法律责任

法律责任是国家管理社会事务所采用的强制当事人依法办事的法律措施。依照《安全生产法》的规定，各类安全生产法律关系的主体必须履行各自的安全生产法律义务，保障安全生产。《安全生产法》的执法机关将依照有关法律规定，追究安全生产违法犯罪分子的法律责任，对有关生产经营单位给予法律制裁。

（一）安全生产法律责任的形式

追究安全生产违法行为法律责任的形式有 3 种，即行政责任、刑事责任和民事责任。在现行有关安全生产的法律、行政法规中，《安全生产法》采用的法律责任形式最全，设定的处罚种类最多，实施处罚的力度最大。

1. 行政责任

指违反有关行政管理的法律、法规的规定，但尚未构成犯罪的行为所应承担的法律后果。行政责任分为：行政处分和行政处罚。

（1）行政处分：是指国家工作人员及国家行政机关委派到企事业单位任职的人员的违法行为，由所在单位或者其上级主管机关所给予的一种制裁性处理。行政处分的种类包括警告、记过、记大过、降级、降职、撤职、开除等处分。

（2）行政处罚：是对有行政犯法行为的单位或个人给予的行政制裁。行政处罚的种类包括：警告、罚款、没收违法所得、没收非法财物、责令停产停业、暂扣或者吊销许可证、暂扣或者吊销执照、行政拘留等。

2. 刑事责任

是指依照《刑法》规定构成犯罪的严重违法行为所应承担的法律后果。

3. 民事责任

是指民事法律关系的主体没有按照法律规定或合同约定履行自己的民事义务，或者侵害了他人的合法权益，所应承担的法律后果。承担民事责任的方式主要有：停止侵害，排除妨碍，消除危险，返还财产，恢复原状，修理、重作、更换，赔偿损失，支付违约金，消除影响、恢复名誉、赔礼道歉等承担方式。

《安全生产法》针对安全生产违法行为设定的行政处罚，共有责令改正、责令限期改正、责令停产停业整顿、责令停止建设、停止使用、责令停止违法行为、罚款、没收违法所得、吊销证照、行政拘留、关闭 11 种，这在我国有关安全生产的法律、行政法规设定行政处罚和种类中是最多的。《安全生产法》是我国众多的安全生产法律、行政法规中首先设定民事责任的法律。生产经营单位将生产经营项目、场所、设备发包或者出租给不具备安全生产条件或者相应资质的单位或者个人的、导致发生生产安全事故给他人造成损害的，与承包方、承租方承担连带赔偿责任。生产经营单位发生生产安全事故造成人员伤亡、他人财产损失的，应当依法承担赔偿责任。为了制裁那些严重的安全生产违法犯罪分子,《安全生产法》设定了刑事责任。

（二）安全生产违法行为的责任主体

安全生产违法行为的责任主体,是指依照《安全生产法》的规定享有安全生产权利,负有安全生产义务和承担法律责任的社会组织和公民,责任主体主要包括 4 种。

（1）有关人民政府和负有安全生产监督管理职责的部门及其领导人、负责人。

（2）生产经营单位及其负责人、有关主管人员。

（3）生产经营单位的从业人员。

（4）安全生产中介服务机构和安全生产中介服务人员。

（三）安全生产违法行为行政处罚的决定机关

安全生产违法行为行政处罚的决定机关亦称行政执法主体,是指法律、法规授权履行法律实施职权和负责追究有关法律责任的国家行政机关。鉴于《安全生产法》是安全生产领域的基本法律,它的实施涉及多个行政机关,因此在目前的安全生产监督管理体制下,它的执法主体不是一个,而是多个,依法实施行政处罚是有关行政机关的法定职权,行政责任是采用最多的法律责任形式,这是国家机关依法行政的主要手段,具体地说,《安全生产法》规定的行政执法主体有 4 种:

（1）县级以上人民政府负责安全生产监督管理职责的部门。

（2）县级以上人民政府。针对不具备本法和其他法律,行政法规和国家标准或行业标准规定的安全生产条件,经停产整顿仍不达标的生产经营单位,规定由负责安全生产监督管理的部门报请县级以上人民政府按照国务院规定的权限决定予以关闭,这说是说,关闭的行政处罚的执法主体只能是县级以上人民政府,其他部门无权决定此项行政处罚,这是考虑到关闭一个生产经营单位会牵涉一些有关部门的配合,由政府作出关闭决定并且组织实施将比有关部门执法的力度更大。

（3）公安机关。拘留是限制人身自由的行政处罚,由公安机关实施。为了保证对限制人身自由行政处罚执法主体的一致性,《安全生产法》规定,给予拘留的行政处罚由公安机关依照治安管理处罚条例的规定决定,对违反《安全生产法》有关规定需要予以拘留的,除公安机关以外的其他部门、单位和公民,都无权擅自实施。

（4）法定的其他行政机关。为了保持法律执法主体的连续性。界定安全生产综合监管部门与安全生产专项监管部门的行政执法权力,《安全生产法》规定,有关法律、行政法规对行政处罚的决定另有规定的,依照其规定。依照有关安全生产法律、行政法规履行某些行政处罚权力的,主要有公安、工商、铁道、交通、民航、建筑、质检和煤矿安全监察等专项安全生产监管部门和机构,他们在有关法律、行政法规授权的范围内,有权决定相应的行政处罚。

（四）生产经营单位的安全生产违法行为

安全生产违法行为是指安全生产法律关系主体违反安全生产法律规定所从事的非法生产经营活动,安全生产违法行为是危害社会和公民人身安全的行为,是导致生产事故多发和人员伤亡的直接原因,安全生产违法行为,分为作为和不作为,作为是指责任主体实施了法律禁止的行为而触犯法律,不作为是指责任体不履行法定义务而触犯法律。《安全生产法》关于安全生产法律关系主体的违法行为的界定,对于规范政府部门依法行政和生产经营单位依法生产经营，追究违法者的法律责任，具有重要意义。

《安全生产法》规定追究法律责任的生产经营单位的安全生产违法行为，有 27 种。对规定的 27 种安全生产违法行为，设定的法律责任分别是：处以罚款，没收违法所得，责令限期改正，停产停业整顿，责令停止建设，责令停止违法行为，吊销证照，关闭的行政处罚；导致发生生产安全事故给他人造成损害或者其他违法行为造成他人损害的，承担赔偿责任或者连带赔偿责任，构成犯罪的，依法追究刑事责任。

（五）从业人员的安全生产违法行为

《安全生产法》规定追究法律责任的生产经营单位有关人员的安全生产违法行为，有 7 种。对这 7 种安全生产违法行为设定的法律责任分别是：处以降职、撤职、罚款、拘留的行政处罚，构成犯罪的，依法追究刑事责任。

（六）安全生产中介机构的违法行为

《安全生产法》规定追究法律责任的安全生产中介服务违法行为，主要是承担安全评价、认证、检测、检验的机构，出具虚假证明的，对该种安全生产违法行为设定的法律责任是处以罚款，没收违法所得，撤销资格的行政处罚，给他人造成损害的，与生产经营单位承担连带赔偿责任，构成犯罪的，依法追究刑事责任。

（七）负有安全生产监督管理职责的部门工作人员的违法行为

《安全生产法》规定追究法律责任的负有安全生产监督管理职责的部门工作人员的违法行为有：失职、渎职的违法行为。负有安全生产监督管理职责的部门，要求被审查、验收的单位购买其指定的安全设备、器材或者其他产品的；对安全生产事项的审查、验收中收取费用的；有关地方人民政府，负有安全生产监督管理职责的部门，对生产安全事故隐瞒不报，谎报或者拖延不报的。对上述安全生产违法行为设定的法律责任是给予行政降级、撤职等行政处分，构成犯罪的，依照刑法有关规定追究刑事责任。

（八）民事赔偿的强制执行

民事责任的执法主体是各级人民法院，按照我国民事诉讼法的规定，只有人民法院是受理民事赔偿案件，确定民事责任，裁判追究民事赔偿责任的唯一的法律审判机关。如果当事人各方不能就民事赔偿和连带赔偿的问题协商一致，即可通过民事诉讼主张权利，获得赔偿。只有这样，人民法院才可能成为民事责任的执法主体、如果当事各方就民事赔偿问题已经协商一致，就不存在通过诉讼方式主张权利的必要。

《安全生产法》第一次在安全生产立法中设定了民事赔偿责任，依法调整当事人之间在安全生产方面的人身关系和财产关系，重视对财产权利的保护，这是一大特色和创新，并根据民事违法行为的主体、内容的不同，将民事赔偿具体分为连带赔偿和事故损害赔偿并分别作出了规定。连带赔偿责任的特点是有两个以上民事主体从事了一个或者多个民事违法行为给受害方造成损害即人身伤害、财产损失或经济损失，责任双方均有对受害方进行民事赔偿的义务和责任，受害方可以向其中一方或者各方追索民事赔偿。连带赔偿的主体是两个以上，共同实施了一个或者多个民事违法行为，其损害后果可能是导致生产安全事故，也可能是其他后果。事故损害赔偿专指因生产经营单位的过错，即安全生产违法行为而导致生产安全事故，造成人员伤亡，他人财产损失所应承担的赔偿责任。事故损害赔偿与连带赔偿的区别在于，事故损害赔偿只有一个主体，单独实施了一个或者多个民事违法行为，其损害后果只能是一个，即导致生产安全事故。这里应当注意两点，一是过错方必须是生产经营单位，即生产经营单位有安全生产违法行为而引发事故。二是事故造成了本单位从业人员的伤亡或者不特定的其他人的财产损失。

《安全生产法》为了保护公民、法人或其他组织的合法民事权益，专门对有关民事赔偿问题规定了强制执行措施。一是确定生产经营单位发生生产安全事故造成人员伤亡、他人财产损失的，应当依法承担赔偿责任；二是规定了强制执行措施。生产经营单位发生生产安全事故造成人员伤亡，他人财产损失，拒不承担赔偿责任或者其负责人逃匿的，由人民法院强制执行；三是规定了继续或者随时履行赔偿责任。生产安全事故的责任人未依法承担赔偿责任，经人民法院依法采取执行措施后，仍不能对受害人给予足额赔偿的，应当继续履行赔偿义务。受害人发现责任人有其他财产的，可以随时请求人民法院执行。

单元4　高层混凝土结构抗震施工

第1节　地震介绍与抗震技术的发展

一、地震概述

（一）地震概念

地震又称地动、地震动，是地壳快速释放能量过程中造成振动，期间会产生地震波的一种自然现象。地震常常造成严重人员伤亡，能引起火灾、水灾、有毒气体泄漏、细菌及放射性物质扩散，还可能造成海啸、滑坡、崩塌、地裂缝等次生灾害。

地震对建筑物（此处仅谈地表以上建筑）的破坏，是地震时地震波造成地表水平晃动（横波）和垂直晃动（纵波）共同作用的结果。地震发生时纵波和横波同时产生。但是，横波速度慢，衰减快，造成地面水平震动，破坏力强。相应的，纵波速度快，传播远，可在水和空气以及固体介质中传播，造成地面垂直震动。离震中一段距离的地方，一般是先测到纵波，再测到横波。一般建筑物抗水平晃动的能力较差。高大建筑物抗远震大震能力差，矮建筑物抗近震能力差。

（二）地震震级与地震烈度

地震震级是表示地震大小的一种度量。

地震烈度是指某一地点地面震动的强烈程度，由地面建筑的破坏程度、人的感觉、物体的振动及运动强烈程度而定。现在主要由地面震动的速度和加速度确定。一次地震，表示地震大小的震级只有一个，然而随着距离震中的远近变化，会出现不同的地震烈度。

（三）基本烈度与地震区划

一个地区的基本烈度是在今后一定时期内，在一般场地条件下，可能遭受的最大地震烈度。今后一定时期，是指自基本烈度颁布时起，往后的一段时期，一般取无特殊规定或要求的建筑物的使用年限（如50年、100年……）。一般场地条件是指标准地基土壤、一般地形、地貌、构造、水文地质等条件。因此，基本烈度就是未来一定时期内，在本区最普遍的，可能遭到的最大的地震烈度。

基本烈度是在地震区进行建筑设计的主要依据，有了基本烈度，才能在此基础上按建筑物的重要性根据规范选取设防标准，之后才能按规范进行工程设计。

地震区划是按地震危险性的程度将国地划分若干区，对不同的区规定不同的抗震设防标准。《中国地震烈度区划图［1］（1990）》是用基本烈度表征地震危险性，将全国划分为<6°、6°、7°、8°、≥9°五类地区。

二、高层建筑的特点

高层建筑结构要抵抗竖向和水平荷载，在地震区，还要抵抗地震作用。在较低的建筑结构中，往往竖向荷载控制着结构设计；随着建筑高度的增大，水平荷载效应逐渐增大；在高层建筑结构中，水平荷载和地震作用却起着决定性作用。因此，在高层建筑结构设计时，不仅要求结构具有足够的强度，而且还要求有足够的刚度，使结构在水平荷载作用下产生的位移限制在一定的范围内，以保证建筑结构的正常使用和安全。

另外，相对于低层建筑而言，高层建筑相对较柔，因此在地震区，高层建筑结构应具有足够的延性。也就是说，在地震作用下，结构进入弹塑性阶段后，仍具有抵抗地震作用的足够的变形能力，不致倒塌。这样可以在满足使用条件下能达到既安全又经济的设计要求。

综上所述，对于高层建筑结构，抵抗水平力的设计是个关键，应该很好地理解上述特点，使所设计的结构具有足够的强度、刚度和良好的抗震性能，还要尽可能地提高材料利用率。

三、高层建筑的震害分析

高层建筑结构的震害的严重程度主要取决于地震动特性和自身特征两个因素。因此造成高层建筑震害原因主要有以下几方面：

（1）结构布置不合理产生的震害：如果建筑物的平面布置不当造成刚度中心和质量中心有较大的不重合，或者结构沿竖向刚度有过大的突然变化，则易使结构在地震时产生严重破坏。这是由于过大的扭转反应或变形集中而引起的。而且，具有薄弱底层的房屋，易在地震中倒塌。另外，结构竖向布置产生很大的突变时，在突变处由于应力集中会产生严重震害。同时，防震缝如果宽度不够，其两侧的结构单元在地震时就会相互碰撞而产生震害。

（2）框架结构的震害：包括整体破坏和局部破坏。整体破坏可分为延性破坏和脆性破坏。局部破坏包括：①构件塑性铰处的破坏；②构件的剪切破坏；③节点的破坏；④短柱破坏；⑤填充墙的破坏；⑥柱的轴压比过大时使柱处于小偏心受压状态，引起柱的脆性破坏；⑦钢筋的搭接不合理，造成搭接处破坏（图 4.1-1）。

（3）具有抗震墙结构的震害：①墙的底部发生破坏，表现为受压区混凝土的大片压碎剥落，钢筋压屈；②墙体发生剪切破坏；③抗震墙墙肢之间的连梁发生剪切破坏（图 4.1-2）。

（4）薄弱层破坏：震害调查表明，结构刚度沿高度方向的突然变化，会使破坏集中在刚度薄弱的楼层，对抗震是不利的。1995 年阪神地震，大量的 20 层左右的高层建筑在 5 层处倒塌（图 4.1-3）。

四、高层建筑抗震发展概况

20 世纪 80 年代，是中国高层建筑在设计计算及施工技术各方面迅速发展的阶段。各大中城市普遍兴建高度在 100m 左右或 100m 以上的以钢筋为主的建筑，建筑层数和高度

图 4.1-1 框架结构破坏示例

图 4.1-2 墙震害示例

图 4.1-3 薄弱层震害示例

不断增加，功能和类型越来越复杂，结构体系日趋多样化。比较有代表性的高层建筑有上海锦江饭店，它是一座现代化的高级宾馆，总高 153.52m，全部采用框架—芯墙全钢结构体系，深圳发展中心大厦 43 层高 165.3m，加上天线的高度共 185.3m，这是中国第一幢大型高层钢结构建筑。进入 90 年代中国高层建筑结构的设计与施工技术进入了新的阶段。不仅结构体系及建筑材料出现多样化而且在高度上涨幅很大有一个飞跃。深圳于 1995 年 6 月封顶的地王大厦，81 层高，385.95m，为钢结构，它居世界建筑的第四位。

第 2 节　高层建筑结构体系

一、高层建筑结构的特点

高层建筑结构要抵抗竖向和水平荷载，在地震区，还要抵抗地震作用。在较低的建筑结构中，往往竖向荷载控制着结构设计；随着建筑高度的增大，水平荷载效应逐渐增大；在高层建筑结构中，水平荷载和地震作用却起着决定性作用。因此，在高层建筑结构设计时，不仅要求结构具有足够的强度，而且还要求有足够的刚度，使结构在水平荷载作用下产生的位移限制在一定的范围内，以保证建筑结构的正常使用和安全。

另外，相对于低层建筑而言，高层建筑相对较柔，因此在地震区，高层建筑结构应具有足够的延性。也就是说，在地震作用下，结构进入弹塑性阶段后，仍具有抵抗地震作用的足够的变形能力，不致倒塌。这样可以在满足使用条件下能达到既安全又经济的设计要求。

综上所述，对于高层建筑结构，抵抗水平力的设计是个关键，应该很好地理解上述特点，使所设计的结构具有足够的强度、刚度和良好的抗震性能，还要尽可能地提高材料利用率。

二、高层建筑采用的结构分类

（一）高层建筑结构分类

高层建筑采用的结构可分为钢筋混凝土结构、钢结构、钢筋混凝土组合结构等类型。钢筋混凝土结构具有造价较低、取材丰富，并可浇筑各种复杂断面形状，而且强度高、刚度大、耐火性和延性良好，结构布置灵活方便，可组成多种结构体系等优点，因此，在高层建筑中得到广泛应用。当前，我国的高层建筑中钢筋混凝土结构占主导地位。

钢结构具有强度高、构件断面小、自重轻、延性及抗震性能好等优点；钢构件易于工厂加工，施工方便，能缩短现场施工工期。近年来，随着高层建筑建造高度的增加，以及我国钢产量的大幅度增加，采用钢结构的高层建筑也不断增多。

更为合理的高层建筑结构为钢和钢筋混凝土相结合的组合结构和混合结构。这种结构可以使两种材料互相取长补短，取得经济合理、技术性能优良的效果。

组合结构是用钢材来加强钢筋混凝土构件的强度，钢材放在构件内部，外部由钢筋混凝土做成，成为钢骨（或型钢）混凝土构件，也可在钢管内部填充混凝土，做成外包钢构件，成为钢管混凝土。前者可充分利用外包混凝土的刚度和耐火性能，又可利用钢骨减小构件断面和改善抗震性能，现在应用较为普遍。例如：北京的香格里拉饭店就采用了钢骨混凝土柱。

混合结构是部分抗侧力结构用钢结构，另一部分采用钢筋混凝土结构（或部分采用钢骨混凝土结构）。多数情况下是用钢筋混凝土做筒（剪力墙），用钢材做框架梁、柱。

（二）高层建筑常用结构体系

结构体系是指结构抵抗外部作用的构件总体组成的方式。在高层建筑中，抵抗水平力成为确定和设计结构体系的关键问题。高层建筑中常用的结构体系有框架、剪力墙、框架-剪力墙、筒体以及它们的组合。

1. 框架结构体系

框架结构体系是由梁、柱构件通过节点连接构成，既承受竖向荷载，也承受水平荷载的结构体系。这种体系适用于多层建筑及高度不大的高层建筑。

框架结构的优点是建筑平面布置灵活，可以做成有较大空间的会议室、餐厅、车间、营业室、教室等。需要时，可用隔断分隔成小房间，或拆除隔断改成大房间，因而使用灵活。外墙用非承重构件，可使立面设计灵活多变。

框架结构可通过合理的设计，使之具有良好的抗震性能。但由于高层框架侧向刚度较小，结构顶点位移和层间相对位移较大，使得非结构构件（如填充墙、建筑装饰、管道设备等）在地震时破坏较严重，这是它的主要缺点，也是限制框架高度的原因，一般控制在10～15 层。

框架结构构件类型少，易于标准化、定型化；可以采用预制构件，也易于采用定型模板而做成现浇结构，有时还可以采用现浇柱及预制梁板的半现浇半预制结构。现浇结构的整体性好，抗震性能好，在地震区应优先采用。

2. 剪力墙结构体系

剪力墙结构体系是利用建筑物墙体承受竖向与水平荷载，并作为建筑物的围护及房间分隔构件的结构体系。

剪力墙在抗震结构中也称抗震墙。它在自身平面内的刚度大、强度高、整体性好，在水平荷载作用下侧向变形小，抗震性能较强。在国内外历次大地震中，剪力墙结构体系表现出良好的抗震性能，且震害较轻。因此，剪力墙结构在非地震区或地震区的高层建筑中都得到了广泛的应用。在地震区 15 层以上的高层建筑中采用剪力墙是经济的，在非地震区采用剪力墙建造建筑物的高度可达 140m。目前我国 10～30 层的高层住宅大多采用这种结构体系。剪力墙结构采用大模板或滑升模板等先进方法施工时，施工速度很快，可节省大量的砌筑填充墙等工作量。

剪力墙结构的墙间距不能太大，平面布置不灵活，难以满足公共建筑的使用要求；此外，剪力墙结构的自重也比较大。为满足旅馆布置门厅、餐厅、会议室等大面积公共房间，以及在住宅底层布置商店和公共设施的要求，可将剪力墙结构底部一层或几层的部分剪力墙取消，用框架来代替，形成底部大空间剪力墙结构和大底盘、大空间剪力墙结构；标准层则可采用小开间或大开间结构。当把底层做成框架柱时，成为框支剪力墙结构。这种结构体系，由于底层柱的刚度小，上部剪力墙的刚度大，形成上下刚度突变，在地震作用下底层柱会产生很大的内力及塑性变形，致使结构破坏较重。因此，在地震区不允许完全使用这种框支剪力墙结构，而需设有部分落地剪力墙。

3. 框架-剪力墙结构体系

框架-剪力墙结构体系是在框架结构中布置一定数量的剪力墙所组成的结构体系。由于框架结构具有侧向刚度差，水平荷载作用下的变形大，抵抗水平荷载能力较低的缺点，但又具有平面布置较灵活、可获得较大的空间、立面处理易于变化的优点；剪力墙结构则具有强度和刚度大，水平位移小的优点与使用空间受到限制的缺点。将这两种体系结合起来，相互取长补短，可形成一种受力特性较好的结构体系——框架-剪力墙结构体系。剪力墙可以单片分散布置，也可以集中布置。

框架-剪力墙结构体系在水平荷载作用下的主要特征：

（1）受力状态方面，框架承受的水平剪力减少及沿高度方向比较均匀，框架各层的梁、柱弯矩值降低，沿高度方向各层梁、柱弯矩的差距减少，在数值上趋于接近。

（2）变形状态方面，单独的剪力墙在水平荷载作用下以弯曲变形为主，位移曲线呈弯曲型；而单独的框架以剪切变形为主，位移曲线呈剪切型；当两者处于同一体系，通过楼板协同工作，共同抵抗水平荷载，框架-剪力墙结构体系的变形曲线一般呈弯剪型。

由于上述变形和受力特点，框架-剪力墙结构的刚度和承载力较框架结构都有明显的提高，在水平荷载作用下的层间变形减小，因而减小了非结构构件的破坏。在我国，无论在地震区还是非地震区的高层建筑中，框架-剪力墙结构体系都得到了广泛的应用。

4. 筒体结构体系

筒体结构为空间受力体系。筒体的基本形式有三种：实腹筒、框筒及桁架筒。用剪力墙围成的筒体称为实腹筒。在实腹筒的墙体上开出许多规则的窗洞所形成的开孔筒体称为框筒，它实际上是由密排柱和刚度很大的窗裙梁形成的密柱深梁框架围成的筒体。如果筒体的四壁是由竖杆和斜杆形成的桁架组成，则成为桁架筒；如果体系是由上述筒体单元所组成，称为筒中筒或组合筒。通常由实腹筒做内部核心筒，框筒或桁架筒做外筒。筒体最主要的受力特点是它的空间受力性能。无论哪一种筒体，在水平力作用下都可以看成固定于基础上的箱形悬臂构件，它比单片平面结构具有更大的抗侧刚度和承载力，并具有很好的抗扭刚度。因此，该种体系广泛应用于多功能、多用途、层数较多的高层建筑中。

第 3 节　高层建筑抗震设防目标及方法

一、抗震设防的目标

抗震设防是指对建筑进行抗震设计，包括地震作用、抗震承载力计算和采取抗震措施，以达到抗震的效果。抗震设防思想是编制抗震设计规范以及进行实际抗震设计所依据的技术指导思想。

现阶段抗震设计总思路是：在建筑物使用寿命期间，对不同频度和强度的地震，建筑物应具有不同的抵抗力。即对一般较小的地震，由于其发生的可能性较大，因此要求防止结构破坏，这在技术上、经济上是可以做到的；强烈地震发生的可能性较小，而且如果遭遇到强烈地震，要求做到结构不损坏，在经济上不合理，因此允许结构破坏，但在任何情况下，不应导致建筑物倒塌。

相关抗震规范中结合我国目前的经济能力，提出了"三水准"的抗震设防目标：

第一水准：当遭受到多遇的低于本地区设防烈度的地震（简称"小震"）影响时，建筑一般应不受损坏或不需修理仍能继续使用。

第二水准：当遭受到本地区设防烈度影响时，建筑可能有一定的损坏，经一般修理或不修理仍能继续使用。

第三水准：当遭受到高于本地区设防烈度的罕遇地震（简称"大震"）时，建筑不致倒塌或发生危及生命的严重破坏。

上述设防目标可概括为"小震不坏，中震可修，大震不倒"。

二、抗震设计方法

对建筑抗震的三个水准设防要求，是通过"两阶段"设计来实现的，其方法步骤如下：第一阶段设计：第一步采用与第一水准烈度相应的地震动参数，先计算出结构在弹性状态下的地震作用效应，与风、重力荷载效应组合并引入承载力抗震调整系数，进行构件截面设计，从而满足第一水准的强度要求；第二步是采用同一地震动参数计算出结构的层间位移角，使其不超过抗震规范所规定的限值；同时采用相应的抗震构造措施，保证结构具有足够的延性、变形能力和塑性耗能，从而自动满足第二水准的变形要求。第二阶段设计：采用与第三水准相对应的地震动参数，计算出结构（特别是柔弱楼层和抗震薄弱环节）的弹塑性层间位移角，使之小于抗震规范的限值，并采用必要的抗震构造措施，从而满足第三水准的防倒塌要求。

三、建筑物重要性分类和抗震设防标准

在抗震设计中，建筑的重要性等级可分为特殊设防类（简称甲类）、重点设防类（简称乙类）、标准设防类（简称丙类）、适度设防类（简称丁类）四类，具体解释见《建筑工程抗震设防分类标准》（GB 50223—2008）。

各类抗震设防类别建筑的抗震设防标准，应符合下列要求：

甲类建筑：地震作用应高于本地区抗震设防烈度的要求，其值应按批准的地震安全性评价结果确定；抗震措施，当抗震设防烈度为 6～8 度时，应符合本地区抗震设防烈度提高一度的要求，当为 9 度时，应符合比 9 度抗震设防更高的要求。

乙类建筑：地震作用应符合本地区抗震设防烈度的要求；抗震措施，一般情况下，当抗震设防烈度为 6～8 度时，应符合本地区抗震设防烈度提高一度的要求，当为 9 度时，应符合比 9 度抗震设防更高的要求。对较小的乙类建筑，当其结构改用抗震性能较好的结构类型时，应允许仍按本地区抗震设防烈度的要求采取抗震措施。

丙类建筑：地震作用和抗震措施均应符合本地区抗震设防烈度的要求。

丁类建筑：一般情况下，地震作用仍应符合本地区抗震设防烈度的要求；抗震措施，

应允许比本地区抗震设防烈度的要求适当降低，但抗震设防烈度为 6 度时不应降低。

抗震设防烈度为 6 度时，除抗震规范有具体规定外，对乙、丙、丁类建筑可不进行地震作用计算。

四、抗震结构的总体要求

（一）应重视建筑结构的规则性

结构的平面布置不规则、平面布局的刚度不均都会对抗震效果产生不利影响。因此，在高层建筑结构抗震设计中，不应采用严重不规则的设计方案。在高层建筑抗震设计中，提倡平、立面布置规正、对称、减少偏心，建筑的质量分布和刚度变化均匀。以往震害经历表明，此种类型的建筑在地震时比较不容易受到破坏，容易估计出其地震反应，易于采取相应的抗震措施。

（二）对地基和基础的选择

选择坚硬的场地土建造高层建筑，可以明显地减少地震能量输入，从而减轻地震的破坏程度。高层建筑宜避开对抗震不利的地段，当条件不允许时应采取可靠措施，使建筑在地震时不致由于地基失稳而遭受破坏，或者产生过度下沉、倾斜。为了保证高层建筑的稳定性，要求基础要有一定的埋置深度。埋深基础四周土壤的被动土压力，能够抵抗高层建筑承受水平载荷所产生的倾覆和滑移。天然地基基础埋深为建筑高度的 1/15，桩基基础埋深为建筑高度的 1/18。针对地下室分缝处，应有 500mm 以上空隙用砂回填夯实；若地下室一面为开口，应保证开口以下至少 2m 以上覆土。

（1）上部结构的特点是选择基础设计方案的重要因素。基础设计时要把地基、基础和上部结构当成一个整体来考虑：当上部结构刚度和整体性较差，地基软弱，且不均匀时，基础刚度应适当加强；当上部结构刚度和整体性较好，荷载分布较均匀，地基也比较坚硬时，则基础刚度可适当放宽。

（2）一般情况下，地基的土质均匀，承载力高、沉降量小时，可以采取天然地基和竖向刚度较小的基础；反之，则应采用人工地基或竖向刚度较大的整体式基础。

（3）单独基础和条形基础整体性差，竖向刚度小，不容易调整各部分地基的差异沉降，除非将基础搁置在未风化或微风化岩层上，否则不宜在高层建筑中应用。在层数较少的裙房中应用时，也需在单独柱基之间沿纵、横两个方向增设拉梁，以抵抗可能产生的地基差异沉降。

（4）当采用桩基时，应尽可能采用单根、单排大直径桩或扩底墩，使上部结构的荷载直接由柱或墙传至桩顶；基础底板因受力很小而可以做得较薄，如果采用多根或多排小直径桩，基础底板就会受到较大弯矩和剪力，从而使板厚增大。

（5）箱形基础及筏式基础是高层建筑结构常用的形式。

（6）在地震区，为保证整体结构的稳定性，减小由基础变形引起的上部结构倾斜，基础埋深不能太小。在天然地基或复合地基上，基础埋深不宜小于建筑物高度的 1/15。如果采用桩基，则从桩顶算起，基础埋深不宜小于建筑物高度的 1/18。在非地震区，基础的埋深可适当减小。

此外，无论何种形式的基础，均不宜直接置于可液化土层上。

（三）抗侧力结构为延性结构或构件

目前我国采用的传统抗震结构体系是延性结构体系，即适当地控制结构的刚度，但容许结构构件在地震时进入非弹性状态，并具有较大的延性，提高结构的耗能能力，以消耗地震能量，减轻地震作用，减小楼层地震剪力，使结构物裂而不倒。在施工时应采取软垫隔震、滑移隔震、摆动隔震、悬吊隔震等措施，改变结构的动力特性，减轻结构的地震反应。

（四）多道设防

多道设防，就是设有多道抗震防线，避免因部分结构的破坏而导致整个体系丧失抗震能力。一个好的抗震结构体系应由若干个延性较好的分体系组成，并由延性较好的结构构件连接来协同工作。强烈的地震后往往伴随多次余震，倘若只有一道设防，在首次受到破坏后再遭余震，建筑结构将会因损伤积累而导致倒塌。抗震结构体系应有最大可能数量的内部、外部冗余度，并建立一系列分布的屈服区，主要的耗能构件应有较高的延性和适当刚度，以提高结构的抗震性能，尽量避免倒塌。

第 4 节　施工中高层钢筋混凝土房屋的基本构造措施变化

一、编制依据

编制依据见表 4.4-1 所列。

两 版 规 范　　　　　　　　　　　　　　　　　　　　　表 4.4-1

11G101-1	03G101
《混凝土结构设计规范》（GB 50010—2010）	《混凝土结构设计规范》（GB 50010—2002）
《建筑抗震设计规范》（GB 50011—2010）	《建筑抗震设计规范》（GB 50011—2001）
《高层建筑混凝土结构技术规程》（JGJ 3—2010）	《高层建筑混凝土结构技术规程》（JGJ 3—2002）

二、钢筋

（一）钢筋类型的变化

普通钢筋：淘汰低强 235MPa 钢筋，以 300MPa 光圆钢筋替代，增加高强 500MPa 钢筋，限制并准备淘汰 335MPa 钢筋。

因此在实际工程中，需要按照新的钢筋类型分别统计对应的钢筋总量。新类型的出现在今后各地区的新定额中势必会有所体现（图 4.4-1）。

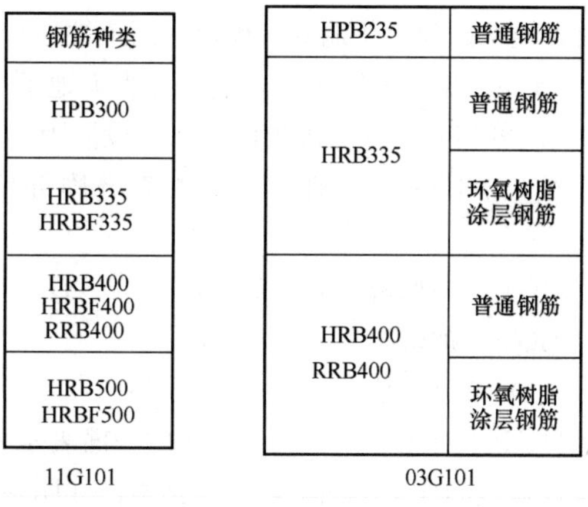

钢筋种类
HPB300
HRB335 HRBF335
HRB400 HRBF400 RRB400
HRB500 HRBF500

11G101

HPB235	普通钢筋
HRB335	普通钢筋
	环氧树脂涂层钢筋
HRB400 RRB400	普通钢筋
	环氧树脂涂层钢筋

03G101

图 4.4-1　图集钢筋类型的变化

（二）钢筋保护层变化

新平法规定保护层厚度是最外层钢筋外边缘至混凝土外表面的距离，不再是从主筋外缘起算。保护层厚度是以混凝土强度等级大于 C25 为基准编制的，当强度等级不大于 C25 时，厚度增加 5mm。主要是根据我国对混凝土结构耐久性分析，并参考《混凝土结构耐久性设计规范》GB/T 50476—2008 从混凝土的碳化、脱钝和钢筋锈蚀的耐久性角度考虑，不再以受力筋的外缘，而以最外层钢筋（包括箍筋、构造筋、分布筋）的外缘计算混凝土保护层厚度。

新规范中规定的各构件保护层厚度比原规范实际厚度有所加大（图 4.4-2）。

受力钢筋的混凝土保护层最小厚度(mm)									
环境类别		墙			梁			柱		
		≤C20	C25~C45	≥C50	≤C20	C25~C45	≥C50	≤C20	C25~C45	≥C50
一		20	15	15	30	25	25	30	30	30
二	a	—	20	20	—	30	30	—	30	30
	b	—	25	20	—	35	30	—	35	30
三		—	30	25	—	40	35	—	40	35

03G101

混凝土保护层的最小厚度(mm)		
环境类别	板、墙	梁、柱
一	15	20
二a	20	25
二b	25	35
三a	30	40
三b	40	50

11G101

图 4.4-2　钢筋保护层的变化

（三）钢筋锚固的变化

新规范出现了锚固和基本锚固两个概念，锚固长度不再直接给出，而是需要计算，对于不同的受力位置采用的锚固类型不同，增加了计算难度，同时，旧规范已经不能满足要求（图 4.4-3）。

（四）机械锚固

新图集中的钢筋弯钩和机械锚固的几种形式如图 4.4-4 所示。

三、柱

（一）嵌固部位

03G101 中，嵌固部位已经确定，当无地下室时，在基础顶面（一个柱根）。当有地下室时，在基础顶面及地下室顶板（两个柱根）。

11G101 中，嵌固部位未确定，当无地下室时，同 03G（一个柱根），当有地下室时，如图 4.4-5 所示，在基础顶面可以不设嵌固部位，只保留地下室顶面的嵌固部位。

当有地下室且基础顶部不作为嵌固部位时，新旧图集中的箍筋加密区范围有所不同。

11G101 中加密区为 $\max[H_n/6, h_c(D), 500]$。

03G101 加密区为 $H_n/3$。

（二）节点区箍筋

11G101 对比新增节点核心区的箍筋表示方法。加密区长度，当框架节点核心区内箍筋与柱端箍筋设置不同时，应在括号内注明核心区箍筋直径及间距（图 4.4-6）。

受拉钢筋基本锚固长度 l_{ab}、l_{abE}

钢筋种类	抗震等级	混凝土强度等级								
		C20	C25	C30	C35	C40	C45	C50	C55	C60
HPB300	一、二级 (l_{abE})	45d	39d	35d	32d	29d	28d	26d	25d	24d
	三级 (l_{abE})	41d	36d	32d	29d	26d	25d	24d	23d	22d
	四级 (l_{abE}) 非抗震 (l_{ab})	39d	34d	30d	28d	25d	24d	23d	22d	21d
HPB335 HPBF335	一、二级 (l_{abE})	44d	38d	33d	31d	29d	26d		24d	24d
	三级 (l_{abE})	40d	35d	31d	28d	26d	24d	23d	22d	22d
	四级 (l_{abE}) 非抗震 (l_{ab})	38d	33d	29d	27d	25d	23d	22d	21d	21d
HRB400 HRBF400 RRB400	一、二级 (l_{abE})	—	46d	40d	37d	33d	32d	31d	30d	29d
	三级 (l_{abE})	—	42d	37d	34d	30d	29d	28d	27d	26d
	四级 (l_{abE}) 非抗震 (l_{ab})	—	40d	35d	32d	29d	28d	27d	26d	25d
HRB500 HRBF500	一、二级 (l_{abE})	—	55d	49d	45d	41d	39d	37d	36d	35d
	三级 (l_{abE})	—	50d	45d	41d	38d	36d	34d	33d	32d
	四级 (l_{abE}) 非抗震 (l_{ab})	—	48d	43d	39d	36d	34d	32d	31d	30d

受拉钢筋锚固长度 l_a、抗震锚固长度 l_{aE}

抗震	$l_{aE}=\zeta_{aE}l_a$
非抗震	$l_a=\zeta_a l_{ab}$

变拉钢筋锚固长度修正系数 ζ_a

锚固条件	ζ_a	
带肋钢筋的公称直径大于25	1.10	
环氧树脂涂层带肋钢筋	1.25	
施工过程中易受扰动的钢筋	1.10	
锚固区保护层厚度	3d	0.80
	5d	0.70

1. l_a 不应小于200。
2. 锚固长度修正系数 ζ_a 按右表取用，当多于一项时，可按连乘计算，但不应小于0.6。
3. ζ_{aE} 为抗震锚固长度修正系数，对一、二级抗震等级取1.15，对三级抗震等级取1.05，对四级抗震等级取1.00。

注：1. HPB300级钢筋末端应做180°弯钩，弯后平直段长度不应小于3d，但作受压钢筋时可不做弯钩。
2. 当锚固钢筋的保护层厚度大于5d时，锚固长度范围内应设置横向构造钢筋，其直径不应小于d/4(d为锚固钢筋的最大直径)；对梁、柱等构件间距不应大于5d，对板、墙等构件间距不应大于10d，且均不应大于100mm(d为锚固钢筋的最小直径)。

注：中间时按内插值。d为锚固钢筋直径。

变拉钢筋基本锚固长度 l_{ab}、l_{abE} 受拉钢筋锚固长度 l_a、抗震锚固长度修正系数 ζ_{aE}	图集号	11G101-1
设计　　校对　　审核	页	53

图 4.4-3　钢筋锚固长度变化

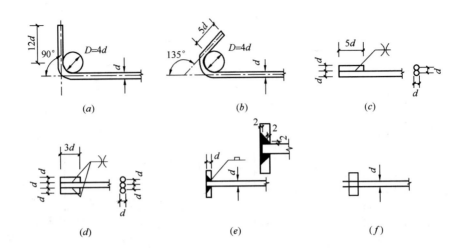

(a)　　　　　　　　　(b)　　　　　　　　　(c)

(d)　　　　　　　　　(e)　　　　　　　　　(f)

图 4.4-4　纵向弯钩与机械锚固形式

(a) 末端带 90°弯钩；(b) 末端带 135°弯钩；(c) 末端一侧贴焊锚筋；

(d) 末端两侧贴焊锚筋；(e) 末端与钢板穿孔塞焊；(f) 末端带螺栓锚头

（三）顶层柱

1. 顶层边角柱

对比变化分析，柱纵筋直径大于等于 25mm 时，新增角部附加钢筋时，在柱宽范围内设置间距大于 150mm，但不小于 3A10 的角部附加钢筋。

节点 A，当柱外侧纵筋直径不少于梁上部钢筋时，可弯入梁内做梁的纵筋。

节点 C，在原节点基础上增加了一个弯折段长度与 15d 比大小的条件。

新增节点 E，柱外侧纵筋到顶截断（图 4.4-7）。

2. 顶层中柱

对比 03G101-1 新增节点 C，柱的纵向钢筋伸至柱顶，并在端部增加锚头（图 4.4-8）。

注意：此节点使用锚板构造，需要单独计算锚板工程量。

（四）变截面节点

变化：

（1）用 δ 代替 c。

（2）水平弯折长度由伸入上层柱内 200mm 变为直接弯折 12d。

（3）上层柱钢筋下锚长度由 1.5l_{ae} 变为 1.2l_{ae}。

（4）新增变截面的一侧无梁节点，其水平段锚固值为 l_{ae}（图 4.4-9）。

（五）墙上柱

变化：

（1）纵筋锚入墙顶部由 1.6l_{ae} 变为 1.2l_{ae}。

（2）水平段弯折长度由 5d 变为 150mm（图 4.4-10）。

（六）下柱大直径节点

新增下柱较大直径钢筋节点，与上柱较大直径节点相通（图 4.4-11）。

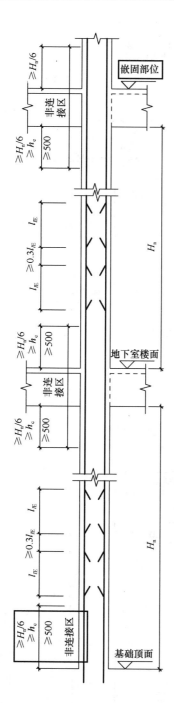

绑扎搭接
当某层连接区的高度小于纵筋
分两批搭接所需要的高度时，
应改用机械连接
11G101

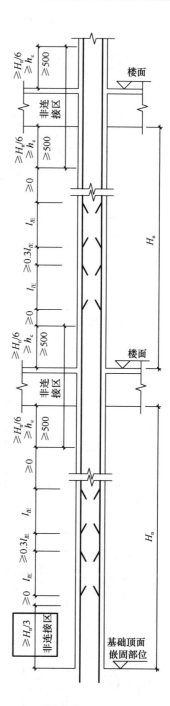

绑扎搭接
当某层连接区的高度小于纵筋
分两批搭接所需要的高度时，
应改用机械连接或焊接连接。
03G101

图 4.4-5　柱筋嵌固位置变化

【例】$\phi10@100/250$，表示箍筋为HPB300级钢筋，直径$\phi10$，加密区间距为100mm，非加密间距为250mm。

$\phi10@100/250(\phi12@100)$，表示柱中箍筋为HPB300级钢筋，直径$\phi10$，加密区间距为100mm，非加密区间距为250mm。框架节点核芯区箍筋为HPB300级钢筋，直径$\phi12$，间距为100mm。

图 4.4-6　新增节点核心区的箍筋表示方法

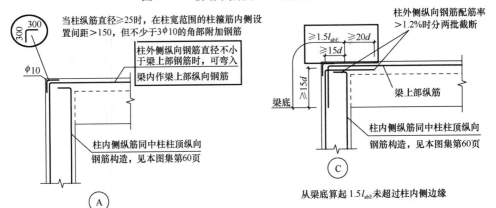

图 4.4-7　顶层边角柱钢筋构造变化

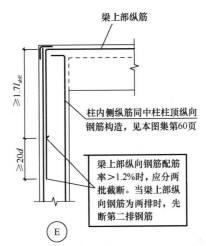

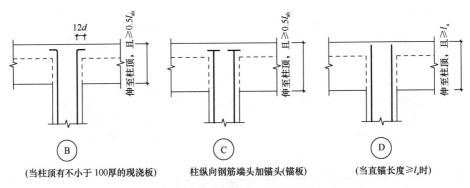

图 4.4-8　顶层边角柱钢筋构造变化

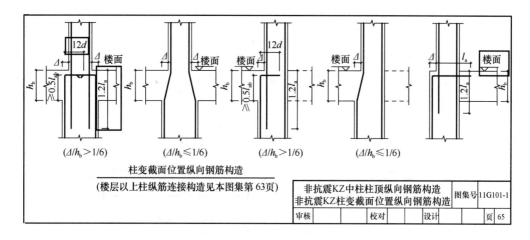

图 4.4-9　柱变截面钢筋构造变化

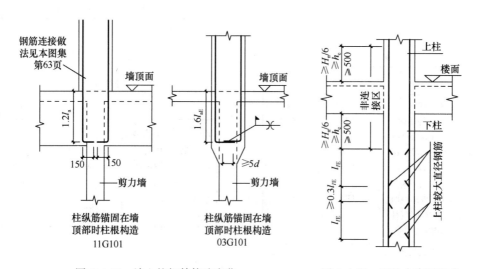

图 4.4-10　墙上柱钢筋构造变化　　　　图 4.4-11　下柱大直径节点

（七）纵筋柱根锚固

11G101 新增地下一层钢筋在嵌固部位的锚固构造如图 4.4-12 所示。

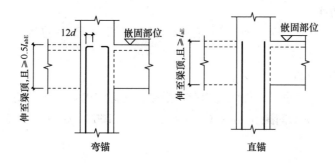

图 4.4-12　新增地下一层钢筋锚固

四、墙

（一）剪力墙结构制图规则

11G101 图集对墙柱代号进行了简化，墙身排数也进行了简化，图集规定，当墙身所设置的水平与竖向分布钢筋的排数为 2 时，可以不注（图 4.4-13）。

墙柱编号

墙柱类型	代号	序号
约束边缘构件	YBZ	××
构造边缘构件	GBZ	××
非边缘暗柱	AZ	××
扶壁柱	FBZ	××

墙梁编号

墙梁类型	代号	序号
连梁	LL	××
连梁(对角暗撑配筋)	LL(JC)	××
连梁(交叉斜筋配筋)	LL(JX)	××
连梁(集中对角斜筋配筋)	LL(DX)	××
暗梁	AL	××
边框梁	BKL	××

11G101

墙柱编号

墙柱类型	代号	序号
约束边缘暗柱	YAZ	××
约束边缘端柱	YDZ	××
约束边缘翼墙(柱)	YYZ	××
约束边缘转角墙(柱)	YJZ	××
构造边缘端柱	GDZ	××
构造边缘暗柱	GAZ	××
构造边缘翼墙(柱)	GYZ	××
构造边缘转角墙(柱)	GJZ	××
非边缘暗柱	AZ	××
扶壁柱	FBZ	××

墙梁编号

墙梁类型	代号	序号
连梁(无交叉暗撑及无交叉钢筋)	LL	××
连梁(有交叉暗撑)	LL(JC)	××
连梁(有交叉钢筋)	LL(JG)	××
暗梁	AL	××
边框梁	BKL	××

03G101

图 4.4-13   剪力墙制图规则变化

（二）约束边缘

增加了剪力墙水平钢筋计入约束边缘构件体积配筋率的构造做法如图 4.4-14 所示。

对比 03G 变化分析：

新增剪力墙上约束边缘构件纵筋构造，搭接长度范围内，箍筋直接应大于等于纵筋最大直径的 0.25 倍，箍筋间距为 max（最小纵筋 5 倍，100），如图 4.4-15 所示。

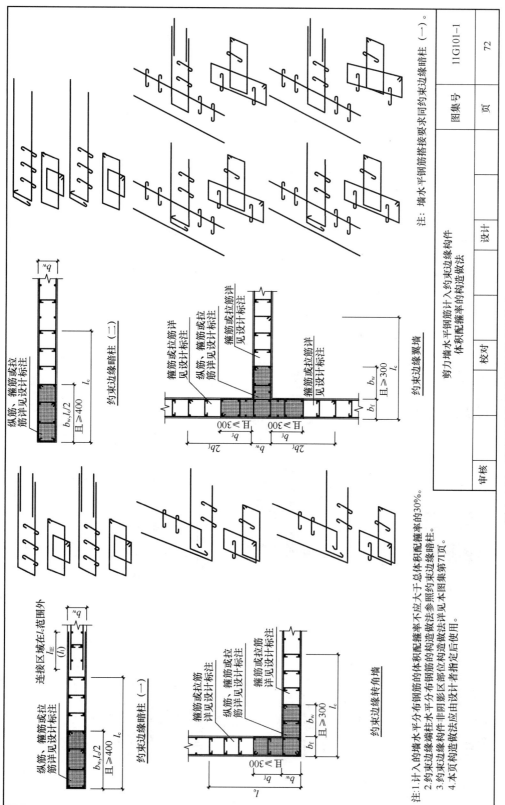

注：墙水平钢筋搭接要求同约束边缘暗柱（一）。

剪力墙水平钢筋计入约束边缘构件
体积配箍率的构造做法

图集号	11G101-1
页	72

约束边缘暗柱（二）

约束边缘翼墙

约束边缘暗柱（一）

约束边缘转角墙

注：1.计入的墙水平分布钢筋的体积配箍率不应大于总体积配箍率的30%。
2.约束边缘端柱水平分布钢筋的构造做法参照约束边缘暗柱。
3.约束边缘构件非阴影区部位构造做法详见本图集第7页。
4.本页构造做法应由设计者指定后使用。

图 4.4-14　约束边缘构件的体积配筋率的构造

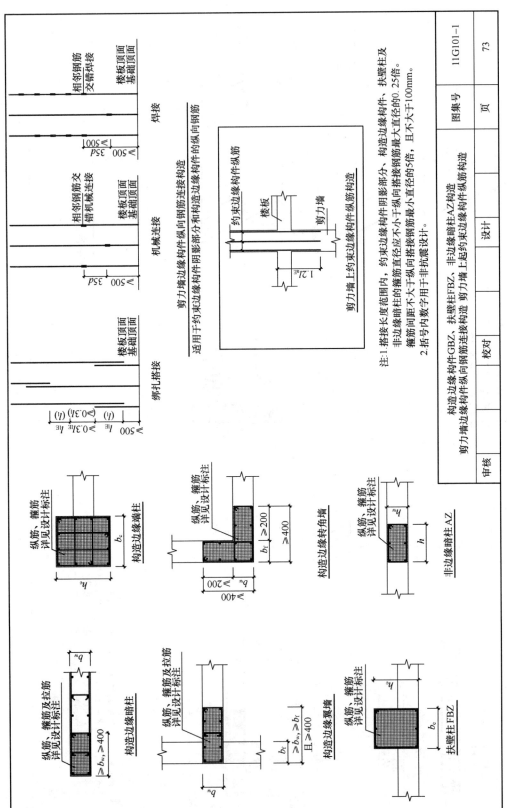

图 4.4-15 约束边缘构件纵筋构造

（三）墙水平钢筋

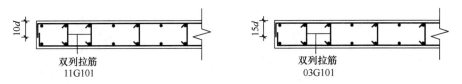

图 4.4-16　端部无暗柱时剪力墙水平钢筋端部做法

（四）墙竖向钢筋

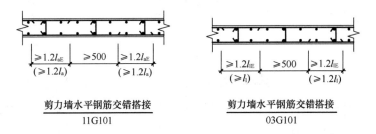

图 4.4-17　11G101 将剪力墙水平交错搭接改为 $1.2l_{aE}$

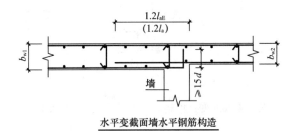

图 4.4-18　新增墙水平变截面水平筋构造

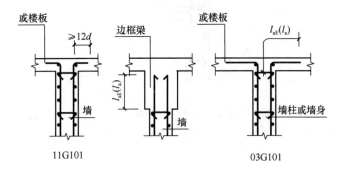

图 4.4-19　剪力墙竖向钢筋顶部构造发生变化

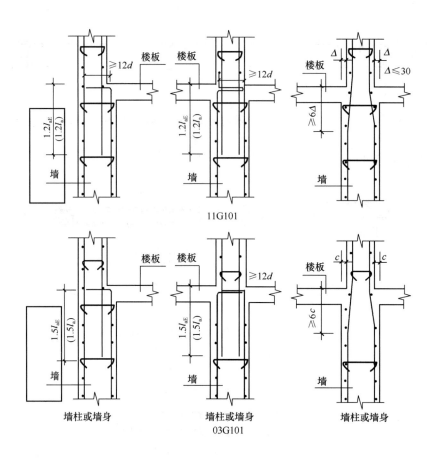

图 4.4-20　变截面构造节点锚固长度发生变化

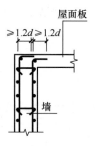

图 4.4-21　剪力墙竖向变截面增加"变截面一侧无板"的构造节点

（五）剪力墙洞口

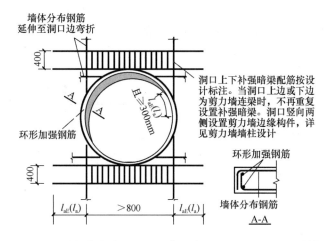

图 4.4-22　增加剪力墙圆形洞口直径大于 800mm 时补强纵筋构造

五、梁

（一）加腋梁

增加了水平加腋做法，如图 4.4-23 所示。

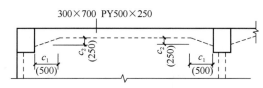

梁截面尺寸，该项为必注值。
当为等截面梁时，用 $b×h$ 表示；
当为竖向加腋梁时，用 $b×h$ GY$c_1×c_2$ 表示，其中 c_1 为腋长，c_2 为腋高；
当为水平加腋梁时，一侧加腋时用 $b×h$ PY$c_1×c_2$ 表示，其中 c_1 为腋长，c_2 为腋宽，加腋部位应在平面图中绘制。

图 4.4-23　水平加腋做法

（二）楼层框架梁

增加了端支座机械锚固节点，如图 4.4-24 所示。

（三）屋面框架梁

屋面框架梁新增了端部机械锚固和下部钢筋直锚的节点。

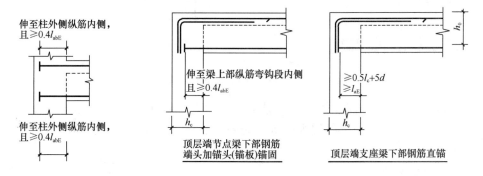

图 4.4-24　端支座机械锚固节点法　　　图 4.4-25　机械锚固和下部钢筋直锚的节点

修改了屋面框架梁支座构造：

在 11G101 中，顶标高不一样的 WKL，高的弯折 $\delta + l_{aE}$，低的伸入 l_{aE}。在 03G101 中，顶标高不一样的 WKL，高的弯折 $c + 15d$，低的伸入一个 $1.6l_{aE}$（图 4.4-26）。

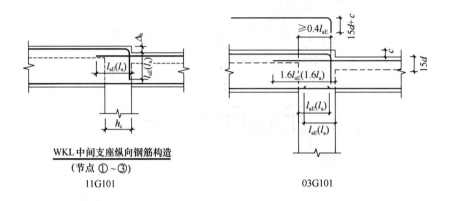

图 4.4-26　屋面框架梁支座构造

在 11G101 中，非抗震框架梁，端支座直锚明确了 $0.5h_c + 5d$ 和 l_{aE} 取大值。取消了原图集中的中间支座中的弯锚设置，增加了端支座机械锚固设置（图 4.4-27）。

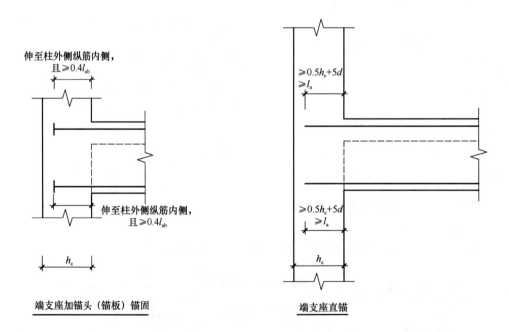

图 4.4-27　11G101 图集端支座机械锚固设置

在 03G101 中，非抗震框架梁端支座直锚长度 l_a，中间支座的弯锚 $15d$（图 4.4-28）。

在 11G101 中，增加了尽端为梁箍筋构造，不设置加密区，箍筋和数量由设计确定（图 4.4-29）。

（四）非框架梁

在 03G101 中，非框架梁 L 配筋构造，区分了直形和弧形梁，在 11G101 中没有区分

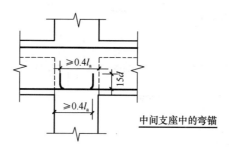

图 4.4-28　03G101 图集中间支座的弯锚

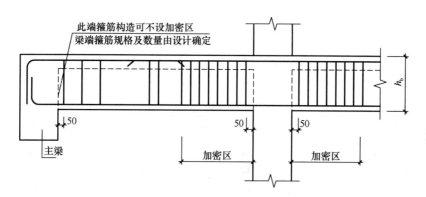

图 4.4-29　尽端为梁箍筋构造

（图 4.4-30）。

（五）水平、竖向折梁

11G101 中增加了水平折梁、竖向折梁钢筋构造，如图 4.4-31 所示。

（六）悬挑梁

03G101 中的悬挑梁下部钢筋锚固为 $12d$，第二排钢筋伸入 $0.75l$ 即可。

11G101 中的悬挑梁下部钢筋锚固为 $15d$，第二排钢筋要求弯起（图 4.4-32）。

（七）框支梁

03G101 中的框支梁上部贯通筋和支座筋都伸入梁底再锚固。

11G101 中的上部贯通筋伸到梁底，再锚固 l_{aE}，上部支座钢筋弯折 $15d$，且总锚固长度大于 l_{aE}（图 4.4-33）。

（八）井字梁

03G101 中的上部钢筋直段 $0.4l_a$。11G101 中的上部钢筋锚固平直段按设计铰接和充分利用抗拉强度区分为 $0.35l_{ab}$ 和 $0.6l_{ab}$（图 4.4-34）。

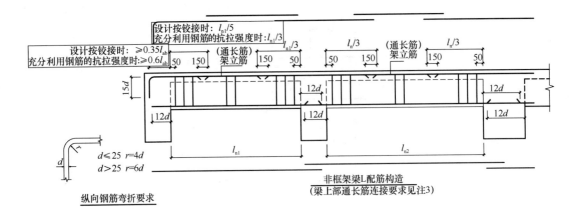

11G101

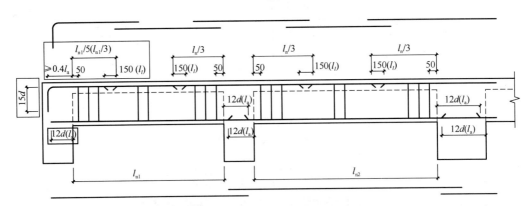

图 4.4-30　非框架梁 L 配筋构造

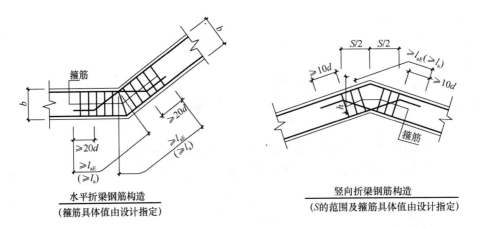

图 4.4-31　水平折梁、竖向折梁钢筋构造

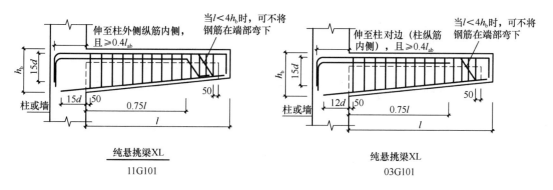

图 4.4-32 悬挑梁钢筋构造

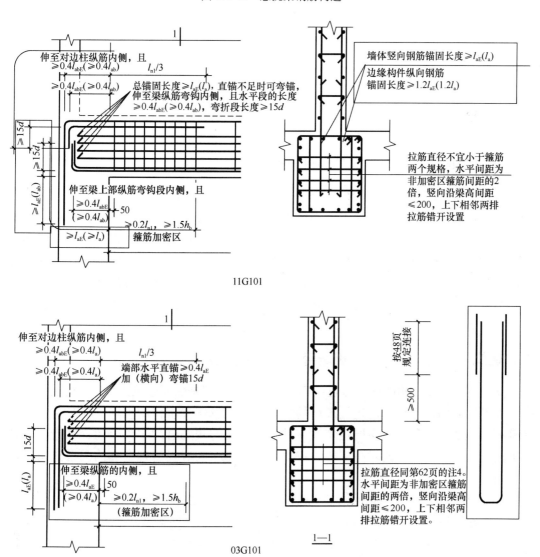

图 4.4-33 框支梁上部贯通筋和支座筋构造

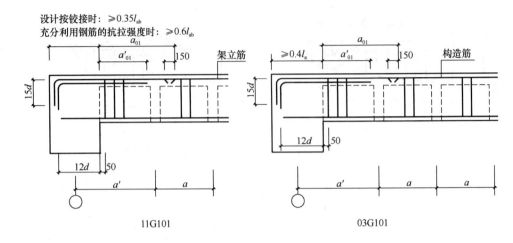

图 4.4-34　井字梁钢筋构造

第 5 节　高层建筑抗震结构的施工与现场管理

一、高层建筑抗震结构的施工与现场管理

　　我们必须对高层建筑结构的抗震提高警惕性，真正的做到小震不动，大震不倒。我们不能只看到高层建筑的优点，必须明确的是高层离地面远，人口大量集中，保障人口的安全是我们工作的重中之重，高层建筑的施工和现场管理显得尤为重要，如何让高层建筑物保持良好的抗震性能？这就需要我们的共同努力，高层建筑存在的普遍的问题就是抗震结构的设计，受力结构分析是否符合现实存在的高层建筑物，除了抗震结构的设计，现场施工、现场监督、现场管理都是促进高层建筑物提高抗震能力的一个重要方面。

二、建筑抗震结构的施工与现场管理存在的问题

　　高层建筑抗震结构的施工与现场管理是否得当一直是保证建筑物高质量的前提和保障，但是，我国对于高层建筑抗震结构的施工与现场管理工作的重视仅仅是从这几年才开始的，所以，我国在高层建筑抗震结构的施工与现场管理工作上还存在着各种各样的问题。下面，笔者就对高层建筑抗震结构的施工与现场管理存在的问题进行简要的分析。

　　（一）高层建筑抗震结构的施工与现场管理存在问题之盲目效仿

　　高层建筑物是一个城市，乃至一个国家的精神和经济文明标志，但是有一些建筑师为了建筑而建筑，盲目模仿高层建筑的设计图标，我们首先要明确的是，高层建筑物要加强抗震结构的施工的目的是什么。不是盲目地去追求美，美只是其中一部分原因，牢固性强的建筑才能让高层建筑不会华而不实，中国位于世界两大地震带——环太平洋地震带与欧亚地震带之间，受太平洋板块、印度洋板块和菲律宾海板块的挤压，地震断裂带十分发

育。而且中国的山地约占全国土地总面积的 33%，高原占 26%，盆地占 19%，平原占 12%，丘陵占 10%。如果把高山、中山、低山、丘陵和崎岖不平的高原都包括在内，那么中国山区的面积要占全国土地总面积的 2/3 以上。每个地区地形不同，每个地区可发生的地震程度也不同，盲目的效仿会让高层建筑物失去原有的魅力。

（二）高层建筑抗震结构的施工与现场管理存在问题之细微问题不够仔细

有的底层无横向落地抗震墙，全部为框支或落地墙间距超长；有的仅北侧纵墙落地，南侧全为柱子，造成南北刚度不均；有的底层作汽车库，设计时横墙都落地，但纵墙不落地，变成了纵向框支；还有的底框和内框砌体住宅采用大空间灵活隔断设计，其中几乎很少有纵墙以及结构的竖向布置。在高层建筑中，竖向体型有过大的外挑和内收，立面收进部分的尺寸比值 b_1/b 不满足 $\geqslant 0.75$ 的要求。平面布局的刚度不均。抗震设计要求建筑的平、立面布置宜规正、对称，建筑的质量分布和刚度变化宜均匀，否则应考虑其不利影响。但有的平面设计存在严重的不对称，因而墙直接落地，造成横向刚度不均。这些都对抗震极为不利。

三、高层建筑抗震结构的施工与现场管理对策分析

以上，对高层建筑抗震结构的施工与现场管理存在的普遍问题进行了简要的分析，下面，笔者就针对高层建筑抗震结构的施工与现场管理存在的普遍问题进行思考，提出高层建筑抗震结构的施工与现场管理的对策。

（一）高层建筑抗震结构的施工与现场管理对策分析之严格按照特点来实施

每个建筑物都因为有自己独有的魅力才显得格外美丽，高层建筑应该根据自己的所设计的地点进行合理的分析，以及高层建筑物的受力点以及总体框架需要多次检验，才可以实施建筑，有的高层建筑物结构抗震等级掌握不准。如果缺乏岩土工程勘察资料或资料不全，就有可能在扩初设计阶段还缺少建筑场地岩土工程的勘察资料，在扩初设计会审之后就直接进入了施工图设计，更可能有的在规划设计或方案设计会审后就直接进入了施工图设计。无岩土工程勘察资料，设计缺少了必要的依据。

（二）高层建筑抗震结构的施工与现场管理对策分析之细微问题仔细分析

结构的平面布置。外形不规则、不对称、凹凸变化尺度大、形心质心偏心大，同一结构单元内，结构平面形状和刚度不均匀、不对称，平面长度过长等；底框砖房中一半为底框，而另一半为砖墙落地承重，这种情况常发现在平面纵轴与街道轴线相交的住宅，其底层为商店，设计成一半为底框砖房（有的为二层底框），而另一半为砖墙落地自承，造成平面刚度和竖向刚度二者都产生突变，对抗震十分不利。细微的问题一定要仔细的分析，施工和现场管理也很重要，时刻监督建筑的进程，即使再小的的问题，也要细微的解决，切不可大意糊涂。

第 6 节　高层建筑结构的抗震新发展

我国传统文化中"以柔克刚"的思想在高层建筑的设计中具有很高的思想价值，具有一定的指导意义。在建筑的设计中，可以从传统的以硬性为主的抗震模式向以柔性为主的

抗震模式转变，实现以柔克刚、刚柔相济，利用柔劲降低地震的能量，减少损坏。"以柔克刚"本质上是一种"以退为进"的避灾法，通过吸收转化灾害能量，避免建筑发生破坏。"以变应变"是指以变化的结构构造，适应变化的灾害环境。宋代开封的开宝寺塔，为防御长年累月的西北风，建造时有意识地将塔倾向西北。以期"吹之不百年当正"，采用的是另一种"以变应变"方法。

目前实用的抗震新技术有：隔震技术、耗能减震技术、吸振减震技术。抑制地震作用，不使地震能量传递到建筑物的隔震方法已经在结构设计领域应用。理论和实际地震都表明，这种结构可以大大地减少地震时上部结构物的加速度和层间变形，从而减少建筑物的破坏。由于这种体系能有效地消除建筑物的振动，因而会给人们比较安全的感觉。现在，已有许多隔震建筑问世，如在北京建造的利用砂垫层隔震的强震观察室兼住宅、在美国建造的使用高阻尼橡胶垫隔震的复希尔法律司法中心、在新西兰建造的利用摆动桩隔震的奥克兰工会大楼等。

一、摩擦滑移隔震技术

滑移隔震技术是指在建筑物的基础或层间等部位设置低摩擦的滑移件和限位器等，通过相对滑移运动和摩擦耗能而有效限制地震能量向上部传递和向下部反馈的一种隔震技术。如果在建筑物与地基之间设置一个低摩擦系数的滑移隔震层，当地震产生惯性力达到一定值时，结构与地基脱开，把地震力切断，起到隔震的作用。

建筑物滑移隔震技术与传统的抗震结构有所不同，滑移隔震技术是在建筑物底部采用了滑移件与限位装置组成的隔震体系，其优越性表现在：滑移隔震结构采用软化结构的方式，即在上部结构和下部结构之间加入摩擦滑移装置来控制、减少地震能量由下部向上部传递，从而减轻上部结构的地震反应。当结构受到小震或者风的作用时，滑移隔震装置靠自身足够大的刚度来保证上部结构基本保持不动，此时结构由其本身来抵抗地震反应；当结构受到中大地震作用时，滑移隔震装置所能提供的水平摩擦力小于地震反应力，上部结构发生滑移，同时结构在滑移过程中消耗大量的地震能量，有效地减小了地震反应；当结构受到特大地震时，还可以通过滑移隔震装置上面的限位及消能装置来保证结构的安全性和减震效果。摩擦滑移隔震与现有的抗震技术有其根本的区别，现有的抗震技术是"以刚对刚"的办法，依靠建筑物的刚度与强度直接对抗地震时产生的巨大能量。而摩擦滑移隔震技术在建筑物与地基之间设置一个低摩擦系数的滑移隔震层，当地震产生惯性力达到一定值时，建筑物与地基脱开，此时隔震层隔离的地震力无法向上部结构传递是建筑物主体起到隔震的作用。用"以柔克刚"代替了"以刚对刚"的传统观念，这是抗震概念的一大突破。

摩擦滑移隔震技术的应用解决了建筑物抵御地震而不造成破坏，同时造价便宜，隔震性能优越，对地震烈度较高地区的建设和经济发展，起到良好的推动作用，并可带来极大的社会和经济效益。

隔震支座由上盖板、下盖板组成，上、下盖板的尺寸均为方形，且均向内侧有一圆形突出，上盖板突出圆形结构半径较小，下盖板较大，两者之间的差值即为滑移隔震支座允许的最大滑移量。在两块盖板之间喷涂了新型固体润滑材料二硫化钼（图 4.6-1）。

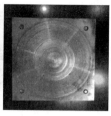

图 4.6-1　滑移隔震支座产品模型

二、研究成果

（一）理论研究成果

（1）编制了滑移隔震时程分析软件

考虑：任意方向地震作用下基底隔震结构在平动与扭转耦连状态下的非线性动力反应时程分析。

计算：限位消能元件最大内力（剪力、扭矩）；基底最大滑移量、残余滑移量；每层楼板的最大相对和最大绝对位移，扭转角度；每个层间的最大剪力、扭矩；每层楼板的最大相对和最大绝对加速度。

（2）计算模型及数值分析

分析了采用等代体系模型的条件，利用编制的计算程序进行了数值计算和分析。研究表明：基础滑移隔震结构的起滑条件与滑动摩擦系数 μ 同重力加速度 g 之积与激振最大加速度峰值之比 G，激振主频与结构基频之比有关，对多层砖混结构采用较小刚度的线弹性限位装置能够有效地控制隔震结构的最大滑移量而不降低隔震效果。

（3）抗倾覆稳定性

分析了多层基础滑移隔震房屋滑动抗倾覆稳定条件，结果表明，滑动减震结构的自身稳定取决于滑动面的摩擦特性以及多层结构房屋的几何尺寸，当 μ 值在一定范围内，可满足抗震规范对结构的高度比的要求。

（4）惯性力分布规律

以滑移剪切杆为研究对象，从理论上证实了多层基础滑移隔震房屋的惯性分布不同于传统结构的倒三角形分布，而为 k 形分布。研究表明：结构的第 Ⅱ 和第 Ⅲ 振型对基础滑移隔震房屋层间位移及加速度起着不可忽视的作用。它的研究可为多层剪切型隔震房屋设计提供可靠的理论依据。

（5）摩擦系数分析

从摩擦学理论出发分析了所研制的抗震滑移装置的工作原理及影响摩擦系数的诸多因素。模拟实验了实际工作载荷下滑移装置的工作性能，测定了直接影响滑移装置可靠性的摩擦系数大小范围，为此装置用于楼房的荷载支座以达到抗震和减震的目的提供了理论依据和实验数据（图 4.6-2）。

（二）试验研究成果

参考文献《采用新型分离式摩擦滑移系统的隔震结构振动台试验研究》、《带限位装置的新型摩擦滑移隔震结构振动台试验研究》。

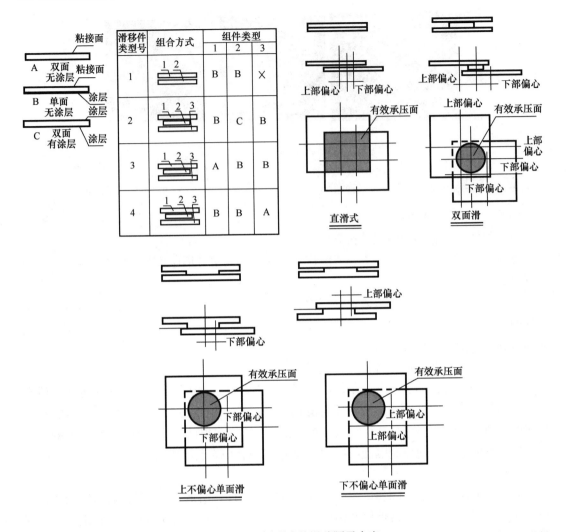

图 4.6-2　不同形式的滑移隔震支座

三、采用滑移隔震技术的优势

（1）变"以刚对刚"为"以柔克刚"

滑移隔震技术与现有的抗震技术是有根本的区别：现有的抗震技术采用"以刚对刚"的办法，依靠建筑物的刚度与强度直接对抗地震时产生的巨大能量；而滑移隔震技术则用"以柔克刚"代替了"以刚对刚"的传统观念，这是抗震概念的重大突破，大大改善了抗震技术。

（2）巧妙的应用了被动控制理论

地震作用下结构的破坏主要是由横波产生的水平力造成的，而滑移隔震技术利用库伦定理，改变了结构边界条件，以适应强大地震力的要求。这个改变是结构自身自动形成，不依靠外部设备，因而是可靠经济的。

（3）用双烈度设计方法代替单烈度设计方法

地震作用下滑移隔震结构要经历基础固定与基础滑动完全不同的两个状态，这两个状态的动力特征不同。前者计算结构内力与截面设计；后者是计算滑移量，设计滑移空间。

第一烈度为前者是抗震阶段，第二烈度为后者是隔震阶段，这样滑移隔震技术与现行抗震规程有机的联系在一起。

（4）解决超烈度问题

"超烈度"是指当地发生地震时的实际烈度大于当地国家制定的烈度，称为"超烈度"。在这一时段，我国产生多次强震，其烈度均大大超出规定烈度，造成很大的损失，这是一个值得深思的问题。

目前抗震技术无法解决"超烈度"问题，而采用滑移隔震技术可以做到低的设防费用，达到高的抗震能力，比较好地解决了"超烈度"问题，不但提高了建筑的抗震水平，还可为国家节省数以亿计的抗震设防费用。

（5）解决加速度放大问题

现有的抗震方法中，由于房屋与基础牢固地连接在一起，在地震作用下建筑物是一个加速度的"放大器"，形成所谓的倒三角形分布，对于建筑物十分不利。采用滑移隔震技术后，在地震作用下建筑物的加速度不仅不放大而且还有所变小，变形相应减小，加速度成 K 形分布，这对处理建筑物受冲撞最厉害的底层部位和薄弱层部位十分有利。

（6）减少余震的影响

主震过后常常伴随若干次余震，主震时房屋已产生一定的破坏，余震更是雪上加霜，破坏性更大；而采用滑移隔震技术后，建筑物基本处于弹性阶段，有效地减少了余震造成的灾害。

（7）减震效果明显

试验及理论研究结果表明，采用滑移隔震技术的结构与抗震结构相比，层间剪力及楼层最大剪力大大减少，提高建筑物的抗震能力，由此产生的经济效益是十分可观的。减震效果（与现有抗震方法相比）：八度地区，减少 50%；九度地区，减少 75%。由于地震力大幅度减少，能有效地节省材料与投资。

由此可见采用滑移隔震技术，不仅可以节省投资而且将房屋的抗震能力提高到一个新的高度，减少了地震灾害，减少了人员伤亡，是一件利国利民的大事。

四、屈曲约束支撑技术

（一）屈曲支撑及其特点

1. 屈曲约束支撑简介

屈曲约束支撑（Buckling-Restrained Brace）简称屈曲支撑（BRB），是一种在受拉和受压均能达到屈服而不发生屈曲失稳的轴向受力构件，一般地，BRB 由三部分组成，即核心单元（芯材）、约束单元以及芯材和约束单元之间的无粘结材料组成，如图 4.6-3 所示。

核心单元构件是主要受力构件，由低强度钢板组成，常见的形状为十字形和一字形，约束单元提供侧向约束，防止芯材受压时发生屈曲失稳，目前常用的为钢管混凝土，无粘结材料包裹在核心单元的表面，用于消除核心单元与约束单元之间的摩擦力。

屈曲支撑于 21 世纪初在美国、日本等国得到了广泛的研究与应用，近年来，在我国已得到广泛关注，并部分用于实际工程中，如上海东方体育中心，上海世博中心、北京银

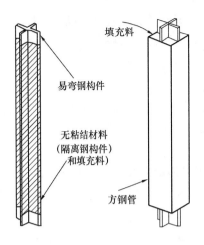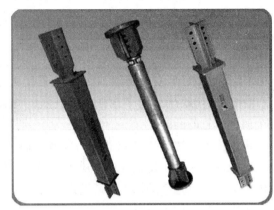

图 4.6-3　屈曲约束支撑构件组成示意图

泰中心，以及中小学抗震加固改造等。

2. 屈曲约束支撑特点

（1）普通中心支撑

特点：支撑受压屈曲，刚度迅速下降，承载力低，耗能受力差。

（2）普通偏心支撑

特点：有耗能梁段，耗能性能好，但支撑强度不能充分发挥，震后修复困难。

（3）屈曲约束支撑

特点：支撑不会屈曲，只会屈服，通过支撑屈服耗能保护梁、柱构件不破坏，减小了大震下的变形，且因只发生支撑屈服，震后易于更换。支撑刚度的强度完全发挥，一般来说，相同刚度下，承载能力比普通支撑提高 3～10 倍。

"小震经济"、"中震不坏"、"大震易修"是屈曲约束支撑的特点，显然完全达到了现行国家标准规定的抗震设防三水位"小震不坏、大震不倒、中震可修"，而且在此基础上更上一层楼。

（二）研究的目的和意义

（1）屈曲支撑具有良好的承载力，更具有非常好的变形耗能能力，减震作用十分明显，新编国家抗震规范 GB 50011—2010 正式规定消能减震结构的抗震性能明显提高时，主体结构的抗震构造可以适当降低，最大可降低 1 度，这对于现有建筑结构的加固改造具有十分重要的意义。

（2）近年来，工程日趋复杂，性能化设计将成不可避免，通过学习中震、大震下屈曲支撑的弹塑性设计方法，对今后的复杂工程设计具有很强的指导意义。

五、阻尼器消能减震技术

（一）黏弹性阻尼器

1. 基本原理

黏弹性阻尼器由黏弹性材料和约束钢板组成，典型的黏弹性阻尼器如图 4.6-4 所示。

它由两个 T 形约束钢板夹一块矩形钢板组成，T 形约束钢板与中间钢板之间夹有一层黏弹性阻尼材料（通常用有机硅或其他高分子材料）。在反复轴向力作用下，约束 T 形钢板与中间钢板产生相对运动，使黏弹性材料产生往复剪切滞回变形，以吸收和耗散能量。

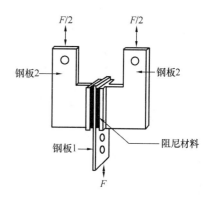

图 4.6-4　典型的黏弹性阻尼器

2. 黏弹性阻尼器消能减震的优越性

（1）价格便宜；

（2）施工方便快捷、工期短；

（3）不破坏原有结构形式；

（4）可以给结构提供附加刚度；

（5）安装、运输、维护方便。

（二）消能减震结构的设计要求

1. 耗能部件的设计

消能减震结构应根据罕遇地震作用下的预期结构位移控制要求，设置适当的耗能部件，耗能部件可由耗能器及斜支撑、填充墙、梁或节点等组成。

耗能减震结构中的耗能部件应沿结构的两个主轴方向分别设置，耗能部件宜设置在层间变形较大的位置，其数量和分布应通过综合分析合理确定。

2. 耗能部件的性能要求

耗能部件应满足下列要求：

（1）耗能器应具有足够的吸收和耗散地震能量的能力和恰当的阻尼；耗能部件附加给结构的有效阻尼比宜大于 10%，超过 20% 时宜按 20% 计算。

（2）耗能部件应具有足够的初始刚度。

（3）耗能器应具有优良的耐久性能，能长期保持其初始性能。

（4）耗能器应构造简单，施工方便，易维护。

（5）耗能器与斜支撑、填充墙、梁或节点的连接，应符合钢构件连接或钢与钢筋混凝土构件连接的构造要求，并能承担耗能器施加给连接节点的最大作用力。

（三）工程实例

咸阳某工程结构整体设计已经完成，相关建筑、结构、水、暖及电的设计都已出图。但咸阳市政府为了将来西咸一体化，和西安的抗震设防烈度相衔接，要求相关的建筑开发公司将抗震设防烈度提高到 8 度。考虑到控制成本等因素，同时采用新型的消能减震技术，现拟采用黏弹性阻尼器消能减震控制方法对该楼进行减震控制，使其结构满足抗震规范要求。

本工程位于陕西省咸阳市，为钢筋混凝土剪力墙结构，地下 1 层，地上 32 层；抗震设防烈度为 7 度，设计地震加速度为 0.15g，设计地震分组为第一组，Ⅲ类场地土，结构整体阻尼比为 0.05，抗震构造措施按 8 度进行。标准层平面图如图 4.6-5 所示。

在具体使用时，安装板与支撑钢管采用螺栓连接，构成黏弹性耗能支撑后，再将其安装在结构柱间斜撑、人字形支撑或其他使结构产生相对变形的位置（图 4.6-6）。

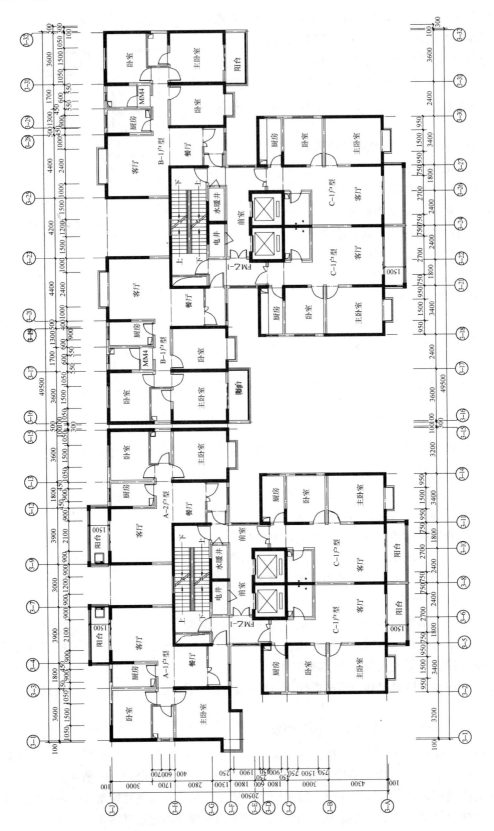

图 4.6-5　标准层建筑平面图

图 4.6-6　工程中使用的黏弹性阻尼器

单元 5　BIM 技术应用

第 1 节　BIM　简　述

一、什么是 BIM

　　BIM 是建筑信息模型（Building Information Modeling）的缩写，是以建筑工程项目的各项相关信息数据作为模型的基础，进行建筑模型的建立，通过数字信息仿真模拟建筑物所具有的真实信息。它具有可视化协调性、模拟性、优化性和可出图性等特点。

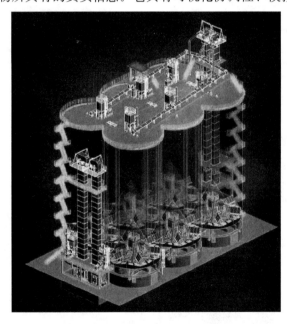

图 5.1-1　BIM 应用示例

　　BIM 技术是一种应用于工程设计建造管理的数据化工具，通过参数模型整合各种项目的相关信息，在项目策划、运行和维护的全生命周期过程中进行共享和传递，使工程技术人员对各种建筑信息作出正确理解和高效应对，为设计团队以及包括建筑运营单位在内的各方建设主体提供协同工作的基础，在提高生产效率、节约成本和缩短工期方面发挥重要作用（图 5.1-1）。

　　（一）定义

　　BIM 的英文全称是 Building Information Modeling，国内较为一致的中文翻译为：建筑信息模型。美国国家 BIM 标准（NBIMS）对 BIM 的定义由三部分组成：

　　（1）BIM 是一个设施（建设项目）物理和功能特性的数字表达。

　　（2）BIM 是一个共享的知识资源，是一个分享有关这个设施的信息，为该设施从建设到拆除的全生命周期中的所有决策提供可靠依据的过程。

　　（3）在项目的不同阶段，不同利益相关方通过在 BIM 中插入、提取、更新和修改信息，以支持和反映其各自职责的协同作业（图 5.1-2）。

　　（二）拓展

　　建筑信息的数据在 BIM 中的存储，主要以各种数字技术为依托，从而以这个数字信

BIM 的作用是使建筑项目各方面的信息无阻传递

图 5.1-2　BIM 作用示例图

息模型作为各个建筑项目的基础，去进行各个相关工作。

建筑信息模型不仅是简单地将数字信息进行集成，还是一种数字信息的应用，并可以用于设计、建造、管理的数字化方法，这种方法支持建筑工程的集成管理环境，可以使建筑工程在其整个进程中显著提高效率、大量减少风险（图 5.1-3）。

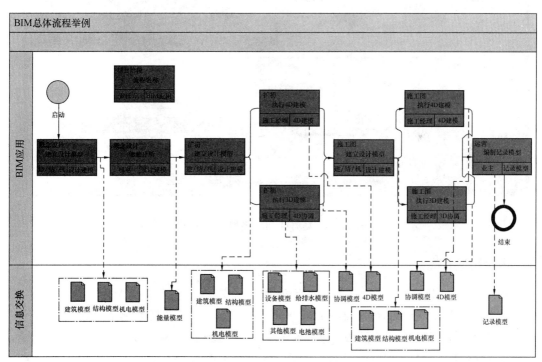

图 5.1-3　BIM 应用流程示例图

在建筑工程整个生命周期中，建筑信息模型可以实现集成管理，因此这一模型既包括建筑物的信息模型，同时又包括建筑工程管理行为的模型。将建筑物的信息模型同建筑工程的管理行为模型进行完美的组合。因此在一定范围内，建筑信息模型可以模拟实际的建筑工程建设行为，例如：建筑物的日照、外部维护结构的传热状态等。

　　当前建筑业已步入计算机辅助技术的普及时代，例如 CAD 的引入，解决了计算机辅助绘图的问题。而且这种引入受到了建筑业业内人士大力欢迎，良好地适应建筑市场的需求，设计人员不再用手工绘图了，同时也解决了手工绘制和修改易出现错误的弊端。在"对图"时也不再将各专业的硫酸图纸进行重叠式地对比了。这些 CAD 图形可以在各专业中进行相互的利用。给人们带来便捷的工作方式，减轻劳动强度，所以计算机辅助绘图一直受到人们的热烈欢迎。其他方面的特点，在此就不再列举了（图 5.1-4）。

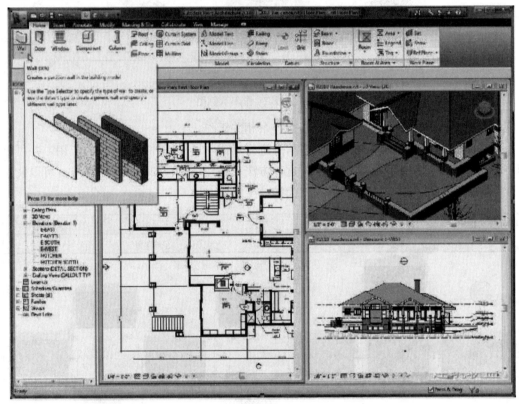

图 5.1-4　某项目 BIM 模拟示意图例

二、BIM 的来源

　　1975 年，"BIM 之父"——美国乔治亚理工大学建筑与计算机学院（Georgia Tech College of Architecture and Computing）的 Charles Eastman 教授创建了 BIM 理念至今，BIM 技术的研究经历了三大阶段：萌芽阶段、产生阶段和发展阶段。BIM 理念的启蒙，受到了 1973 年全球石油危机的影响，美国全行业需要考虑提高行业效益的问题，1975 年"BIM 之父"Eastman 教授在其研究的课题"Building Description System"中提出"a computer-based description of-a building"，以便于实现建筑工程的可视化和量化分析，提高工程建设效率。

　　BIM 最先从美国发展起来，随着全球化的进程，已经扩展到了欧洲、日、韩、新加坡等国家。在中国，BIM 概念则是在 2002 年由欧特克公司首次引入到中国市场。

三、BIM 的特点

通常，真正的 BIM 符合以下五个特点：

（一）可视化

可视化即"所见所得"的形式，对于建筑行业来说，可视化的真正运用对建筑业的作用是非常大的，例如经常拿到的施工图纸，只是各个构件的信息在图纸上的采用线条绘制表达，但是其真正的构造形式就需要建筑业参与人员去自行想象了。对于一般简单的东西来说，这种想象也未尝不可，但是近几年建筑业的建筑形式各异，复杂造型在不断的推出，那么这种光靠人脑去想象的东西就未免有点不太现实了。所以 BIM 提供了可视化的思路，让人们将以往的线条式的构件形成一种三维的立体实物图形展示在人们的面前；建筑业也有设计方出效果图的事情，但是这种效果图是分包给专业的效果图制作团队进行识读设计制作出的线条式信息，并不是通过构件的信息自动生成的，缺少了同构件之间的互动性和反馈性，然而 BIM 提到的可视化是一种能够同构件之间形成互动性和反馈性的可视，在 BIM 建筑信息模型中，由于整个过程都是可视化的，所以，可视化的结果不仅可以用来效果图的展示及报表的生成，更重要的是，项目设计、建造、运营过程中的沟通、讨论、决策都在可视化的状态下进行（图 5.1-5）。

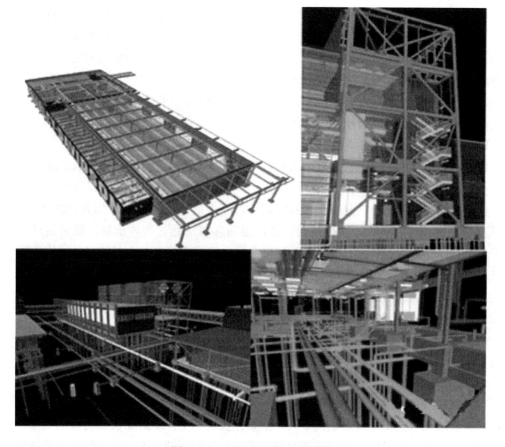

图 5.1-5　BIM 的可视化示例图

（二）协调性

这个方面是建筑业中的重点内容，不管是施工单位还是业主及设计单位，无不在做着协调及相配合的工作。一旦项目的实施过程中遇到了问题，就要将各有关人士组织起来开协调会，找各施工问题发生的原因，及解决办法，然后出变更，做相应补救措施等进行问题的解决。那么这个问题的协调真的就只能等出现问题后再进行协调吗？在设计时，往往由于各专业设计师之间的沟通不到位，而出现各种专业之间的碰撞问题，例如暖通等专业中的管道在进行布置时，由于施工图纸是各自绘制在各自的施工图纸上的，真正施工过程中，可能在布置管线时正好在此处有结构设计的梁等构件在此妨碍着管线的布置，这种就是施工中常遇到的碰撞问题，像这样的碰撞问题的协调解决就只能在问题出现之后再进行解决吗？BIM的协调性服务就可以帮助处理这种问题，也就是说BIM建筑信息模型可在建筑物建造前期对各专业的碰撞问题进行协调，生成协调数据，提供出来。当然BIM的协调作用也并不是只能解决各专业间的碰撞问题，它还可以解决例如：电梯井布置与其他设计布置及净空要求之协调，防火分区与其他设计布置之协调，地下排水布置与其他设计布置之协调等。

（三）模拟性

模拟性并不是只能模拟设计出的建筑物模型，还可以模拟不能够在真实世界中进行操作的事物。在设计阶段，BIM可以对设计上需要进行模拟的一些东西进行模拟实验，例如：节能模拟、紧急疏散模拟、日照模拟、热能传导模拟等；在招投标和施工阶段可以进行4D模拟（三维模型加项目的发展时间），也就是根据施工的组织设计模拟实际施工，从而来确定合理的施工方案来指导施工。同时还可以进行5D模拟（基于3D模型的造价控制），从而来实现成本控制；后期运营阶段可以模拟日常紧急情况的处理方式，例如地震人员逃生模拟及消防人员疏散模拟等。

（四）优化性

事实上整个设计、施工、运营的过程就是一个不断优化的过程，当然优化和BIM也不存在实质性的必然联系，但在BIM的基础上可以做更好的优化、更好地做优化。优化受三样东西的制约：信息、复杂程度和时间。没有准确的信息就做不出合理的优化结果，BIM模型提供了建筑物的实际存在的信息，包括几何信息、物理信息、规则信息，还提供了建筑物变化以后的实际存在。复杂程度高到一定程度，参与人员本身的能力无法掌握所有的信息，必须借助一定的科学技术和设备的帮助。现代建筑物的复杂程度大多超过参与人员本身的能力极限，BIM及与其配套的各种优化工具提供了对复杂项目进行优化的可能。基于BIM的优化可以做下面的工作：

（1）项目方案优化：把项目设计和投资回报分析结合起来，设计变化对投资回报的影响可以实时计算出来；这样业主对设计方案的选择就不会主要停留在对形状的评价上，而更多的可以使得业主知道哪种项目设计方案更有利于自身的需求。

（2）特殊项目的设计优化：例如裙楼、幕墙、屋顶、大空间到处可以看到异型设计，这些内容看起来占整个建筑的比例不大，但是占投资和工作量的比例和前者相比却往往要大得多，而且通常也是施工难度比较大和施工问题比较多的地方，对这些内容的设计施工方案进行优化，可以带来显著的工期和造价改进。

（五）可出图性

BIM 并不是为了出大家日常多见的建筑设计院所出的建筑设计图纸，及一些构件加工的图纸。而是通过对建筑物进行了可视化展示、协调、模拟、优化以后，可以帮助业主出如下图纸：

（1）综合管线图（经过碰撞检查和设计修改，消除了相应错误以后）；

（2）综合结构留洞图（预埋套管图）；

（3）碰撞检查侦错报告和建议改进方案。

由上述内容，我们可以大体了解 BIM 的相关内容。BIM 在世界很多国家已经有比较成熟的 BIM 标准或者制度。BIM 在中国建筑市场内要顺利发展，必须将 BIM 和国内的建筑市场特色相结合，才能够满足国内建筑市场的特色需求，同时 BIM 将会给国内建筑业带来一次巨大变革（图 5.1-6、图 5.1-7）。

图 5.1-6　BIM 综合管线图示例（1）

图 5.1-7　BIM 综合管线图示例（2）

四、BIM 的价值体现

建立以 BIM 应用为载体的项目管理信息化，提升项目生产效率、提高建筑质量、缩短工期、降低建造成本。具体体现在：

（一）三维渲染，宣传展示

三维渲染动画，给人以真实感和直接的视觉冲击。建好的 BIM 模型可以作为二次渲染开发的模型基础，大大提高了三维渲染效果的精度与效率，给业主更为直观的宣传介绍，提升中标几率。

（二）快速算量，精度提升

BIM 数据库的创建，通过建立 5D 关联数据库，可以准确快速计算工程量，提升施工预算的精度与效率。由于 BIM 数据库的数据粒度达到构件级，可以快速提供支撑项目各条线管理所需的数据信息，有效提升施工管理效率。BIM 技术能自动计算工程实物量，这个属于较传统的算量软件的功能，在国内此项应用案例非常多。

（三）精确计划，减少浪费

施工企业精细化管理很难实现的根本原因在于海量的工程数据，无法快速准确获取以支持资源计划，致使经验主义盛行。而 BIM 的出现可以让相关管理条线快速准确地获得工程基础数据，为施工企业制定精确人才计划提供有效支撑，大大减少了资源、物流和仓储环节的浪费，为实现限额领料、消耗控制提供技术支撑。

（四）多算对比，有效管控

管理的支撑是数据，项目管理的基础就是工程基础数据的管理，及时、准确地获取相关工程数据就是项目管理的核心竞争力。BIM 数据库可以实现任一时点上工程基础信息的快速获取，通过合同、计划与实际施工的消耗量、分项单价、分项合价等数据的多算对比，可以有效了解项目运营是盈是亏，消耗量有无超标，进货分包单价有无失控等问题，实现对项目成本风险的有效管控。

（五）虚拟施工，有效协同

三维可视化功能再加上时间维度，可以进行虚拟施工。随时随地直观快速地将施工计划与实际进展进行对比，同时进行有效协同，施工方、监理方、甚至非工程行业出身的业主领导都对工程项目的各种问题和情况了如指掌。这样通过 BIM 技术结合施工方案、施工模拟和现场视频监测，大大减少建筑质量问题、安全问题，减少返工和整改（图5.1-8）。

（六）碰撞检查，减少返工

BIM 最直观的特点在于三维可视化，利用 BIM 的三维技术在前期可以进行碰撞检查，优化工程设计，减少在建筑施工阶段可能存在的错误损失和返工的可能性，而且优化净空，优化管线排布方案。最后施工人员可以利用碰撞优化后的三维管线方案，进行施工交底、施工模拟，提高施工质量，同时也提高了与业主沟通的能力。

（七）冲突调用，决策支持

BIM 数据库中的数据具有可计量（computable）的特点，大量工程相关的信息可以为工程提供数据后台的巨大支撑。BIM 中的项目基础数据可以在各管理部门进行协同和

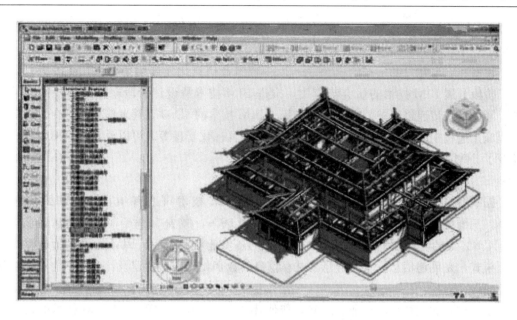

图 5.1-8　BIM 的价值体现图例

共享，工程量信息可以根据时空维度、构件类型等进行汇总、拆分、对比分析等，保证工程基础数据及时、准确地提供，为决策者制定工程造价项目群管理、进度款管理等方面的决策提供依据。

第 2 节　BIM 技术在施工企业的应用

一、BIM 在施工企业的应用现状与前景分析

（一）BIM 在施工企业的应用现状

自 2002 年开始 BIM 席卷欧美的工程建设行业，引发了史无前例的建筑变革。香港政府已决定从 2015 年开始所有政府项目强制使用 BIM。在国内，BIM 也已经开始普及，大量业主要求项目采用 BIM 技术和管理，包括鸟巢、水立方、天津港、上海迪士尼、上海中心、中信中国尊、沈阳机场在内的众多项目部分或全部地采用了 BIM 管理。

如前文所述，BIM 是基于最先进的三维数字设计和工程软件所构建的"可视化"的数字建筑模型，可以为设计师、建筑师、水电暖铺设工程师、开发商乃至物业维护等各环节人员提供"模拟和分析"的科学协作平台，帮助他们利用三维数字模型对项目进行设计、建造及运营管理。其最终目的是使整个工程项目在设计、施工和使用等各个阶段都能够有效地实现建立资源计划、控制资金风险、节省能源、节约成本、降低污染和提高效率，从真正意义上实现工程项目的全生命周期管理，BIM 技术的引入可以提供工程项目施工中所需的各种基础数据，辅助施工项目管理层决策的反应速度和精度。近几年来，BIM 技术确实在美国、日本、中国香港等地的建筑工程领域取得了大量的应用成果。因而影响到国内不少的施工企业也开始思考如何应用 BIM 技术来提升项目管理水平与企业核心竞争力。在工程项目管理的实践中适时地引进了 BIM 系统管理的思想，有效地解决

了项目管理中的许多问题以及困惑大多数人的成本管理问题，为工程项目管理及成本管理提供了一个崭新的思路。

住房和城乡建设部发布的《2011～2015 建筑业信息化发展纲要》中，明确指出：在施工阶段开展 BIM 技术的研究与应用，推进 BIM 技术从设计阶段向施工阶段的应用延伸，降低信息传递过程中的衰减；研究基于 BIM 技术的 4D 项目管理信息系统在大型复杂工程施工过程中的应用，实现对建筑工程有效的可视化管理等。可以说，《纲要》的颁布，拉开了 BIM 技术在我国施工企业全面推进的序幕。

（二）BIM 给施工企业发展带来的影响

据欧特克（Autodesk）公司的统计，利用 BIM 技术可改善项目产出和团队合作79%，三维可视化更便于沟通，提高企业竞争力 66%，减少 50%～70% 的信息请求，缩短 5%～10% 的施工周期，减少 20%～25% 的各专业协调时间。BIM 的工程管理模式是工程模式，是创建信息、管理信息、共享信息的数字化方式，是建设行业数字化管理的发展趋势。

上海中心和欧特克公司成为战略合作伙伴，在上海中心的项目中 BIM 技术的运用得以更加完善。伴随着 BIM 理念在建筑行业内不断地被认知、认可，其作用也在建筑领域日益显现。作为建设项目生命周期中至关重要的施工阶段，BIM 的运用将为施工企业的生产带来深远的影响。BIM 给施工企业的发展带来的影响，主要归纳为三点：一是提高施工单位的总承包、总集成的能力；二是合理控制工程成本，提高施工效应；三是实现绿色环保施工的理念。

1. 降本增效，低碳施工

BIM 在施工阶段为施工企业的发展带来几个方面的影响，一是设计效果可视化，二是模型效果检验，三是四维效果的模拟和施工的监控。在利用专业软件为工程建立了三维信息模型后，我们会得到项目建成后的效果作为虚拟的建筑，因此 BIM 为我们展现了二维图纸所不能给予的视觉效果和认知角度，同时它为有效控制施工安排，减少返工，控制成本，创造绿色环保以及低碳施工等方面提供了有力的支持。在可视化对施工模型的检验方面，我们在做一些项目的模型，包括中山医院新医学楼大概 26 万 m^2 的 BIM 模型、中华牌香烟的冷冻机房模型等。

以往做设计尽管考虑得比较周到，但是还有一些地方有遗漏。不同专业、不同系统之间的错漏缺将严重影响到施工设计和成本。一般情况下，施工设计人员会对施工前进行管线设计并解决大量的管线碰撞问题。二维图纸往往不能全面反映个体、各专业、各系统之间碰撞的可能；同时由于二维设计的离散行为的不可预见性，也将使设计人员疏漏掉一些管线碰撞的问题，因此我们可以在管线综合平衡设计时，利用 BIM 的可视化功能进行管线的碰撞检测，将碰撞点尽早地反馈给设计人员，为实际解决问题提供信息参考，在第一时间尽量减少现场的管线碰撞和返工现象，以最实际的方式体现降本增效，践行低碳施工的理念。出深化设计施工图时，我们通常是在模型检验通过以后，才用模型导出施工图，这样，各方面的施工就不会再有碰撞的问题。

以往我们做四维施工的模拟是用 3DMAX 来做，做完后并没有起到实际指导施工的作用。现在用 BIM 模型，它可以多次使用，我们可以利用模型来做预制加工，提高工作效率，也方便日后业主的维修维护，从而起到数据信息共享的作用。将 BIM 模型与建筑信息相结合，即可实现四维模拟。通过它不仅可以直观地体现施工的界面、顺序，从而使总承包与各专业施工之间的施工协调变得清晰明了；而且通过四维施工模拟与施工组织方案的结合，能够使设备材料进场，劳动力配置，机械排版等各项工作的安排变得最为有效、经济。设备吊装方案及一些重要的施工步骤，现在都可以用四维模拟的方式很明确地向业主、审批方展示出来。在施工质量与进度控制方面，BIM 也有其独特的魅力，在施工过程中，还可将 BIM 与数码设备相结合，实现数字化的监控模式，更有效地管理施工现场，监控施工质量，这种模式使现场管理人员不用花费大量的时间进行现场的巡视监控，而是腾出更多的精力用于对现场实际情况的提前预控和对重要部位、关键产品的严格把关等准备工作。这不仅提高了工作效率，减少了管理人员数量，还可以帮助管理人员尽早发现并防止质量问题的发生。同时，工程项目的远程管理成为可能，项目各参与方的负责人都能在第一时间了解现场的实际情况。

2. 数据共享，协调管理

BIM 技术的运用可以提高施工预算的准确性，对预制加工提供支持，有效地提高设备参数的准确性和施工协调管理水平。充分利用 BIM 的共享平台，可以真正实现信息互动和高效管理。

第一，BIM 模型被誉为参数化的模型，提高了施工预算的准确性。在建模的同时，各类的构建就被赋予了尺寸、型号、材料等约束参数。由于 BIM 是经过可视化设计的环境反复验证和修改的成果，所以由此导出的材料设备数据有很高的可信度，应用 BIM 模型导出的数据可以直接应用到工程预算中，为造价控制、施工决算提供了有力的依据。以往，施工决算都是拿着图纸测量，现在有了 BIM 模型以后，数据完全自动生成，做决算、预算的准确性大大提高了。各施工单位会将大量的构件，如门窗、钢结构、机电管道等进行工厂化预制后再到现场的安装，运用 BIM 导出的数据可以极大程度地减少预制加工的现场测绘工作量，同时有效提高了构件预制加工的准确性和速度，使原本粗放性、分散性的施工模式变为集成化、模块化的现场施工模式，从而很好地解决了现场加工场地狭小、垂直运输困难、加工质量难以控制等问题，为提高工作效率、降低工作成本起到了关键作用。以往做预制加工都是在现场测绘，所以准确性很有问题。现在根据正确的已检验好的模型来做预制加工，并利用软件绘制预制加工图，把每个管段都进行物流编号，进行后厂加工，是一个很好的解决方案。

第二，BIM 可以有效地提高设备参数复核的准确性。在机电安装过程中，由于管线综合平衡设计，以及精装修时会将部分管线的行进路线进行调整，由此增加或减少了部分管线的弯头数量，这就会对原有的系统复核产生影响。通过 BIM 模型的准确信息，对系统进行复核计算，就可以得到更为精确的系统数据，从而为设备参数的选型提供有力的依据。

第三，BIM 使施工协调管理更为便捷。信息数据共享、四维施工模拟、施工远程的监控，BIM 在项目各参与者之间建立了信息交流平台，尤其像上海中心这样一个结构复杂、系统庞大，功能众多的建筑项目，各施工单位之间的协调管理显得尤为重要。有了BIM 这样一个信息交流的平台，可以使业主、设计院、顾问公司、施工总承包、专业分包、材料供应商等众多单位在同一个平台上实现数据共享，使沟通更为便捷、协作更为紧密、管理更为有效。

作为国内最具 EPC 总承包能力的企业，BIM 技术对上海建工的支持是不容忽视的。从字面上理解，EPC 是指工程设计、组织采购、设备建设，其中包含了工程项目的设计、采购、施工、试运行服务等诸多方面，并要求对承包工程的质量、安全、工期、造价全面负责。BIM 作为建筑全生命周期管理的有效工具，将为我们提供良好的管理平台。利用 BIM 这一先进的信息创建、管理和共享技术，设计、采购、施工管理等各个团队的表达沟通、讨论、决策会更加便捷；项目的所有成员从早期就开始进行持续协作，各方不局限于关心自己的本职工作，而是都能因为项目的成功而获得更高的利益，创造更大的利润，从而达到技术和经济指标双赢的状态。据欧特克公司的统计，利用 BIM 技术可改善项目产出和团队合作 79%，三维可视化更便于沟通，提高企业竞争力 66%，减少 50%～70% 的信息请求，缩短 5%～10% 的施工周期，减少 20%～25% 的各专业协调时间。BIM 的工程管理模式是工程模式，是创建信息、管理信息、共享信息的数字化方式，是建设行业数字化管理的发展趋势，它对于整个建筑行业来说，必将产生更加深远的影响！

（三）BIM 在施工企业的应用前景分析

1. BIM 对业主管理的提升

通过 BIM 的系统模拟，可以做到物资可控（工程量），工序可控，机械可控，工期可控，安全可控，造价可控，既形象又具体，充分显示了信息化管理的优越性。确切地说这是国内建设管理即将攀登的又一座崭新的高峰，因为它需要政府及建设单位、设计单位提供大量的信息。我们可以以一个建筑单体为单位而进行系统的 BIM 管理，为建筑单体建成后的使用与维修打下良好的基础。

城市建设中一个建筑单体就是一个小的系统，必会涉及水、暖、电、通风、通信等问题，由若干个小的系统组成一个大的系统，就可以形成城市的可视化管理，物业及维修等就可以得到及时地解决。维修管理部门可以通过 BIM 软件准确地定位问题的出事地点，而不是忙乱地去翻阅图纸来判断可能出事的地点，极大程度地解决了出险维修的速度问题，惠及民生。BIM 最大的优点不仅仅体现在建筑物建成后在使用的维修管理上，它最具优越性的一点是可以模拟建筑物施工（仿真），特别是建筑物中的管线碰撞问题通过参数输入可以在施工前得以解决，这是二维图纸所不能达到的效果，极大程度地减轻了施工中的小变更问题，提高了施工效率。在土建及设备安装问题上，通过三维模拟，我们可以采用较为合理的施工工序，最大程度地采用先进的施工工艺及施工机械，以确保施工质量、安全、进度、效益、信誉等多项收益。这是二维施工所无法比拟的。最为重要的是在城市庞大的数据库信息的支持下，我们可以准确地避开我们即将施工的新建筑物或拆除的旧建筑物可能会碰及的管线等障碍信息，从而为城市改造或扩建打下了良好的基础，最大程度地减少了国民经济效益的损失。

2. BIM 对施工企业的促进

BIM 的应用使得社会及业主均收益，而施工单位的益处，其实也是相辅相成的。正如马克思主义的出现促进了资本主义社会的发展一样，BIM 的出现必然会带来施工企业更进一步的发展。BIM 的工程量清单迫使施工企业用选更为先进的管理技术及更为先进的施工机械才能获取更大的利润。

BIM 的推广与使用离不开政府的支持与帮助，因为政府掌握大量的信息及资源。BIM 的使用需要资金，在条件允许的情况下，政府如果可以给予一定的资金支持，以期迅速地提升城市的现代化管理进程。BIM 能创建一个平台，让投资商、业主、建筑师、咨询师、建造师、物业管理师等相关人员在建筑项目的全生命周期进行信息的共享、交互与改进。

3. BIM 对社会的贡献

任何一个大系统都是由小系统组成的。如果我们要创建一个崭新的城市管理系统，就必然要借鉴于 BIM 的先进管理理念（协同）。由规划部门带领组建城市管理可控系统，电网、管网、路网以及城市的未来布局可清晰展望。同时可以迅速便捷地实现城市网络的无缝改造与对接，而不用盲目地找图纸去查阅复核，对消防、维修及抢险等提供及时准确的信息，极大程度地提高人民的幸福指数。

二、BIM 为核心的工程基础信息管理系统在施工企业的应用

施工建造阶段的成本占据建筑总投资额的绝大部分，而业主最关注的就是造价成本控制。BIM 技术的应用对于产业链的重要性不言而喻。我国建筑企业的科技投入仅占企业营业收入的 0.25%，施工中应用计算机进行项目管理的不到 10%。以算量技术为起点，以 BIM 为核心的工程基础信息管理系统在施工企业的应用有着广泛前景。现在 BIM 技术在施工阶段应用最广泛的当数三维算量软件及其建立的 BIM 数据模型在施工全过程的应用。

（一）施工阶段 BIM 应用数据的来源

BIM 在项目施工阶段的应用有两种信息数据来源方式：

一是来自设计阶段。如果项目在设计阶段就开始应用 BIM 技术，这样可以将三维信息模型从设计阶段延续到施工阶段，而不用重新建模。如果应用于设计阶段的 BIM 软件和应用于施工阶段的 BIM 软件是不同厂家产品，其数据流通需要通过软件之间的数据接口来实现。

二是利用设计图纸直接建模。如果设计阶段的 BIM 数据还不具备，则可以利用二维图纸的绘制规律，使用快速建模技术建立 BIM 模型。目前，BIM 算量软件大量地应用该种方式。如果算量软件的操作实用便捷，直接建模的效率也相当之高。

无论哪种方式，施工阶段与设计阶段的数据信息要求是不尽相同的。例如施工阶段的钢筋数量与形式在设计阶段是没有的；施工阶段的单价、定额等信息是这个阶段特有的。因此，BIM 从设计阶段到施工阶段的转化，本身就是一个动态的过程。随着项目的进展，数据信息将更加丰富，更加详尽。

（二）施工企业 BIM 应用策略

比起美国等发达国家地区，我国建筑施工企业员工的整体素质不高，计算机应用水平也较低。在这样的情况下，施工企业对 BIM 应用需要一个认识—理解—应用—深入的过程，短期内应用 BIM 进行精细化管理条件尚不成熟。因此，以算量技术、碰撞技术作为突破口，利用 BIM 解决实际问题，是比较好的着手点。有了突破之后，通过提高工程基础数据管理水平，然后把 BIM 应用拓展到全过程造价管理的轨道上。有很多高端的大型

施工企业、特级资质企业本身就很重视信息化建设，这些企业对于 BIM 技术应用的需求集中在精细化管理上，BIM 应用的落脚点往往在工程基础数据管理，如集团项目的实物量、单价、定额与造价管理。

1. 应用之一：算量技术

安装算量软件在国内工程行业应用已经比较广泛了，中建安装一直以来在应用鲁班安装算量软件进行大量工程的投标和算量工作。比较典型的有 54 万 m² 的云南昆明新机场的安装工程和最近开工的 84 万 m² 的杭州国际博览中心等。杭州国际博览中心如果正常手工计算约需 5 人 20d，共计 100 个工作日，而运用安装算量算量软件通过 CAD 电子文档建模，3 个人 7d，基本完成所有工作内容，共计 21 个工作日。在保证工作质量的前提下大大地提高了工作效率。

图 5.2-1、图 5.2-2 为杭州国际博览中心效果图和应用 BIM 软件进行电气工程量计算和数据管理的三维模型对比。

图 5.2-1　杭州国际博览中心效果图

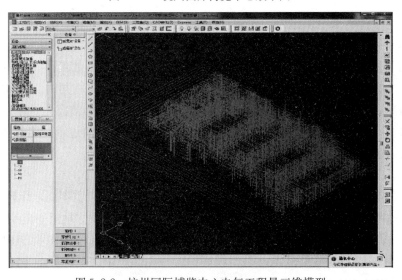

图 5.2-2　杭州国际博览中心电气工程量三维模型

2. 应用之二：碰撞检查

应用 BIM 技术进行三维碰撞检查应用已经比较成熟。国内外都有一些软件可以实现，像设计阶段的 Navisworks，施工阶段的鲁班虚拟碰撞软件，都是应用 BIM 技术，在建造之前，对项目的土建、管线、工艺设备进行管线综合及碰撞检查，基本消除由于设计错漏碰缺而产生的隐患。在建造过程中，还可以应用 BIM 模型进行施工模拟和协助管理（图5.2-3、图 5.2-4）。

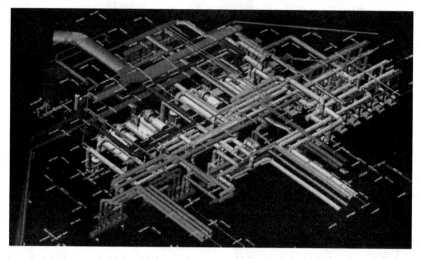

图 5.2-3　安装机房 BIM 数据模型

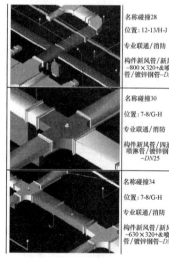

图 5.2-4　施工阶段的安装碰撞检测报告及模型

3. 应用之三：安装项目施工交底

在整个施工过程当中，我们需要对班组等进行施工指导，在目前，施工技术交底一直是延续过去的常规蓝图方法。图纸变更，返工严重；审图不清，损耗过大；不同班组，多版图纸；而项目经理则是在到处救火，拆东墙补西墙，这就是由于项目的不可控性和它的操作的一些复杂性所造成的。根本原因是在施工过程中，有太多的现场问题是没有办法提前预知的，例如，图纸变更、班组交底不清等。利用BIM技术的虚拟施工，对施工难点提前反映，就可以使施工组织的计划更加形象精准（图5.2-5）。

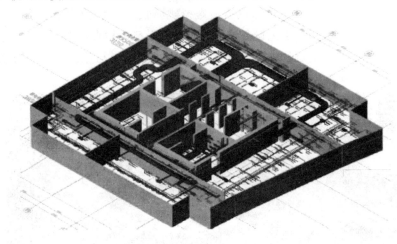

图5.2-5　施工阶段的三维施工技术交底

4.其他应用

BIM作为一个四维的数据库，可以针对整个工程进行BIM进度计划，统筹安排，以保证工程进度如期合理完成，例如我们可以看到一层的管道安装部分的计划开工、计划结束时间、计划合理工期以及这个工程任务所包含的相关施工项目。如果部分的工作内容临时发生了变更，还可以对它单个标注，例如这根送风管后期施工发生变更，可以单独编辑它的开始时间和结束时间，并且备注变更的时间以及原因等信息，另外，施工过程中出现的一些变更单、验收单等宝贵的资料我们做成电子各式连接到三维模型中，实时查阅，避免丢失；同时现场的施工情况也可拍照连接到模型里面，以便于我们进行施工全过程的管控；对于造价昂贵的点状设备，同样可以将采购商、采购的时间、地点、数量、采购的信誉等信息进行录入，便于我们后期的追溯。

除此之外，还可以将整个三维模型进行打印输出，用于指导现场的施工和现场管理（图5.2-6）。

（三）通过BIM应用，实现项目精细化管理

通过基于BIM的管理为项目和企业创造更大的利润空间，让BIM应用与项目实际管理紧密结合，可以通过虚实对比，逐步改进。

所谓虚实对比是指在施工阶段BIM应用的核心不仅仅是动态的BIM模型，而是BIM模型与实际项目的实时对比。与设计阶段不同，在施工阶段我们的工作目标是实际项目，而BIM成为实际项目的"计算机虚

图5.2-6　虚拟施工和实际工程照片对比

拟映像"包含了实际项目所需的所有必要信息。只有将 BIM 模型与实际项目虚实结合，才能对项目进行有效过程管控。

对于不少施工企业的管理层，最难以掌握的就是项目风险的预估。随着施工项目数量的增加，从几十个到几百个，施工企业集团的风险控制能力完全取决于项目经理的能力与道德基准，这是非常危险的现象。而基于 BIM 的项目管理，工程基础数据如量、价等，数据准确、数据透明、数据共享。对于计划该花多少钱，实际项目造价花了多少钱，完全实现短周期、全过程对资金风险以及盈利目标的控制。BIM 应用的算量、造价、全过程的造价管理都是在 BIM 数据和实际项目造价的动态对比之中进行，如图 5.2-7 所示。

图 5.2-7　BIM 应用于项目管理全过程

在各类建筑施工企业中，机电安装企业对于 BIM 技术应用的需求非常强烈。不仅仅因为 BIM 技术的碰撞检查能够给企业减少损失降低风险，而且 BIM 技术的应用成果能够轻松延伸到其预制构件、机电清单、采购管理以及设备运维管理。在提高效率的同时，优化了其管理效率和管理流程，实现精细化管理。

目前，施工阶段 BIM 软件的整体架构以及功能定位正逐渐超越算量功能本身，而升级到以 BIM 为核心，以工程数据管理为基础，延伸到全过程的企业项目管理。BIM 技术作为项目基础数据提供者，可以将项目基础管理数据信息化、自动化、智能化，整合 BIM 和 ERP 的管理技术与理念，改变了以往 ERP 实施中缺乏工程基础数据这个施工企业核心数据的格局，使得项目精细化管理和建设企业的集约化经营目标有了实现的可能性。

三、BIM 技术在 4D 项目管理中的应用

BIM 是一个包含建筑物全生命周期相关信息的数据库，它将建筑从业人员从复杂抽象的图形、表格和文字中解放出来，以形象的三维模型作为建设项目的信息载体，方便了

建设项目各阶段、各专业以及相关人员之间的沟通和交流，减少了建设项目因为信息过载或者信息流失带来的损失，提高了从业者的工作效率以及整个建筑业的效率。

工程项目的进度计划编制与管理在项目管理的三大控制（成本控制、进度控制和质量控制）中，占有非常重要的地位，良好的施工进度计划可以使项目各参与方达到"协调一致"。因此，不管是从业主方还是施工方，在工程项目管理中做好施工计划编制与管理工作是非常重要的。但是，实际中大多数项目的进度控制并不能做得很好，计划完成之后不能得到有效的实施。查找其原因，一是计划编制考虑不周全，时间安排不合理，二是项目实施控制不够。由于诸多复杂因素的影响，工程项目进度管理工程也存在某些问题，并在不同项目中重复出现。究其原因是由于传统管理方法某些局限性所造成的，为此，探索进度管理方法的技术创新显得尤为重要。BIM 技术的出现为我们编制计划和管理项目提供了一个新的思路和方法，根据商业综合体青岛万象城项目的 4D 管理实践进行分析和说明，项目中 BIM 技术应用在 4D 进度管理方面，对传统管理方法与基于 BIM 的管理方法在计划编制与管理的差异进行具体分析，并提出新的管理方法实施指引，为项目管理提供一些借鉴。

（一）计划编制

工程项目进度计划的编制很大程度上依赖于项目管理者的经验，虽然有施工合同、进度目标、施工方案等客观条件的支撑，但是项目的唯一性和个人经验的主观性难免会使进度计划存在不合理之处，并且现行的编制方法和工具相对比较抽象，不易对进度计划进行检查，一旦计划出了问题，那么按照计划所进行的施工过程必然也不会顺利。

目前项目中的普遍情况也是计划编制人年轻化，并没有丰富的从业经验，对于万象城这类大型高端综合体项目多专业协调复杂性及各专业工序、工时及专业穿插等关系了解不足，制定出的计划难免会出现不合理的地方。

传统的计划编制人员并不会对每一项任务的工程量进行估算，往往只是看一下图纸上的面积，然后根据以往项目大概多少天一层或者根据工期要求分配而来，并没有深入的研究每一项工期是否合理。对于青岛万象城这种造型复杂，每一个标段在不同楼层的工程量相差可能会非常大，根据一层的时间套用其他楼层的工期，可能并不是很准确，同时，各个标段的复杂程度（钢结构工程量、结构形式的不同等）对于工期影响也是不一样的，这些因素都导致计划编制的粗放性。当然，这些可以通过仔细查看图纸，深入分析每一块区域的工程量而得出相对准确的数据。但是传统的工作方法中，计划编制人员并没有这么多精力，往往时间也不允许他们来进行如此细致的工作。

另外，项目内部进行计划编制审核时，传统使用的网络计划图计算复杂，理解困难，并且表达很抽象，不能直观地展示项目的计划进度过程，这样不仅提高了参与计划审核人员的准入门槛，同时需要其花费大量时间进行深入分析各任务的逻辑关系以及各任务所对应的具体工作，为此甚至还需要反复查看大量图纸。否则，计划编制人需要在审核会议上再花时间进行详细的介绍，这些都会降低工作效率。

而 BIM 的出现使得这些工作变得简单和快捷，首先，BIM 模型中包含了构件的尺寸信息，BIM 软件可以自动生成每一块区域的混凝土用量，并且经过参数添加之后，甚至可以得出不同强度等级的混凝土用量（当前 revit 软件对于混凝土用量统计的精确性是可以满足此项的需求，鲁班及广联达软件甚至可以给出钢筋的数量），有了这些数据作参考，再根据以往万象城的经验数据便可以得出更加合理的工时需求；其次，BIM 模型的可视化功能，使得计划编制人员不需要去查看复杂的图纸，可以直观地查看每一块区域内是否包含钢结构工程及是否有坡道等复杂结构，进而对工时进行修正。最后，动态的 4D 施工模拟过程，也使得每一个人都可以快速准确的理解计划，然后根据自己的经验提出建议，使计划编制更加完善。

具体操作步骤如下：

（1）根据 CAD 图纸快速创建 BIM 模型，钢结构模型由于是钢结构分包单独深化及使用 tekla 软件进行建模，其进度无法满足要求，初期可以在 revit 简单创建钢结构部分模型（图 5.2-8）。

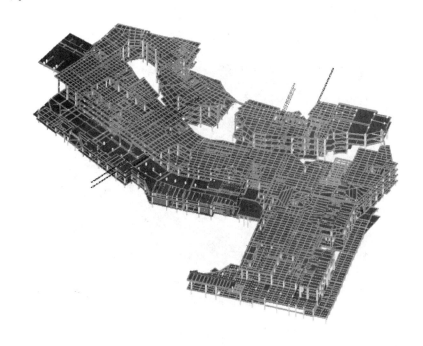

图 5.2-8　青岛万象城结构模型

（2）根据 BIM 模型导出每个任务对应的工程量，然后根据以往万象城的统计数据，得出相对准确的工时需求（图 5.2-9～图 5.2-11）。

（3）在 P6 或 project 软件中完成计划之后，在 navisworks 软件中将其与 BIM 模型结合起来，形成 4D 进度计划。在 navisworks 中，我们可以把不同的形态设置成不同的显示状态，这样可以直观地检查出时间设置是否合理（图 5.2-12、图 5.2-13）。

（二）计划实施管理

传统方法虽然可以对工程项目前期阶段所制定的进度计划进行优化，但是由于自身存在着缺陷，所以项目管理者对进度计划的优化只能停留在一定程度上，即优化不充分，这就使得进度计划中可能存在某些没有被发现的问题，当这些问题在项目的施工阶段表现出来时，项目施工就会相当被动，往往这个时候，就只能根据现场情况被动的修改计划，使之与现场情况相符，失去了计划控制施工的意义。其实施流程如图 5.2-14 所示。

结构框架明细表						
参照标高	类型	体积	注释	标记	估计的钢筋	合计
200x400						
B2	200x400	0.16 m³	3.3	C30		1
B2	200x400	0.17 m³	3.3	C30		1
B2	200x400	0.14 m³	3.3	C30		1
B2	200x400	0.14 m³	3.3	C30		1
B2	200x400	0.18 m³	3.3	C30		1
200x500						
B2	200x500	0.21 m³	3.3	C30		1
B2	200x500	0.41 m³	3.3	C30		1
200x600						
B2	200x600	0.34 m³	3.3	C30		1
B2	200x600	0.54 m³	3.3	C30		1
B2	200x600	0.53 m³	3.3	C30		1
200x700						
B2	200x700	0.74 m³	3.3	C30		1
200x1230						
B2	200x1230	0.47 m³	3.3	C30		1
B2	200x1230	0.60 m³	3.3	C30		1
B2	200x1230	0.74 m³	3.3	C30		1
B2	200x1230	0.69 m³	3.3	C30		1
200x1680						

图 5.2-9　revit 软件自动计算出各区域各楼层混凝土用量

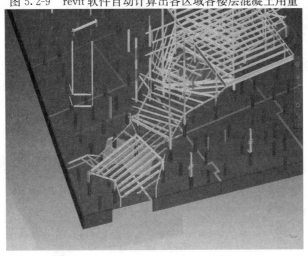

图 5.2-10　BIM 结构模型（直观查看各区域钢结构工程量）

图 5.2-11　BIM 结构模型（直观查看圆形坡道涉及区域）

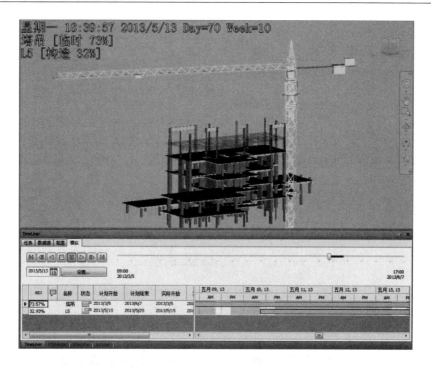

图 5.2-12　公寓楼施工动态模拟

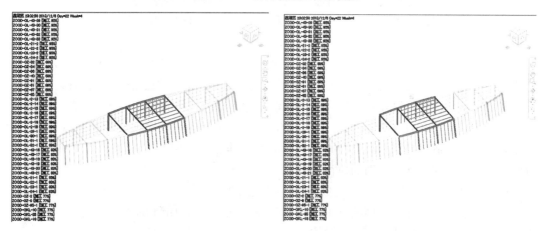

图 5.2-13　主采光顶加工、运输、安装全过程模拟　　　图 5.2-14　传统进度管理方法实施过程

　　基于 BIM 的 4D 进度管理通过反复的施工过程模拟，让那些在施工阶段可能出现的问题在模拟的环境中提前发生，逐一修改，并提前制定应对措施，使进度计划和施工方案最优，再用来指导实际的项目施工，从而保证项目施工的顺利完成。其实施流程如图 5.2-15 所示。

　　在实际工程进度管理过程中，虽然有详细的进度计划及网络图、横道图等技术做支撑，但是"破网"事故还是经常发生，对整个项目的经济效益产生直接的影响。通过分析，主要有以下原因：

1. 建筑设计缺陷带来的进度管理问题

　　首先，设计阶段的主要工作是完成施工所需图纸的设计，通常万象城类项目整套图纸

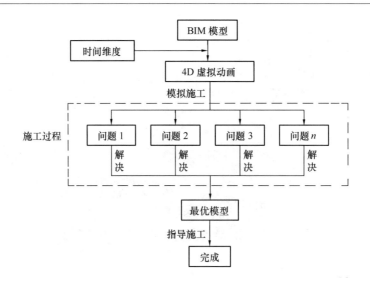

图 5.2-15　基于 BIM 的 4D 进度管理实施过程

上千张，图纸所包含的数据庞大，而设计者和审图者的精力有限，而且现在设计时间也非常紧，为了进度，质量下降也是非常普遍的情况；其次，项目各个专业的设计工作是独立完成的，导致各专业的二维图纸所表现的内容在空间上很容易出现碰撞和矛盾。如果上述问题没有提前发现，直到施工阶段才显露出来，势必会对工程项目的进度产生影响。通常这个问题最直观的表现就是大量的设计和工程变更，本项目中因为设计变更而延误的工期局部甚至以月计。

针对这个问题，项目部都会专门组织人员进行图纸会审，但是对于一些空间设计错误的情况，往往是很难发现的。而在 BIM 模型的创建过程中，首先建模人员会查看全部图纸，了解每一个构件的尺寸及空间定位（钢筋信息除外），这个过程本身就包含了图纸审查的一部分，另外，通过 BIM 模型的可视化功能，可以快速地发现设计不合理的地方，例如对楼梯、坡道、扶梯净高的检查等。提前发现并处理问题，这样就避免了现场返工，间接地保证了工程进度按计划的执行（图 5.2-16、图 5.2-17）。

2. 施工进度计划编制不合理造成的进度管理问题

这个因素在第一部分计划编制中已经对传统方法和基于 BIM 的方法进行了详细的对比及说明，在此不再赘述。

3. 现场人员的素质造成的进度管理问题

施工人员对施工图纸的理解，对施工工艺的熟悉程度和操作技能水平等因素都可能对项目能否按计划顺利完成产生影响。BIM 模型的可视化功能，使得所有施工人员都可以直观准确地理解设计师的意图，减少因信息传达错误而给施工过程带来的不必要的问题，加快施工进度和提高项目建造质量，保证项目决策尽快执行。同时，直观可视化的模型也为现场工程师质量检查提供了很好的标准，现在手持智能设备普及程度高，工程师甚至可以在手机上查看模型，这样核查现场质量问题相信绝对比拿着图纸效率要高很多（图 5.2-18、图 5.2-19）。

4. 参与方沟通和衔接不畅导致进度管理问题

建设项目往往会消耗大量的财力和物力，如果没有一个详细的资金、材料使用计划是

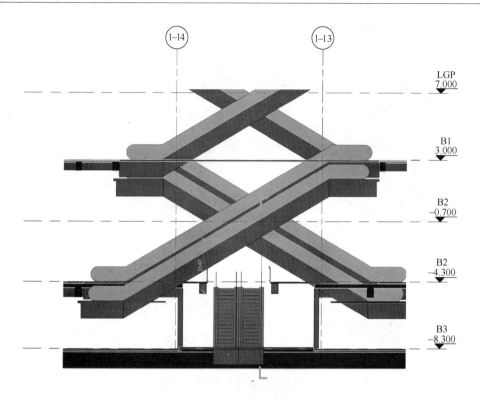

图 5.2-16　扶梯净高检测

2013 年 4 月 13 日星期六

1. L4 层 Y 向梁配筋图（四）

③-Ⓙ与③-Ⓚ轴间，沿③-⑫轴方向加腋梁在加腋范围内有降板 50，如何处理？

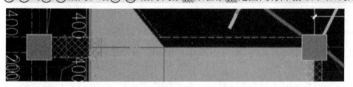

2. L5 层 Y 向梁配筋图（四）

③-Ⓔ轴交③-④轴楼层边缘梁无标注

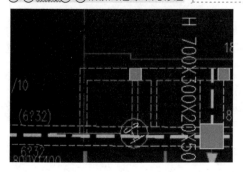

图 5.2-17　建模过程中发现的图纸错误

图 5.2-18　多梁交叉节点钢筋布置图

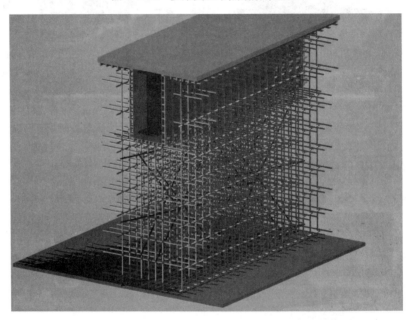

图 5.2-19　高支模 BIM 模型交底

很难完成的。在项目施工过程中，由于专业不同，施工方与业主和供货商的信息沟通不充分、不彻底，业主的资金计划、供货商的材料供应计划与施工进度不匹配，同样也会造成工期的延误。

针对这一项原因下文将以本项目钢结构工程进行详细分析，前期钢结构严重滞后，甚至影响到项目关键线路。经过分析，得出以下主要几个原因：①由于现场与车间信息传递不到位、不及时，导致车间加工滞后，现场无钢结构可安装；②与土建专业交圈不到位，协调与质量检查不到位，大量下插柱遗漏，返工导致工期延误；③中庭钢结构预埋件混凝土浇筑完成之后出现偏差，影响钢梁吊装。

图 5.2-20 中日报表虽然详细地记载了每一天工厂加工的进度，但是每一个构件对应现场的位置并不清楚，实际中很可能出现的情况就是现场已经急需的构件还没有加工，而

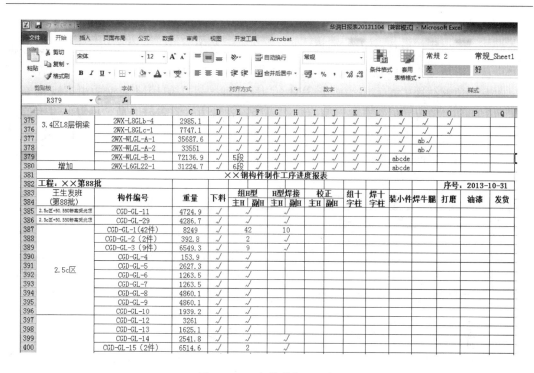

图 5.2-20　钢结构加工日报

不着急的构件却加工完成。

图 5.2-21 所示日报是现在通行的管理方式，管理者通过这样的文档及照片来了解现

××商业一期项目施工日报

日期	2012 年 11 月 26 日	天气	晴		编制人	
土石方工程						
截至 11 月 26 早，累计完成 157.2 万 m³，完成 92.76%，总剩余 12.27 万 m³，坑内总剩余 4.38 万 m³。						
××土方	累计出土 94.79 万 m³，昨日出土约 914 实 m³，完成 91.38%，坑内剩余 1.11 万 m³。					
××土方	累计出土 62.41 万 m³，昨日出土约 64 实 m³，完成 94.99%，坑内剩余 3.27 万 m³。					
土建一标段（影院、室内主题乐园所在区域）						

分包名称	××	现场劳务情况	钢筋工 147 人，木工 117 人，架子工 27 人，混凝土工 7 人，杂工 9 人，总计：307 人。	责任工程师	

区域	施工任务名称	计划完成时间	实际完成时间	现场进度	带后原因分析
	底板浇筑	2012 年 10 月 2 日	2012 年 10 月+29 日	完成	
	B2 满堂架搭设	2012 年 11 月 3 日	2012 年 11 月 2 日	完成	
	B2 柱\墙钢筋绑扎、支模	2012 年 11 月 6 日	2012 年 11 月 6 日	完成	
	机电预埋	2012 年 11 月 9 日	2012 年 11 月 16 日	完成	
1.1b	B2 梁、板支模	2012 年 11 月 10 日	2012 年 11 月 8 日	完成	
	B2 梁、板钢筋绑扎	2012 年 11 月 14 日	2012 年 11 月 23 日	完成	网梁结构
	B2 混凝土浇筑	2012 年 11 月 16 日	2012 年 11 月 25 日	完成	
	B1 满堂架搭设	2012 年 11 月 20 日		未施工	
	B1 柱\墙钢筋绑扎、支模	2012 年 11 月 21 日		未施工	
	底板浇筑	2012 年 11 月 15 日	2012 年 11 月 13 日		

图 5.2-21　项目施工日报

场动态。很显然，这样的形式很难让阅读人快速地了解现场实际情况。尽管照片也可能直观准确的说明问题，但是对于万象城这种大型商业综合体项目，单层面积5万 m² 要想通过照片表示清楚也不是件容易的事情，况且照片查看是被动的。

主采光顶钢结构工程采用了基于 BIM 的 4D 管理方式，在 BIM 模型中根据现场施工进度和车间加工情况实时更新模型显示效果，通过这种方式将传统分散、抽象的进度信息整合到一个平台上（图 5.2-22），不仅可以直观地查看各项工作进展，并且可以快速地了解各项工作相互之间的影响。

名称	开始外观	结束外观
构造	绿色(90%透明)	模型外观
拆除	红色(90%透明)	隐藏
临时	黄色(90%透明)	隐藏
加工	绿色(90%透明)	绿色
运输	黄色(90%透明)	黄色
吊装	紫色	模型外观

图 5.2-22 Navisworks 不同操作显示设置

Navisworks 软件操作界面下方 timeliner 窗口就相当于 P6/project 项目管理软件，这里的信息是链接了 P6/project 而生成的，在 P6/project 中更改信息之后，只需要更新数据 navisworks 即可。同时，在这里还有"实际开始时间"与"实际结束时间"，我们将工程日报的进度信息实时添加进去，这样我们就可以在三维视图中查看每一天各个部位完成的情况，并且车间正在加工的钢结构也可以清晰地看到。

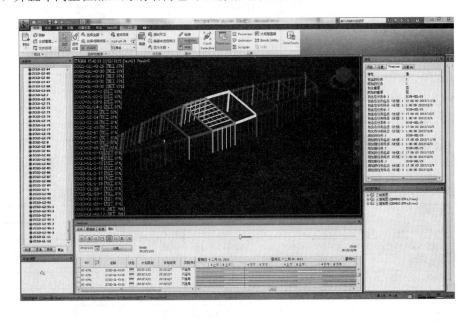

图 5.2-23 Navisworks 操作界面

图中我们可以很清晰地看到所有构件都处于正常流程，可以保证所有环节都顺利连续的进行。同样的，如果有部分加工滞后我们也可以快速地发现，然后及时协调工厂采取相关措施，避免影响工期。

5. 施工环境影响进度管理问题

工程项目既受当地地质条件、气候特征等自然环境的影响，又受到交通设施、区域位置、供水供电等社会环境的影响。项目实施过程中任何不利的环境因素都有可能对项目进度产生严重影响。BIM 技术在这一方面没法提供很多帮助，更多还是需要管理人员的个人经验及充分的考虑。

通过上述分析与工程实践的检验可以得出，BIM 技术可以从根本上解决传统项目管理方法的缺陷，在工程进度管理中展示了优越性——提高计划编制的合理性、减少设计与工程变更、改善信息传递效率、增强项目参与方沟通与协作。尽管 BIM 技术在施工领域的应用还处在初期阶段，但是通过该项目的探索和实践，可以认为，基于 BIM 的 4D 管理技术在当前环境下，是完全可行的，只是不同的应用范围、不同的投入所收到的效益相差很大。

四、BIM 在绿色施工中的应用探索

（一）BIM 在绿色施工中的实施背景

2007 年，建设部发布了《绿色施工导则》，指出绿色施工是在保证质量和安全的前提下，通过科学管理和技术进步最大限度地节约资源和保护环境，这是对绿色施工最初的一个定义。中国工程院院士、中国建筑业协会专家委员会常务副主任兼绿色施工分会常务副会长、中国建筑股份有限公司首席专家肖绪文认为：施工过程中人力资源的节约和保护也应该是绿色施工的一个很重要的方面。

另外一个方面，随着建筑业的发展，施工过程中机械设备的使用越来越多，合理地选用机械设备也是绿色施工的重要内容。此外，要改善作业条件，减轻劳动强度，实施建筑构件和配件生产工业化，施工现场装配化也是一个重要方向。绿色施工是新形势下对施工本身提出的一个更高要求，是一个新的施工模式。在这种基础上要推动传统建筑业向现代化发展，一个重要手段就是实现构配件生产工业化和现场装配化施工，同时通过信息技术改造传统产业。

BIM 技术作为建筑业的新技术、新理念和新手段，得到业内的普遍关注，正在引导建筑业传统思维方式、技术手段和商业模式的全面变革，将引发建筑业全产业链的第二次革命。发展 BIM 技术已经成为推进绿色施工的重要手段。

（二）BIM 在绿色施工中的作用与价值

（1）实现建筑全生命期的信息共享

信息技术发展到今天，工程设计、施工与运行维护的各阶段，以及每一阶段的各专业、各环节都在应用软件辅助专业工作。设计与施工等领域的从业人员面临的主要问题有两个：一是信息共享，二是协同工作。设计、施工与运行维护中信息应用和交换不及时、不准确的问题造成了大量人力物力的浪费和风险的产生。美国的麦克格劳·希尔（McGraw Hill）发布了一个关于建筑业信息互用问题的研究报告"Interoperability in the Construction Industry"。该报告的统计资料显示，数据互用性不足使得建设项目平均增加 3.1% 的成本和 3.3% 的工期延误。BIM 的基本作用之一就是有力支持建筑项目信息在规

划、设计、建造和运行维护全过程充分共享，无损传递，从而使建筑全生命期得到有效的管理。应用 BIM 技术可以使建筑项目的所有参与方（包括政府主管部门、业主、设计团队、施工单位、建筑运营部门等）在项目从概念产生到完全拆除的整个生命期内都能够在模型中操作信息和在信息中操作模型，进行协同工作。不像过去依靠符号文字形式表达的蓝图进行项目建设和运营管理，因为信息共享效率很低，导致难以进行精细管理。

（2）实现可持续设计的有效工具

BIM 技术有力地支持建筑安全、美观、舒适、经济，以及节能、节水、节地、节材、环境保护等多方面的分析和模拟，从而易于做到建筑全生命期全方位可预测、可控制。例如，利用 BIM 技术，可以将设计结果自动读入建筑节能分析软件中进行能耗分析，或读入虚拟施工软件进行虚拟施工，而不像现在需要技术人员花费很大气力在节能分析软件，或在施工模拟软件里首先建立建筑模型；又如，利用 BIM 技术，不仅可以直观地展示设计结果，而且可以直观地展示施工细节，还可以对施工过程进行仿真，以便反映实际过程中的偶然性，增加施工过程的可控性。

（3）促进建筑业生产方式的改变

BIM 技术有力地支持设计与施工一体化，减少建筑工程"错、缺、漏、碰"现象的发生，从而可以减少建筑全生命期的浪费，带来巨大的经济和社会效益。英国机场管理局利用 BIM 技术削减希思罗 5 号航站楼 10% 的建造费用。美国斯坦福大学 CIFE 中心根据 32 个项目总结了使用 BIM 技术的以下优势：消除 40% 预算外更改；造价估算控制在 3% 精确度范围内；造价估算耗费的时间缩短 80%；通过发现和解决冲突，将合同价格降低 10%；项目工期缩短 7%，及早实现投资回报。恒基北京世界金融中心通过 BIM 技术应用在施工图纸中发现了 7753 个冲突，如果这些冲突到施工时才发现，估算不仅给项目造成超过 1000 万人民币的浪费及 3 个月的工期延误，而且会大大影响项目的质量和发展商的品牌。

（4）促进建筑行业的工业化发展

我国建造水平与发达国家相比有较大的差距，主要原因是建筑工业化水平较低所致。制造业的生产效率和质量在近半个世纪得到突飞猛进的发展，生产成本大大降低，其中一个非常重要的因素就是以三维设计为核心的 PDM（Product Data Management 产品数据管理）技术的普及应用。建设项目本质上都是工业化制造和现场施工安装结合的产物，提高工业化制造在建设项目中的比例是建筑行业工业化的发展方向和目标。工业化建造至少要经过设计制图、工厂制造、运输储存、现场装配等主要环节，其中任何一个环节出现问题都会导致工期延误和成本上升，例如：图纸不准确导致现场无法装配，需要装配的部件没有及时到达现场等。BIM 技术不仅为建筑行业工业化解决了信息创建、管理、传递的问题，而且 BIM 三维模型、装配模拟、采购制造运输存放安装的全程跟踪等手段为工业化建造的普及提供了技术保障。同时，工业化还为自动化生产加工奠定了基础，自动化不但能够提高产品质量和效率，而且对于复杂钢结构，利用 BIM 模型数据和数控机床的自动集成，还能完成通过传统的"二维图纸－深化图纸－加工制造"流程很难完成的下料工作。BIM 技术的产业化应用将大大推动和加快建筑行业工业化进程。

（5）把建筑产业链紧密联系起来，提高整个行业的竞争力建筑工程项目的产业链包括业主、勘察、设计、施工、项目管理、监理、部品、材料、设备等，一般项目都有数十个参与方，大型项目的参与方可以达到几百个甚至更多。二维图纸作为产业链成员之间传递沟通信息的载体已经使用了几百年，其弊端也随着项目复杂性和市场竞争的日益加大变得越来越明显。打通产业链的一个关键技术是信息共享，BIM 就是全球建筑行业专家同仁为解决上述挑战而进行探索的成果。业主是建设项目的所有者，因此自然也是该项目 BIM 过程和模型的所有者。设计和施工是 BIM 的主要参与者、贡献者和使用者。业主要建立完整的可以用于运营的 BIM 模型，必须有设备材料供应商的参与。供应商逐步把产品目前提供的二维图纸资料改进为提供设备的 BIM 模型，供业主、设计、施工直接使用，一方面促进了这三方的工作效率和质量，另一方面对供应商本身产品的销售也提供了更多更好的方式和渠道。

（三）发展 BIM 亟需解决的问题

BIM 技术的应用，目前最大的问题是缺乏具有自主知识产权的应用软件。国外的应用软件不仅价格昂贵，而且由于不支持我国规范，难以满足我国的应用需求。鉴于我国巨大的基本建设规模，需开发具有自主知识产权的应用软件，填补这一领域的空白。因此，有必要通过国家科技支撑计划的支持，迅速获得发展，为在我国建筑行业推广普及 BIM 技术奠定坚实的基础。

虽然 BIM 技术已经在我国开始应用，但仍处于起步阶段，在应用模式、应用标准方面并未有重大突破。目前，BIM 在建筑领域的推广应用还存在着政策法规和标准不完善、发展不平衡、本土应用软件不成熟、技术人才不足等问题，有必要采取切实可行的措施，推进 BIM 在建筑领域的应用。

（1）研究制定符合我国建筑设计、施工、运行管理等各阶段工作流程数据标准，形成完善的建筑全过程建设管理信息标准体系。

（2）开发自主知识产权的面向建筑全生命期的核心软件产品，支撑全行业 BIM 等最新信息技术普及应用。

（3）开展设计阶段 BIM 等最新信息技术的集成应用研究，实现各专业信息高度共享和设计流程的优化，支撑建筑可持续设计。

（4）开展施工阶段 BIM 等最新信息技术的集成应用研究，提高工程施工全过程的预见性和管理水平，促进传统建造方式向精益建造发展。

（5）开展运维管理阶段 BIM 等最新信息技术集成应用研究，实现建筑低能耗和绿色环保的最佳运维模式。

五、BIM 技术在项目中的推广应用介绍

BIM 是以三维数字技术为基础，集成了建筑工程项目各种相关信息的工程数据模型，是对该工程项目相关信息详尽的数字化表达。自 2002 年首次提出，BIM 已席卷欧美工程建设行业，引发了史无前例的彻底变革，美国国家建筑科学研究院率先于 2007 年 12 月发布了美国国家 BIM 标准的第一部分；韩国国土海洋部于 2010 年 1 月分别在建筑和土木两个领域制定了 BIM 应用指南；挪威公共建筑机构（Statsbygg）在 2011 年发布了一本 BIM 手册版本 1.2；英国计划于 2016 年提出一个能多方面充分协作的 3DBIM。美国、英

国、韩国、芬兰、澳大利亚、新加坡、挪位等，都是 BIM 应用较为领先的国家，它们将在 2016 年前陆续在其公共工程中全部应用 BIM 技术。

（一）BIM 技术在中铁建工集团的推广应用

在我国现代工程建设行业，BIM 技术已经成为支撑行业产业升级的核心技术，住建部已将 BIM 技术列为国家"十二五"科技支撑计划的重点研究和推广应用技术。

中铁建工集团从 2012 年就启动了 BIM 技术应用与推广工作，组织召开了 BIM 技术培训和 BIM 技术应用研讨会，制定了《中铁建工集团 BIM 技术实施方案》，建立 BIM 工作站，策划 BIM 技术应用的顶层设计。

根据部署，中铁建工集团 BIM 技术推广应用分为两个层面：集团公司成立了 BIM 工作站，组建 BIM 团队、集团公司统一购买 BIM 软件，组织软件操作的培训工作，选定集团公司 BIM 技术试点项目进行应用试点，同时制定集团 BIM 工作流程及应用标准、BIM 技术操作手册、BIM 技术建模标准、BIM 技术数据库应用标准，组织举办集团年度 BIM 技术比赛；各二级公司推广重点为建立相应的管理机构，配备具有 BIM 技术的人员，具体负责 BIM 技术应用推广和应用研究，拓宽应用范围、提高应用层次，因地制宜、慎重选择 BIM 技术应用推广项目，坚持"试点先行、逐步推广"。

上海公司紫金（建邺）北方公司中海油天津大厦、深圳公司中海油深圳大厦、安装公司贵州花果园双塔、北京分公司兰州西站、广州公司广州地铁指挥中心等 30 个项目作为集团 BIM 技术试点项目已经开展了 BIM 技术应用工作。其中，中铁建工集团承建的北京 SOHO 项目 BIM 技术应用成果获得全国 BIM 技术大赛三等奖。目前中铁建工集团已经形成 BIM 技术推广应用高潮，加快了 BIM 技术应用步伐。

1. 中铁建工集团 BIM 技术应用实践

目前中铁建工集团 BIM 技术应用多侧重于施工过程中的应用，结合现场需求，进行 BIM 技术应用点的研发，主要方向为：与现场技术管理结合，实现施工现场的数字化施工。

（1）施工策划及总平面布置

BIM 团队在施工前通过 BIM 技术绘制 3D 现场综合平面布置，3D 模型结合施工现场实际尺寸，立体展现施工现场布置情况，合理进行施工平面布置和施工交通组织，避免现场混乱；同时为高空安全吊装提供数据。此外，还可以统计临时建筑工程数量，作为与建设方进行临建结算依据。在中铁建工集团承建的中科院丹麦教育中心工程中，BIM 技术的这一功能得到应用。

（2）设计深化及图纸审核

BIM 团队在三维建模过程中对设计图纸进行校核和深化；对建筑、结构、机电安装各专业图纸进行碰撞审核，从而在施工前解决图纸的错漏问题。对机电安装进行管线综合，保证精准的管线综合布置。典型工程是广州地铁指挥中心，对地下室管线按照各自的标高和定位均出图交底，避免事后返工拆改；同时对预留孔洞提前定位出图，BIM 孔洞预留图解决了砌筑与安装之间的冲突问题（图 5.2-24）；对设备机房深化设计，特别对地下室双速风机房、生活水泵房、消防水泵房、变电所、制冷机房、全热交换空调机组、地上空调机房等管线综合排布作了深化优化，保证了施工质量。

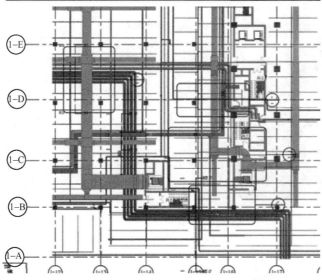

图 5.2-24　BIM 孔洞预留

（3）三维碰撞检查

BIM 团队在二次深化设计的基础上，建立三维 BIM 模型，对模型内机电专业设备管线之间、管线与建筑结构部分之间、结构构件之间进行碰撞检测，根据测试结果调整设计图纸，直至实现零碰撞（图 5.2-25）。典型工程是北京望京 SOHO 项目。

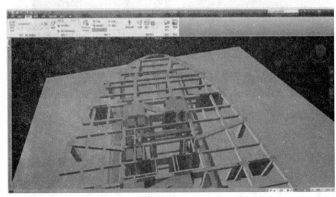

(a)

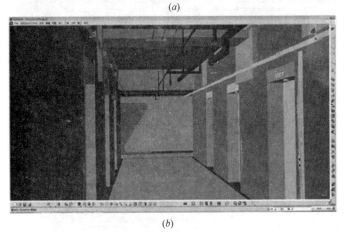

(b)

图 5.2-25　三维碰撞检查

（a）发现碰撞后，在结构施工前，结构出设计变更，大的连梁改成双层梁，解决碰撞；
（b）在结构施工前，绘制一次结构留洞图，解决碰撞与精装控高问题

（4）施工进度管理

BIM 团队在模型量化的基础上，将三维模型与施工进度计划连接，将空间信息与时间信息反映到模型中，实现对施工进度计划的管控。管理人员可以通过划分已经完成的工程量，输出施工进度，进行实际施工进度与计划施工进度的对比；可以直接对现场进度情况进行分析诊断，更直观、可视、清晰，改变了传统的施工进度管理模式，确保了进度计划合理和可行。典型工程是北京望京 SOHO 项目。

（5）施工方案、施工工艺模拟及动态演示

在中铁建工集团重点项目及复杂公建综合项目中，为保证工程质量，项目团队借助 BIM 模型对施工方案进行施工模拟，利用视频对施工过程中的难点和要点进行说明，提供给施工管理人员及施工班组。对一些狭小部位、工序复杂的管线安装，项目团队借助 BIM 模型对施工工艺、工序的模拟，能够非常直观地了解整个施工工序安排，清晰把握施工过程，从而实现施工组织、施工工艺、施工质量的事前控制。

大型综合站房施工方案模拟在南宁火车站项目中得到成功应用如图 5.2-26 所示；走廊狭小部位机电安装施工工艺模拟在北京望京 SOHO 项目中成功应用如图 5.2-27 所示。

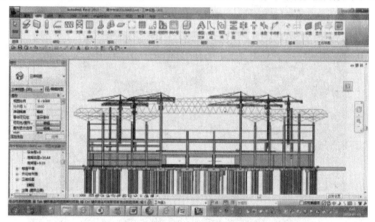

图 5.2-26　大型站房屋顶网架施工模拟

风管安装

桥架安装

图 5.2-27　走廊狭小部位机电安装施工工艺模拟（一）

喷淋主管安装

空调水管道安装

灯具及喷淋末端安装

图 5.2-27　走廊狭小部位机电安装施工工艺模拟（二）

（6）物料跟踪、物资编码及成本管理技术

项目 BIM 团队运用 BIM 技术进行工程施工总体组织设计编制和施工模拟；确定施工所需的人、材、机资源计划；减少施工损耗；对项目的资源进行物料跟踪；并对材料进行编码，利用插件进行材料管理；再与施工进度计划相结合，导出对应计划所需的物料清单。根据清单准备材料进场，并能通过多个进度计划的比对，实现材料进场与人员、机械及环境的高效配置。

通过 BIM 导出的清单与手工提料的工程量进行对比，与物资管理结合，对物资申请计划进行校核，可以规避手工提料的失误。以月为单位对劳务验工的工程量进行核算，快速完成劳务工程款的校核及审批。在苏州狮山广场工程中，BIM 技术的这一功能得到应用。对物资管理实行编码管理，编码反馈到 BIM 模型，编码后的物资导入到易特仓库软件进行管理，当物资进场时打印编码、贴编码、物资入库，过程中对现场物资盘点及跟踪（扫码），确保全程进行数字化管理（图 5.2-28）。运用 BIM 技术建立工程成本数据平台，通过数据的协调共享，实现项目成本管理的精细化和集约化。

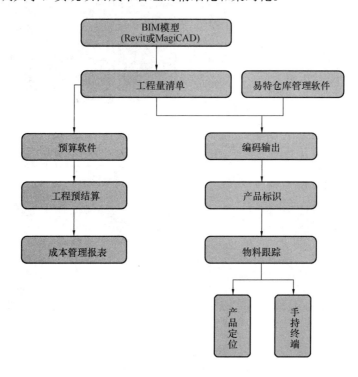

图 5.2-28　物料跟踪及控制

（7）数字化加工

项目团队利用 BIM 模型的各项数据信息，对安装构件快速放样，实现工厂预制，将模型应用到现场放线控制中，满足了施工精度要求。通过模型与现场实物对比，采用数字化验收，实现施工质量的事后控制。北京望京 SOHO 项目风管加工制作即是数字化加工的代表（图 5.2-29）。

2. BIM 技术推广应用中存在的问题

BIM 技术是建筑产业革命性技术，在项目精细化管理、建筑全生命周期管理中能够发挥巨大作用，也是绿色建造技术，但由于目前国内相关法律法规尚不完善，建筑企业使用 BIM 成果时，缺乏相应的标准和规范配套，影响了新技术的推广应用。此外，BIM 应用前期投入大，目前工程定额尚没有这方面内容，给项目管理造成一定压力。随着 BIM 技术的进一步推广和相关规范的完善，其在工程管理中的价值将会越来越显著，必然促进 BIM 技术健康有序发展，进而实现建筑行业的巨大变革。

（二）BIM 在上海万科七宝国际项目上的应用

万科七宝国际位于闵行核心位置，七宝板块，9 号线中春路站上。万科七宝国际层高 4.5m 精装 LOFT，户型面积为 $40\sim50m^2$。狭小的空间、众多的管线排布成就了 BIM 在 LOFT 精装项目的深入应用，拓展了 BIM 应用的广度及深度。

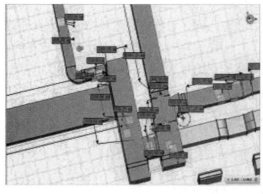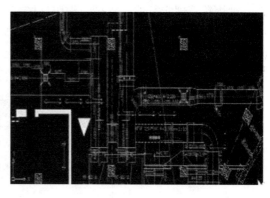

(a)

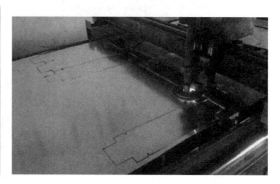

(b)

图 5.2-29　北京望京 SOHO 项目风管数字化加工

（*a*）三维模型处理；（*b*）现场加工

1. BIM 应用概况

使用范围：万科七宝国际 9 号楼、LOFT 全专业

主导单位：南京正华通过约谈全权为甲方负责的第三方 BIM 设计顾问单位。

交互方式：①前期交互（设计阶段）——BIM 顾问完成建筑、结构、机电模型后，将成果先共享给甲方项目部、设计部、设计院、机电顾问等端口，各参与方通过邮件提出意见汇总到 BIM 顾问进行修改和优化，并做好记录以便追溯；②后期交互（施工阶段）——BIM 顾问将模型共享给土建总包、机电总包、幕墙总包、装修总包等，这些分包单位根据自己的实际情况有权修改、深化和调整，将结果反馈给 BIM 顾问，并做好记录以便追溯。最终形成完整的建筑信息模型。

查看平台：BIM 顾问搭建云平台，给到各需求端账号，通过这个账号在更大范围内充分地查阅模型数据信息，做到各参与方共同使用模型的目的。

模型精度：根据美国建筑师协会《AIA Document E202—2008》标准，选择 LOD4 精度。

2. 用 Autodesk revit 软件构建的 BIM 全专业模型（图 5.2-30）

3. 校验施工图，保障施工的准确度（图 5.2-31）

4. 管线综合，满足项目净高及空间要求（图 5.2-32）

5. BIM 技术的应用使得项目精细化得以实现（图 5.2-33）

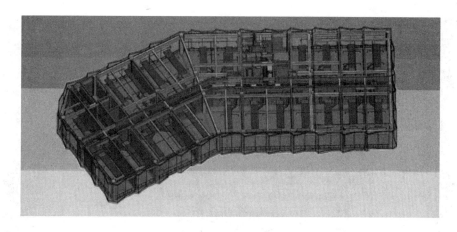

图 5.2-30　Autodesk revit 软件构建出的 BIM 全专业模型

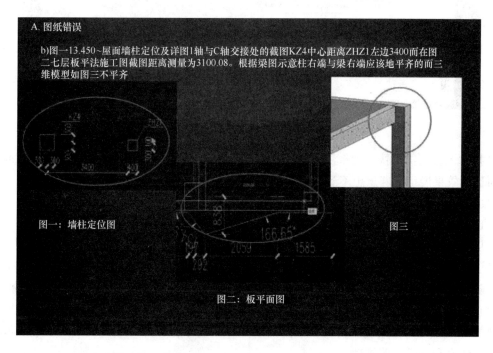

图 5.2-31　某位置施工图校验

此项目应用 BIM 的缘由是项目狭小的空间管线不能很好的排布，BIM 技术的应用使得这一难点得到了很好的解决。

6. BIM 精装效果的展示

通过 BIM360 技术的应用，将模型推送到欧特克云端渲染，使得精装修的项目在不依靠效果图公司的渲染下依然能得到满意的效果，同时云端的渲染不占用本地的机子，非常方便高效，普通需要一天的渲染的工作借助云端的技术只要一个小时就能完成（图 5.2-34）。

南京正华 BIM 咨询团队从 2012 年开始在万科商业项目上运用 BIM 技术。BIM 不仅在商业项目上有较大的优点，在民用建筑上依然有着很好的技术推动。以本项目来说，

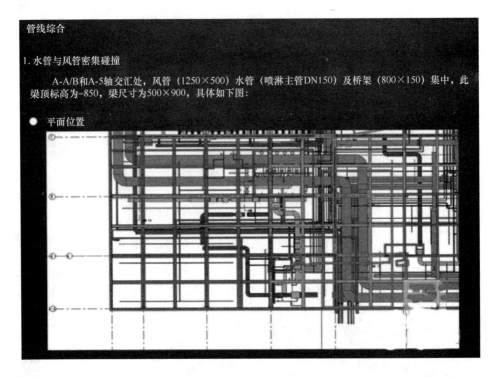

图 5.2-32　管线碰撞检验

BIM 技术的应用极大快速地解决了狭小空间项目的管线排布问题，同时 BIM 技术对精装修项目的效果展示有着意想不到的效果。

（三）BIM 在医院建设和运营中的应用

1. 建筑全生命周期中 BIM 的应用

从建筑的全生命周期来看，BIM 的应用对于提高建筑行业规划、设计、施工、运营的科学技术水平，促进建筑业全面信息化和现代化，具有巨大的应用价值和广阔的应用前景。随着 BIM 在中国被逐渐认识与应用，特别在国内工程建造行业高速发展的背景下，BIM 已在国内一些大型工程项目中得到积极应用，涌现出很多成功案例，充分展现了BIM 在建筑工程行业的应用价值。在国内的部分医院工程已经开始采纳 BIM，将其运用于工程建设和日常运营管理。

BIM 的信息具有可追溯性、共享性、透明性的特点，贯穿于工程整个生命周期，使之成为智能化（制造）建设和数字化医院管理的平台。

根据项目建设进度建立和维护 BIM 模型，实质是使用 BIM 平台汇总项目团队所有的项目信息，消除项目中的信息孤岛，并且将得到的信息结合三维模型进行整理和储存，以备项目全过程中各相关利益方随时共享。

由于 BIM 的用途决定了 BIM 模型细节的精度，同时目前仅靠一个 BIM 工具并不能完成所有的工作，所以目前业内主要采用"分布式"BIM 模型的方法，建立符合工程项目现有条件和使用用途的 BIM 模型。根据需要，这些模型可能包括：设计模型、施工模型、进度模型、成本模型、制造模型、操作模型等。

这种"分布式"模型往往由相关的设计单位、施工单位或者运营单位根据各自工作范

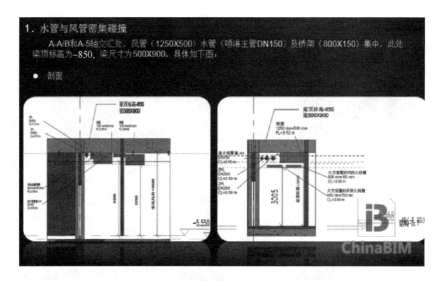

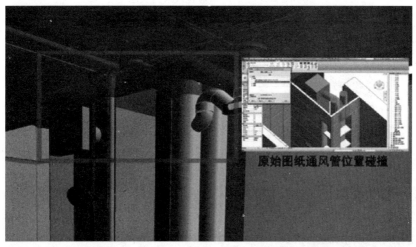

图 5.2-33　BIM 技术的应用体现

图 5.2-34　BIM 精装效果的展示

围单独建立，最后通过统一的标准合成。这将增加对 BIM 建模标准、版本管理、数据安全的管理难度，所以有时候业主也会委托独立的 BIM 服务商，统一规划、维护和管理整个工程项目的 BIM 应用，以确保 BIM 模型信息的准确性、时效性和安全性。

2.BIM 在医疗建设项目策划与设计中的运用

（1）场地与交通组织分析——得出最佳方案

在医院建筑工程中，场地的选择和布置对医院的后期运行起到至关重要的作用。

场地分析是研究影响建筑物定位的主要因素、确定建筑物的空间方位、确定建筑物的外观、建立建筑物与周围景观的联系过程。在规划阶段，场地的地貌、植被、气候条件都是影响设计决策的重要因素，因此需要通过场地分析来对景观规划、环境现状、施工配套及建成后交通流量等各种影响因素进行评价及分析。例如：利用 BIM 模拟医院交通流线和出入口布置分析以求最佳方案。

传统的场地分析存在诸如定量分析不足、主观因素过重、无法处理大量数据信息等弊端，尤其是一些山坡地、河道低洼地，通过 BIM 结合地理信息系统（Geographic Information System，简称 GIS），对场地及拟建的建筑物空间数据进行建模，通过 BIM 及 GIS 软件的强大功能，迅速得出令人信服的分析结果（如土方平衡量、排水泄洪方案等），帮助项目在规划阶段评估指定场地的使用条件和特点，从而作出新建项目最理想的场地位置、交通流线组织关系、建筑主体布局等关键决策。

（2）模拟空间发展——作关键性规划

在医院建筑策划时，我们总希望在用地与建筑空间留有发展余地，用于满足日后发展或功能转变之需。

策划是在总体规划目标确定后，根据定量得出设计依据的过程。相对于根据经验确定设计内容及依据（设计任务书）的传统方法，医疗建筑策划利用对建设目标所处社会环境及相关因素，包括对城市化进程、人口图谱、疾病谱和当地医疗资源及分布等进行逻辑数理分析，研究项目任务书对设计的合理导向，制定和论证建筑设计依据，科学地确定设计的内容，并寻找达到这一目标的科学方法。在这一过程中，主要是以实态调查为基础、以数据分析为手段对目标进行研究。

BIM 能够帮助项目团队在建筑规划阶段，通过对空间进行分析来理解复杂空间的标准和法规，从而节省时间，为团队提供更多增值活动的可能。特别在客户讨论需求、选择以及分析最佳方案时，借助 BIM 及相关分析数据，可以作出关键性的决定。

在建筑策划阶段，BIM 还会帮助建筑师随时查看初步设计是否符合业主的要求，是否满足建筑策划阶段得到的设计依据，通过 BIM 连贯的信息传递或追溯，大大减少设计阶段因不合理设计造成修改的巨大浪费。

（3）评估设计方案——获得较高的互动效应

在方案论证阶段，项目投资方可以使用 BIM 来评估设计方案的布局、照明、安全、声学、色彩及是否符合相关规范。BIM 甚至可以做到利用建筑外观部分的细节来迅速分析设计和施工中可能需要应对的问题。

以某医院某科室门诊区域的设计为例，我们可以利用 BIM 去模拟测算，以判别门诊设计的合理性。该科室日常常规参数如下：

常规门诊量：150 人（最高峰 250 人）；

峰值门诊时段：9：00～11：00（平均 1 人/5min）；

平均就诊时间：20min；

患者可容忍等候时间：老人 45min，中青年 30min。

通过对上述数据进行模拟动态测试，可以对设计方案进行论证，具体内容包括：

人群是否始终或长时间处于聚集状态，从而判断整个科室诊室区域面积是否足够；

什么时间就诊人群开始聚集，聚集在何处，以此判断整个诊室区域面积、诊室数量和候诊空间的比例是否合理；

根据诊量高峰与低谷的比例，调整部分专科门诊的开放时间，如某些慢性专科门诊，高峰时段不开门，而在低谷时段开放；

根据对患者就诊路径、就诊时间、等候时间规律的判别，考虑在诊室区域植入相关医技、治疗功能。

在这个案例中，通过 BIM 平台的运用，可以优化诊室设计方案，使之更高效、舒适、方便，达到诊室设计效果最佳状态。

方案论证阶段还可以借助 BIM 方便地、低成本地提供不同的解决方案以供项目投资方进行选择，通过数据对比和模拟分析，找出不同解决方案的优缺点，帮助项目投资方迅速评估建筑投资方案的成本和时间。

对设计师来说，通过 BIM 来评估所设计的空间，可以获得较高的互动效应，以便从使用者和业主那里获得积极的反馈。设计的实时修改往往基于最终用户的反馈，在 BIM 平台下，项目各方关注的焦点问题比较容易直观地展现并迅速达成共识，相应地，决策所需的时间会比以往减少。

（4）可视化设计——真正的三维方式来完成建筑设计

建筑师在与医生沟通的过程中，往往会出现医生无法判别使用面积是否足够的问题，3Dmax、Sketchup 这些三维可视化设计手段的出现，有力地弥补了业主对传统建筑图纸识别能力缺乏造成的和设计师之间的交流鸿沟，但由于这些软件设计理念和功能上的局限，使得这样的三维可视化展现不论用于前期方案推敲，还是用于阶段性的效果图展现，与真正的设计方案之间均存在相当大的差距。

对于设计师而言，除了用于前期推敲和阶段展现，大量的设计工作还是要基于传统CAD平台来完成。但由于CAD平台的功能局限，使得设计师不得不放弃三维空间的思考方式，退而求其次地使用平、立、剖三视图的方式表达和展现自己的设计成果。这种由于工具原因造成的信息割裂，在遇到项目复杂、工期紧的情况下，非常容易出错。

BIM的出现，使设计师真正回归到了三维的世界，使用三维的思考方式来完成建筑设计，同时也使业主真正摆脱了技术壁垒的限制，随时了解自己的投资与回报。

（5）多专业协同设计——从单纯的设计阶段扩展到建筑全生命周期

协同设计是一种新兴的建筑设计方式，它可以使分布在不同地理位置的不同专业的设计人员通过网络协同展开设计工作。协同设计是在建筑业环境发生深刻变化、建筑的传统设计方式必须得到改变的背景下出现的，也是数字化建筑设计技术与快速发展的网络技术相结合的产物。

现有的协同设计主要是基于CAD平台。这种基于二维的协同设计并不能充分实现专业间的设计信息交流，这是因为CAD的通用文件格式仅仅是对图形的描述，无法加载附加信息，并且由于平台局限，专业间的数据不具有关联性，导致计算机图形技术和专业设计内容未能很好融合。

BIM的出现，使协同已经不再是简单的文件参照。BIM技术为协同设计提供底层支撑，大幅提升协同设计的技术含量。协同设计不再是单纯意义上的设计交流、组织及管理手段，它与BIM融合，成为设计手段本身的一部分。借助于BIM的技术优势，协同的范畴也从单纯的设计阶段扩展到建筑全生命周期，需要规划、设计、施工、运营等各方的集体参与，因此具备了更广泛的意义，从而带来综合效益的大幅提升。

（6）建筑性能化分析——可自动完成

利用计算机进行建筑物理性能化分析，国外的研究开始于20世纪60年代，甚至更早，早已形成较为成熟的理论，并已开发出丰富的工具软件。但是在CAD时代，无论什么样的分析软件，都必须通过手工的方式输入相关数据才能开展分析计算。而操作和使用这些软件不仅需要由专业技术人员经过培训才能完成，同时由于设计方案的调整，造成原本就耗时耗力的数据录入工作需要经常性的重复录入或者校核，导致包括建筑能量分析在内的建筑物理性能化分析通常被安排在设计的最终阶段，使得建筑性能化分析趋于象征性。最终导致了建筑师在进行方案设计时，无法非常方便地对设计方案进行定性与定量的性能化计算分析，或者建筑设计与性能化分析计算之间发生严重脱节的现象。

利用BIM技术，建筑师在设计过程中创建的虚拟建筑模型已经包含了大量的设计信息（包括几何信息、材料性能、构件属性等），只要将模型导入相关的性能化分析软件，就可以得到相应的分析结果，原本需要专业人士花费大量时间输入大量专业数据的过程，如今可以自动完成，这大大降低了性能化分析的周期，提高了设计质量，同时也使设计公司能够向业主提供更专业的技能和服务。

3.BIM在医院工程建设中的运用

（1）工程量快速统计——可用于成本估算

　　BIM 是一个富含工程信息的数据库，可以真实地提供造价管理需要的工程量信息，借助这些信息，计算机可以快速对各种构件进行统计分析，从而大大减少根据图纸或者 CAD 文件统计工程量带来的繁琐人工操作和潜在错误，同时能够非常容易地实现工程量信息与设计方案保持完全一致。

　　BIM 在这一领域的成功应用，给工程项目的造价管理带来质的飞跃。通过 BIM 获得的准确的工程量统计，可以用于前期设计过程中的成本估算；在业主预算范围内，探索不同的设计方案，或者对不同设计方案的建造成本进行比较；进行施工开始前的工程量预算以及施工完成后的工程量决算。

　　（2）3D 管线综合——及时排除施工中的碰撞冲突

　　在 CAD 时代，设计院主要由建筑或者机电专业牵头，将所有图纸打印成硫酸图，然后各专业将图纸叠在一起进行管线综合，由于二维图纸的信息缺失以及缺失直观的交流平台，导致管线综合成为建筑施工前最让业主不放心的"最后一公里"。

　　利用 BIM 技术，通过搭建建筑、结构、机电等专业的 BIM 模型，设计师能够在虚拟的三维环境下方便地发现设计中的碰撞冲突，从而大大提高了管线综合的设计能力和工作效率。这不仅能够及时排除项目施工环节中可能遇到的碰撞冲突，显著减少由此产生的变更申请单，而且大大提高了施工现场的生产效率，降低由于施工协调造成的成本增长和工期延误。

　　（3）4D 施工模拟——直观、精确地反映整个施工过程

　　通过 BIM 与施工进度计划相链接，将空间信息与时间信息整合在一个可视的 4D（3D+Time）模型中，可以直观、精确地反映整个建筑的施工过程。4D 施工模拟技术可以在项目建造过程中合理制定施工计划、精确掌握施工进度，优化使用施工资源以及科学地进行场地布置，对整个工程的施工进度、资源和质量进行统一管理和控制，以缩短工期、降低成本、提高质量。

　　此外，BIM 可以协助评标专家从 4D 模型中很快地了解投标单位对投标项目主要施工的控制方法、施工安排是否均衡、总体计划是否基本合理等，从而对投标单位的施工经验和实力作出有效评估。

　　（4）施工组织模拟——按月、日、时进行施工安装方案的分析优化

　　通过 BIM 可以对项目的重点或难点部分进行可建性模拟，按月、日、时进行施工安装方案的分析优化。对于一些重要的施工环节或采用新施工工艺的关键部位、施工现场平面布置等施工指导措施进行模拟和分析，以提高计划可行性；也可以利用 BIM 技术结合施工组织计划进行预演以提高复杂建筑体系的可造性（例如：施工模板、玻璃装配、锚固等）。

　　借助 BIM 对施工组织的模拟，项目管理方能够非常直观地了解整个施工安装环节的时间节点和安装工序，并清晰把握在安装过程中的难点和要点，施工方也可以进一步对原有安装方案进行优化和改善，以提高施工效率和施工方案的安全性。

　　（5）数字化构件加工——自动完成建筑物构件的预制

　　将 BIM 模型与数字化建造系统结合，可实现建筑施工流程的自动化。尽管建筑不能像汽车一样在"加工"好整体后发送给业主，但建筑中的许多构件的确可以异地加工，然后

运到建筑施工现场，装配到建筑中（例如：门窗、预制混凝土结构和钢结构等构件）。通过数字化建造，可以自动完成建筑物构件的预制，这些通过工厂精密机械技术制造出来的构件，不仅降低了建造误差，并且大幅度提高构件制造的生产率，使得整个建筑建造的工期得以缩短并且容易掌控。

BIM 模型直接用于制造环节还可以在制造商与设计人员之间形成一种自然的反馈循环，即在建筑设计流程中提前考虑尽可能多地实现数字化建造。同样与参与竞标的制造商共享构件模型也有助于缩短招标周期，便于制造商根据设计要求的构件用量编制更为统一的投标书。同时标准化构件之间的协调也有助于减少现场发生的问题，降低不断上升的建造、安装成本。

（6）材料跟踪——与 RFID 互补

在 BIM 出现以前，建筑行业往往借助较为成熟的物流行业的管理经验及技术方案（如：RFID 无线射频识别电子标签）。通过 RFID 可以把建筑物内各个设备构件贴上标签，以实现对这些物体的跟踪管理，但 RFID 本身无法进一步获取物体更详细的信息（如：生产日期、生产厂家、构件尺寸等）。而 BIM 模型恰好详细记录了建筑物及构件和设备的所有信息。此外，BIM 模型作为一个建筑物的多维度数据库，并不擅长记录各种构件的状态信息，而基于 RFID 技术的物流管理信息系统对物体的过程信息都有非常好的数据库记录和管理功能。这样 BIM 与 RFID 正好具有了互补性，来解决建筑行业由日益增长的物流跟踪带来的管理压力。

（7）施工现场 3D 配合——为各方提供交流的沟通平台

BIM 可成为施工现场各方交流的沟通平台，这一平台不仅史无前例地集成了建筑物的完整信息，同时还提供了一个三维的交流环境。这大大提高了传统模式下项目各方人员在现场从图纸堆中找到有效信息进行交流的沟通效率。

通过在施工现场搭建基于 BIM 模型的交流平台，可以让项目各方人员方便地通过 BIM 模型协调项目方案，增加项目的可造性，及时排除矛盾，显著地减少由此产生的变更。由于 BIM 模型直观的表现力，也为机构和专业人员之间的交流减少了语言交流障碍。这些都有助于缩短施工时间，降低由于设计协调造成的成本增长（譬如业主需求变化），提高施工现场生产效率。

（8）竣工模型交付——为业主提供完整的建筑物全局信息

建筑作为一个系统，当完成建造过程准备投入使用时，首先需要对建筑进行必要的测试和调整，以确保它可以按照当初的设计来运营。在项目完成后的移交环节，物业管理部门需要得到的不只是常规的设计图纸、竣工图纸，还需要正确反映真实的设备、材料安装使用情况，常用件、易损件等与运营维护相关的文档和资料。可实际上这些有用的信息都被淹没在不同种类的纸质文档中了，而纸质的图纸是具有不可延续性和不可追溯性的，这不仅造成项目移交过程中可能出现的问题隐患，更重要的是需要物业管理部门在日后的运营过程中从头开始摸索建筑设备和设施的特性和工况。

BIM 模型能将建筑物空间信息和设备参数信息有机地整合起来，从而为业主获取完整的建筑物全局信息提供平台。通过 BIM 模型与施工过程的记录信息相关联，甚至能够实现包括隐蔽工程图像资料在内的全生命周期建筑信息集成，不仅为后续的物业管理带来便利，并且可以在未来进行翻新、改造、扩建过程中为业主及项目团队提供有效的历史信息，减少交付时间，降低风险。

4. BIM 在医院运行管理中的应用

BIM 不是一个简单的医院建筑数字模式，它更是一个数字化的信息平台。

例如，在医院日常运营中，监控系统可以自动发现某个水泵控制阀门出现故障，查阅在库存记录中已无该阀门配件，于是提出采购申请—财务审核—主管领导审批—采购—安装（维修清单）—设备信息重新录入—最后重新进入设备运营监测。

整个过程涵盖了楼宇自动化系统、物业管理系统、财务系统、资源管理系统、ERP（Enterprise Resource Planning 企业资源计划或企业资源规划的简称）系统等，而这一切都是建立在 BIM 的基础上的。将原有离散的控制系统、执行系统和决策系统整合在 BIM 的平台上。

（1）运营信息集成

在建筑物使用寿命期间，建筑物结构设施（如墙、楼板、屋顶等）和设备设施（如机械、电气、管道等）都需要不断得到维护。一个成功的维护方案将提高建筑物性能，降低能耗和修理费用，进而降低总体维护成本。

BIM 模型结合运维管理系统可以充分发挥空间定位和数据记录的优势，合理制定维护计划，分配专人专项维护工作，以降低建筑物使用过程中突发状况的维修风险的次数。对一些重要设备还可以跟踪维护工作的历史记录，以便对设备的适用状态提前作出判断。此外在三维的环境下，维护人员对于设备的位置十分清楚，大大提高了维护效率。

（2）设施及资产管理

当前企业对资产的管理已经逐步从传统的纸质方式中脱离，一套有序的资产管理系统将有效地提升建筑资产或设施的管理水平。但是由于建筑行业和设施管理行业的割裂，使得这些资产信息需要在运营阶段依赖大量的人工操作来录入资产管理系统，这不仅需要更多的系统数据准备时间，而且很容易出现数据录入错误。

BIM 中包含的大量建筑信息能够顺利导入现有的资产管理系统，这对于资产管理而言，大大减少了系统初始化在数据准备方面的时间及人力投入。此外由于传统的资产管理系统本身无法准确定位资产位置，通过 BIM 结合 RFID 的资产标签芯片还可以使资产在建筑物中的定位及相关参数信息一目了然，实现精确定位，快速查询。

（3）辅助能源管理

建筑系统分析是对照着设计规定来衡量建筑物性能的过程。其中包括机械系统如何操作、建筑物能耗分析、内外部气流模拟、照明分析、人流分析等涉及建筑物性能的评估。BIM 模型结合专业的建筑物系统分析软件避免了重复建立分析模型，不仅可以验证建筑物是否按照特定的设计规定和可持续标准建造，而且可以通过模拟更换整栋建筑所使用的材料设备，创建假设的解决方案，来显示建筑物性能更好或更差的状态。通过这些分析模拟，最终确定、修改系统参数甚至系统改造计划，以提高整个建筑的性能。

（4）空间管理

空间管理是业主为节省空间成本、有效利用空间、为最终用户提供良好工作、生活环境并促进人员的沟通与协调而对建筑空间所作的管理。空间管理最重要的是进行空间控制，做到经济而有效地利用空间。

BIM 不仅可以用于有效管理建筑设施及资产等资源，也可以帮助资产管理团队记录空间的使用情况，处理业主要求空间的变更请求，分析现有空间的使用情况，以及评估设备试用期间空间相关环境参数的变化情况。

通过 BIM 模型结合空间追踪系统可以合理分配建筑物空间，追踪当前空间的使用情况，确保设施空间资源最大利用率，还能根据统计数据协助日后空间改造时的空间使用需求。

(5) 灾害应急模拟分析

建筑作为人类栖息的场所和进行各类活动的物质条件，安全是第一位的。直接影响安全的因素，除房屋结构外，还包括各类灾害对其造成的破坏以及由此引发的连锁反应。利用 BIM 模型及相应灾害分析模拟软件，可以在灾害发生前以模型和灾害预警信息为基础，模拟灾害发生的过程，分析灾害发生的原因，制定避免灾害发生的解决措施，以及发生灾害后人员疏散、救援支持的应急预案。

此外，当灾害发生后，BIM 模型可以提供救援人员紧急状况点的完整信息，这将有效提高突发状况应对措施。此外楼宇自动化系统能及时获取建筑物及设备的状态信息，通过 BIM 和楼宇自动化系统的结合，使得 BIM 模型能清晰地呈现出建筑物内部紧急状况的位置，甚至到紧急状况点最合适的路线，救援人员可以由此做出正确的现场处置，提高应急行动的成效。

5. BIM 的实施

虽然 BIM 能为行业带来巨大的价值，但我们也看到，实施 BIM 方面并不是一帆风顺，原因之一在于用户对 BIM 的实施方式缺乏足够的认识。

对于运用 BIM 的设计方来说，在成功实施 BIM 之前，需要充分考虑 BIM 的实施策略。不仅要考虑购买软件和安排培训，而且要考虑伴随 BIM 而至的工作流程和组织变更问题。例如：

——希望 BIM 解决哪些问题？BIM 能做很多事情，但在实施 BIM 的初期，最好先设定一些具体的目标，然后根据目标来选择合适的软件工具和人员配置。

——是让现有设计团队学习 BIM 软件并直接用于设计，还是成立平行于现有设计团队的全新 BIM 团队？相当一部分企业现在倾向于成立新的小型 BIM 团队，从辅助设计开始做起，例如专门进行碰撞检查或绿色分析，以后再逐步扩展到使用 BIM 软件完成整个设计流程。

——是否具备合适的硬件和网络环境？BIM 软件对硬件的要求可能略高于二维 CAD 软件，但并不超出大部分设计企业能接受的范围。

BIM 代表一种新的建筑设计模式，而不仅仅是采用一种新的支撑技术，因而企业需要考虑这一变革性团队的组织结构。参与试点项目的团队成员应当具备灵活的头脑、进取心和大局观，并且热衷于 BIM 的宣传普及。

美国总承包商 BIM 论坛协会主席 John Tocci 先生曾经说过："BIM 不容易，不便宜，但非常有效。"这是因为 BIM 可以带来巨大的业务优势，但为此需要摒弃传统的工作方式。从手工绘图过渡到 CAD 技术是一种渐进式的变革，而过渡到建筑信息模型技术则是一种真正的行业革命，因此需要更细心的规划、组织和培训。BIM 的完全普及可能需要若干年的时间，但一旦普及，医院建设和运营管理将与今天有着巨大的不同。在这个巨变的过程中，只有先行一步，才能在市场上占领先机，成为行业的领导者。

第 3 节　BIM 在造价行业的应用

一、BIM 对造价行业的应用与意义

（一）BIM 背景及应用现状

BIM 最先起源于美国，随着全球化的进程，已经扩展到了欧洲、日、韩、新加坡等国家，目前，这些国家的 BIM 发展和应用都达到了一定的水平。

在中国，BIM 概念则是在 2002 年由欧特克公司首次引入了中国市场。历经近 12 年的时间，中国的建筑行业正在经历着一场 BIM 的洗礼。软件公司、设计单位、房地产开发商、施工单位、高校科研机构等都已经开始设立 BIM 研究机构。国家"十一五"规划中 BIM 已成为国家科技支撑计划重点项目，国家"十二五"规划中进一步将 BIM 建筑信息模型作为信息化的重点研究课题。且国内已经有不少建设项目在项目建设的各个阶段不同程度地运用了 BIM 技术。其中，上海中心大厦是全生命周期应用 BIM 的典型案例，其整个项目实施过程由业主主导，运用 BIM 对设计、施工、运营进行全方位规划。

然而，纵观中国乃至全球建筑行业，BIM 技术的应用大多以项目管理的形式出现在设计阶段与工程施工阶段，对于其在工程造价的应用却鲜有人探究。随着 BIM 技术在建筑行业的广泛应用，必定对传统工程造价行业带来冲击。工程造价行业需要转变自身模式去适应未来的 BIM 发展趋势。

（二）BIM 对造价行业的应用

1. 创建基于 BIM 的实际成本数据库

BIM 技术在处理实际工程成本核算中有着巨大的优势。建立成本的 5D（3D 实体、时间、工序）关系数据库，让实际成本数据及时进入 5D 关系数据库，成本汇总、统计、拆分对应瞬间可得。

以各 WBS（Work Breakdown Structure 工作分解结构）单位工程量人材机单价为主要数据进入实际成本 BIM 中。

未有合同确定单价的项目，按预算价先进入。有实际成本数据后，及时按实际数据替换掉。

2. 实际成本数据及时进入数据库

建立实际成本 BIM 模型，周期性（月、季）按时调整维护好该模型，统计分析工作就很轻松，软件强大的统计分析能力可轻松满足我们各种成本分析需求。

一开始实际成本 BIM 中成本数据以采取合同价和企业定额消耗量为依据。随着进度进展，实际消耗量与定额消耗量会有差异，要及时调整。每月对实际消耗进行盘点，调整实际成本数据。化整为零，动态维护实际成本 BIM，大幅减少一次性工量，并有利于保证数据准确性。

材料实际成本。要以实际消耗为最终调整数据，而不能以财务付款为标准，材料费的财务支付有多种情况：未订合同进场的、进场未付款的、付款未进场的按财务付款为成本统计方法将无法反映实际情况，会出现严重误差。

仓库应每月盘点一次，将入库材料的消耗情况详细列出清单向成本经济师提交，成本经济师按时调整每个 WBS 材料实际消耗。人工费实际成本。同材料实际成本。按合同实际完成项目和签证工作量调整实际成本数据，一个劳务队可能对应多个 WBS，要按合同和用工情况进行分解落实到各个 WBS；机械周转材料实际成本。要注意各 WBS 分摊，有的可按措施费单独立项；管理费实际成本。由财务部门每月盘点，提供给成本经济师，调整预算成本为实际成本，实际成本不确定的项目仍按预算成本进入实际成本。按本文方案，过程工作量大为减少，做好基础数据工作后，各种成本分析报表瞬间可得。

3. 快速实行多维度（时间、空间、WBS）成本分析

基于 BIM 的实际成本核算方法，较传统方法具有极大优势：

（1）快速。由于建立基于 BIM 的 5D 实际成本数据库，汇总分析能力大大加强，速度快，短周期成本分析不再困难，工作量小、效率高。

（2）准确。成本数据动态维护，准确性大为提高。消耗量方面仍会存在误差，但已能满足分析需求。通过总量统计的方法，消除累积误差，成本数据随进度进展准确度越来越高。另外通过实际成本 BIM 模型，很容易检查出哪些项目还没有实际成本数据，监督各成本条线实时盘点，提供实际数据。

（3）分析能力强。可以多维度（时间、空间、WBS）汇总分析更多种类、更多统计分析条件的成本报表。

（4）提升企业成本控制能力。将实际成本 BIM 模型通过互联网集中在企业总部服务器。企业总部成本部门、财务部门就可共享每个工程项目的实际成本数据，实现了总部与项目部的信息对称，总部成本管控能力大为加强。

4. BIM 成本控制解决方案

核心是利用 BIM 软件技术、造价软件、项目管理软件、FM 软件，创造出一种适合于中国现状的成本管理解决方案。首先定义一套通用编码标准，用于解析各种软件和体系的编码。整体解决方案包含了设计概算、施工预算、竣工决算、项目管理、运营管理等所有环节成本管理的模块，构成项目总成本控制体系。首先，①设计：由设计院制作 BIM 模型提交，作为所有各方建模的基础；②施工：采用基于 BIM 的工程量清单招标，要求乙方全部采用 BIM 投标（基于 FM 的招标条件＋预算中间件＋算量软件），施工预算的信息都写入 BIM；③PM：要求项目管理单位全面采用 BIM-WBS 中间件（项目管理中间件＋普华软件），便于将来运营时回溯建筑构件的历史信息；④FM：要求运营单位全面采用 BIM-FM 中间件（FM 中间件＋Archibus），直接将 BIM 携带的建筑信息全部留给运营阶段，实现 BIM 价值的最大化。项目成本控制是一个复杂的大系统，要整合各方面资源，形成合力。把各子系统纳入到大系统中，系统永远大于子系统之和。

（三）BIM 对造价行业的意义

BIM 对造价行业的最重大的意义，就是带给造价行业两大转变。BIM，顾名思义，建筑信息建模，其相对于传统模型来说有以下两个显著点：一是模型集成建筑全生命周期

各阶段、各专业信息；二是模型作为平台支持多专业、多人协作。由此，将带给建筑工程造价行业思维上与工作方式上的革命性的转变，转变有着必须和必要性。下面，将传统造价活动与 BIM 趋势下的建设项目全生命周期中各阶段涉及的造价活动，在造价思维和工作方式两方面上，作一个简单对比。

1. 思维模式的转变：数字造价思维转变为模型造价思维

一般来讲，现有的工程造价模式会经历如下流程：项目在可研阶段时，一些较大企业从历史积累的指标库中筛选出与现有项目相似的历史指标数据与可行性研究报告作项目估算；设计阶段用初步施工图得到一个设计概算；到招投标阶段，运用详细施工 CAD 图导入算量软件中，分别算量和计价，然后得到施工图预算；到施工阶段记录过程中发生的变更、价差与索赔，通过对预算的调整得到结算与决算的造价（图 5.3-1）。

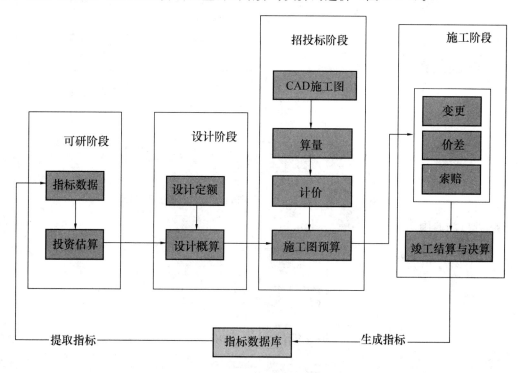

图 5.3-1　现行工程造价数字模式流程图

而基于 BIM 背景下的模型造价的思维模式已经不再是各个零散数据的调用，而是在设计阶段就建立一个标准的建筑模型，到招投标阶段时，造价工程师们将工程造价信息录入模型中，得到模型工程量和造价从而生成施工图预算，到施工阶段通过对模型数据和信息的维护得到结算、决算造价与真实指标信息，到工程完工后，模型中的各指标部分可分别保存到指标模型库中，为以后类似的项目造价复用与参考（图 5.3-2）。

2. 工作方式的转变：基于单机的软件单专业操作，转变为基于平台的多人协作

从全过程造价的角度上看，用到造价软件的时候并不是太多，估算与概算多用 Excel 作为工具，大多数企业都是在招投标阶段做施工图预算的时候才使用算量、造价软件，但使用流程也极为不方便：由于没有一个统一的平台，各个专业的造价人员协作几乎都是通过模型的导入导出来实现的，有时甚至各自建模，如有问题更是需要记录在文档中，用其

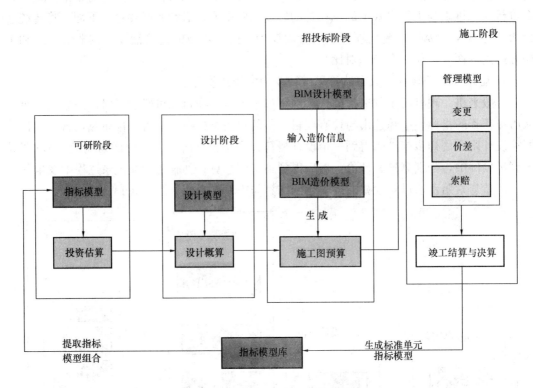

图 5.3-2　BIM 背景下的工程造价模型模式流程图

他方式进行沟通确认，极为不便（图 5.3-3）。

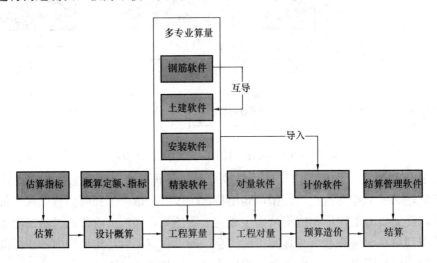

图 5.3-3　现行工程造价工作方式示意图

　　而基于 BIM 的建筑模型将会以一个平台的形式出现，集成多专业的造价信息。造价工程师在这个平台中，录入各自专业的造价信息，问题与记录也以模型为基础在平台上进行沟通。从而减少重复建模以及沟通和确认问题所耗费的大量时间（图 5.3-4）。

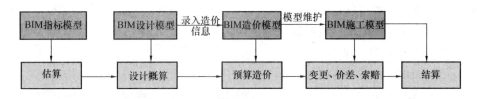

图 5.3-4　BIM 背景下工程造价工作方式示意图

二、BIM 在工程造价管理上的应用

（一）目前造价管理的局限

据统计，建筑业有多达 2/3 的建设工程项目在竣工决算时超过预算（Eastman 2008）。

造成预算超支的原因很多，其中造价工程师因缺乏充分的时间来精确计算工程量和了解造价信息而导致成本计算不准确，是造成成本超支的重要原因。

造价工程师在进行成本计算时，要么需手工计算工程量，要么将图纸导入工程量计算软件中计算，但不管哪一种方式都需要耗费大量的时间和精力。有关研究表明：工程量计算的时间在整个造价计算过程中占到了 50%～80%。

工程量计算软件虽在一定程度上减轻了造价工程师的工作强度，但造价工程师在计算过程中同样需要将图纸重新输入算量软件中，这种工作方式常常会因人为错误而增加风险。

由于施工过程的高度动态变化，施工资源及成本管理主要依靠人为控制，现有资源及成本管理软件只能辅助管理者进行必要的计算和统计，无法对施工资源和成本进行实时监控和精细管理。这种情形使准确快速测算成本造价变得非常困难。造成这种状况一方面有其客观原因，这些造价要素的确定由于计算复杂、数据海量和工作量巨大，存在相当大的实际困难。但另一方面的根本原因在于我国工程造价领域缺乏活力，使造价咨询企业和软件信息服务商创新能力不足，加上各地造价管理条块分割严重，标准林立，阻碍竞争，阻碍了中国造价业的技术进步与创新发展。

（二）BIM 在造价管理中的价值

1. 提高工程量计算准确性

一般项目人员计算工程量误差在 −3%～3% 左右，在工程实际中我们通常认为已经合理了。各地定额计算规则不同也是阻碍手工计算准确性的重要因素，每一个部分都要考虑相关哪部分要扣减。BIM 的自动化算量可摆脱人为因素的影响，以三维模型进行实体扣减计算，对于规则或不规则构件都是同样计算。

2. 合理安排资源计划，加快项目进度

在 BIM 模型所获得的工程量上附上时间信息，就可以知道任意时间段各项工作量是多少，进一步分析所需人材机数量，合理安排工作。

3. 控制设计变更

将设计变更内容关联到模型中，调整模型相关的工程量变化就会自动反应，甚至可以把设计变更引起的造价变化直接反馈给设计人员，能清楚了解设计方案变化对成本影响。

4. 对多算对比有效支撑

赋予购件各种参数信息：时间、材质、施工班组、位置、工序信息。如要找第五施工班组的工作量情况，在模型内就可以快速进行统计。

5. 历史数据积累与共享

（三）基于 BIM 的成本核算方法

（1）利用 API（Application Programming Interface 应用程序接口）在 BIM 软件和成本预算软件中建立连接，这里的应用程序接口是 BIM 软件系统和成本预算软件系统不同组成部分衔接的约定。这种方法通过成本预算系统与 BIM 系统之间直接的 API 接口，将所需要获取的工程量信息从 BIM 软件中导入到造价软件，然后造价工程师结合其他信息开始造价计算。U. S. COST 公司和 Innovaya 公司等厂商推出的成本核算软件就是采用这一类方法进行成本计算。

（2）利用 ODBC（Open Database Connectivity 开放数据库互联）直接访问 BIM 软件数据库。作为一种经过实践验证的方法，ODBC 对于以数据为中心的集成应用非常适用。这种方法通常使用 ODBC 来访问建筑模型中的数据信息，然后根据需要从 BIM 数据库中提取所需要的计算信息，并根据成本预算解决方案中的计算方法对这些数据进行重新组织，得到工程量信息。

采用 ODBC 方式访问 BIM 软件的成本预算软件需要对所访问的 BIM 数据库的结构有清晰的了解。

（3）输出到 Excel。目前，大部分 BIM 软件都具有自动算量功能，同时，这些软件也可以将计算的工程量按照某种格式导出。目前，造价工程师最常用的就是将 BIM 软件提取的工程量导入到 Excel 表中进行汇总计算。

与上面提到的两种方法相比，这种方法更加实用，也便于操作。但必须保证 BIM 的建模非常标准，对各种构件都要有非常明确的定义，只有这样才能保证工程量计算的准确性。

（四）基于 4D-BIM 的施工资源动态管理与成本实时监控

1. 4D 施工资源信息模型建立

4D 施工资源信息模型是将建筑 3D 模型与施工进度相链接，并与施工资源及成本信息集成一体。具体由 3 个子信息模型组成：基本信息模型、4D 信息模型以及预算模型。图 5.3-5 和图 5.3-6 描述了 4D 施工资源信息模型的基本组成以及子模型间的相互关系和逻辑结构。其中，基本信息模型可提供项目、建筑构件的浏览与管理功能；4D 信息模型可支持工程项目施工过程动态施工技术模拟和施工管理；预算信息模型可根据建筑构件的类型自动关联预算信息，提供建筑构件所需资源用量和成本计算与查询。

2. 施工资源动态管理和成本实时监控的实现

由清华大学开发的"基于 BIM 的工程项目 4D 施工动态管理系统（4D-GCPSU2009）"的子系统 4D 施工资源管理系统，可以自动计算任意 WBS 节点或 3D 施工段及构件的工程量，以及

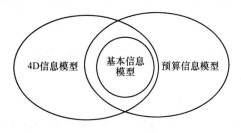

图 5.3-5　4D 施工资源信息模型的基本组成以及子模型间的相互关系

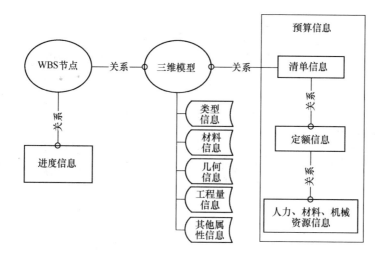

图 5.3-6　4D 施工资源信息模型的逻辑结构

相对施工进度的人力、材料、机械消耗量和预算成本，同时可进行工程量完成情况、资源计划和实际消耗等多方面的统计分析。4D-GCPSU2009 系统的功能结构以及施工资源管理的相关功能模块如图 5.3-7 所示，图 5.3-8 详细描述了 4D 施工资源管理子系统的功能结构。

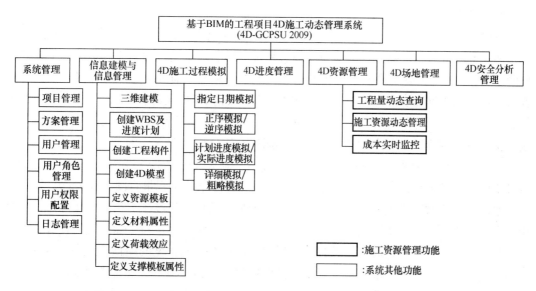

图 5.3-7　4D-GCPSU2009 系统的功能结构及施工资源管理的相关功能模块

系统根据计划进度和实际进度信息，可以动态计算任意 WBS 节点任意时间段内每日计划工程量计划工程量累计、每日实际工程量、实际工程量累计，帮助施工管理者实时掌握工程量的计划完工和实际完工情况。在分期结算过程中，每期实际工程量累计数据是结算的重要参考，系统动态计算实际工程量可以为施工阶段工程款结算提供数据支持。

施工资源动态管理可分为资源使用计划管理和资源用量动态查询与分析两大功能：

（1）施工资源使用计划管理。系统可以自动计算任意 WBS 节点的日、周、月各项施

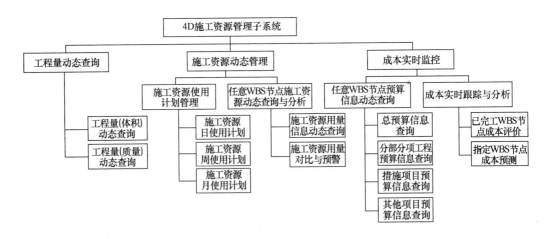

图 5.3-8　4D 施工资源管理子系统的功能结构

工资源计划用量,以合理安排施工人员的调配、工程材料的采购、大型机械的进场等工作。

(2) 施工资源动态查询与分析。系统可以动态计算任意 WBS 节点任意时间段内的人力、材料、机械资源对于计划进度的预算用量,对于实际进度的预算用量以及实际消耗量,并对三项用量进行对比和分析。

3. 实例应用

4D-GCPSU2009 在上海某工程项目中进行了实际应用,该工程为 3 层钢结构办公楼,建筑面积 3800m²。4D 施工资源动态管理子系统应用于施工全过程。通过建立该工程的计价清单,并与 WBS 节点关联,实现了预算及成本信息与工程 4D 模型的链接。项目管理者可针对计划进度和实际进度查询任意 WBS 节点在指定时间段内的工程量以及相应的人力、材料、机械预算用量和实际用量,并可进行相关计划进度人力、材料、机械预算用量、实际进度预算用量和实际消耗量 3 项数据的对比分析(图 5.3-9)。

图 5.3-9 (a) 分别用图表方式显示了工程第 1 流水段在 2010 年 5 月 17~24 日的计划每日工程量、计划累计工程量、实际每日工程量、实际累计工程量。图 5.3-9 (b) 显示了该流水段在同样时间段内相应工程量所需的各种材料的计划进度预算用量、实际进度预算用量和实际消耗量,当实际消耗量超过预算用量时,系统自动进行"超预算"预警提示。

从图中可以看出,该流水段的各项材料用量都存在不同程度的超预算现象。通过选择不同的选项卡,可查询分部分项工程费、措施项目费、其他项目费等具体明细,并可进行成本实时跟踪和分析。图 5.3-9 (c) 显示该流水段在同样时间段内的计划进度预算成本、实际进度预算成本和实际消耗成本,及其进度偏差和成本偏差分析。图 5.3-9 (d) 显示了工程第 1 流水段指定日期的材料使用周计划,包括每项材料的名称、单价、计划用量、费用等信息。

(五) 基于 BIM 编制工程造价的方法

造价人员基于 BIM 模型编制造价的工作,是指基于 BIM 的造价信息模型,简称 CBIM 或 Cost-BIM。具体有两种实施方法:

其一是往设计师提供的 BIM 模型里增加编制造价需要的专门信息。

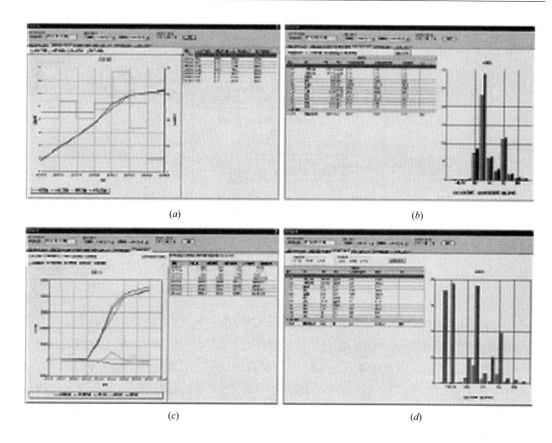

图 5.3-9　施工资源及成本动态查询及分析

(*a*) 工程量动态查询；(*b*) 资源用量动态查询及分析；

(*c*) 成本动态查询与实时监控；(*d*) 资源使用计划管理

　　第一种方法的优势是设计信息和造价信息高度集成，设计修改能够自动改变造价，反之，造价对设计的修改（例如选择和设计不同的另外一种产品替代原有设计）也能在设计模型中反映出来；挑战是 BIM 模型越来越大，容易超出硬件能力，而且对设计、施工、造价等参与方的协同要求比较高，无论是软件技术上的实现还是人员工作流程上的要求都需要付出很大的努力。

　　其二是把 BIM 模型里面已经有的项目信息抽取出来或者和现有的编制造价信息建立连接。第二种方法的优势是软件产品和人员操作层面实现相对比较容易，缺点是不管是设计变化引起造价变化，还是造价变化反过来导致设计变化都需要人工来进行管理和操作。需要在设计和造价之间建立一个沟通（或通信）桥梁（图 5.3-10）。

　　（六）BIM 在造价应用中的潜在问题

　　（1）工作方法：造价人员利用设计人员建立的 BIM 模型中的信息进行造价编制，首先必须对设计过程形成的信息进行过滤，得到满足项目不同阶段编制造价精细程度需要的项目信息，即设计提供信息和编制造价需要信息的匹配。

　　（2）工作流程：造价人员需要对造价结果负完全责任，要做到这一点，必须在设计早期介入，和设计人员一起定义构件的信息组成，否则将会需要花费大量时间对设计人员提

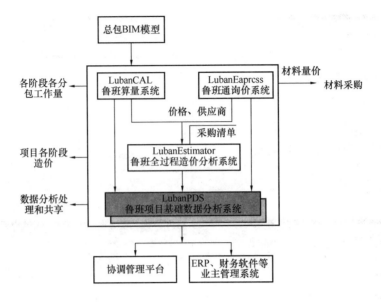

图 5.3-10　BIM 到 CBIM 的实现

供的 BIM 模型进行校验和修改。

（3）约束条件：工程造价不仅仅由工程量和价格决定，还跟施工方法、施工工序、施工条件等约束条件有关，目前并没有一个建立 BIM 模型的标准把这些约束条件考虑进去，需要根据工程项目和企业情况建立工作标准，如构件分类标准（即建筑元素分类标准）清单计价规范以及是采用企业定额还是预算定额进行组价等确定标准。

依照 Tiwari 等人（2009）的报告，发现可由模型中自动提取 86％的预算数量，约有 14％的预算数量无法由模型中提取。原因众多，比如：

1）有些是本来就没有建在 3D 模型中，例如临时支撑；

2）有些则是必须依工地实况而调整的项目，例如混凝土路面板的施工缝数量；

3）有些则是建在 3D 模型中的信息不足以成就数量估算，其他则是一些依时间长短而估价的数量，例如工地货柜屋、临时供电设备及施工机具等。

综上所述，BIM 作为一项技术，带给工程造价行业的变化不仅仅是简单地承接模型，更是对传统造价的思维模式与工作方式带来了巨大冲击。顺应 BIM 趋势，我们应该建立起模型化思维方式，平台化协作方式，而如何在造价软件应用中去解决这两个方面的问题，是未来造价软件行业都必须深入探究的课题。

第 4 节　BIM 技 术 展 望

一、BIM 技术发展前景

（一）BIM 目前取得的成绩

鸟巢、水立方、上海中心、沈阳机场，各地的大型标志性建筑蔚为壮观令人感叹。然而，如果没有 BIM 技术，从设计师的创意灵感到设计图的展现，再到施工的工序和管理，这个复杂的过程将很难实现。

"BIM 技术正在推动着建筑工程设计、建造、运维管理等多方面的变革，将在 CAD 技术基础上广泛推广应用。BIM 技术作为一种新的技能，有着越来越大的社会需求，正在成为我国就业中的新亮点"。4 月 19 日，在 2013 第二届"龙图杯"全国 BIM（建筑信息模型）大赛启动大会上，中国图学学会执行秘书长、BIM 大赛组委会主任贾焕明说。

BIM 能起多大作用？中国建筑科学研究院软件所所长王静介绍说，双层幕墙结构的中国第一高楼"上海中心"，每一层 140 多块各有编号的玻璃幕墙无一相同。由于采用 BIM 技术，目前以每 3 天一层的速度向 632m 的总高日夜挺进。按传统施工法，就算现场有再多的人，也无法完成如此高精度的安装，而如今一层楼 16 个工人就可以全部搞定。

"10 多年前我们建造当时'第一高度'的金茂大厦时，所有构件必须先工厂内拼装完成，再拆卸运至现场拼装。如今有了 BIM 技术，纵然幕墙玻璃块块不同，都可事先在电脑中精准计算、三维演示，每块构件到了现场按先后顺序一气呵成"。总承包上海建工集团总裁杭迎伟说。毫无疑问，在建筑行业，BIM 成了"香饽饽"。

虽然 BIM 势如破竹，但是行业发展还存在着不小的问题。"人才、标准和自主软件应用成为行业发展的三大瓶颈"，王静表示。

（二）BIM 的未来发展

建筑行业设定的目标是到 2016 年完成第二阶段的相关目标，政府为此创造了极其有利的条件。第二阶段避开了一些必须的而又非常困难的改变，发展综合一体化的工作模式，并鼓励人们开始学习使用。一些领跑的从业人员在 BIM 发展上已经跨越了第二阶段，向更先进的方向发展，较早使用 BIM 的项目也在实践中逐渐向人们证明：BIM 跨越第二阶段向更精深发展是大有益处的。那么，在第二阶段之后有哪些新东西出现呢？我们需要对此有一个大概的了解，这样才能确保现有的方法论能够持久应用下去。同样，在选择和相关问题变得明确之前，我们都要对第三阶段的状况保持开放的心态。

在 Bew-Richards 成熟度斜线图示上，第三阶段被设定为"IBIM"，这是一个综合的一体化模型，而不是联邦式松散的联合，其内部个体是独立的。这表明：每个贡献者的投入有机地结合起来融合成一个单一，连续一致的环境模型，并将其发布到网络上。与此同时，这些贡献成果也会被界定、追踪和审计。这个模型包含这样一种控制系统，它能使任何一个贡献者在得到授权的情况下查看他们自己的工作情况并及时修订。此模型中的应用可以用来进行设计、计算成本、施工或运行模拟。这种模拟使用范围很广，从办公楼里到建筑工地实地应用，所以它能为供应链的各方提供服务。它的操作使用也很方便，因为它不是包含所有相关信息的拷贝资料，而只是能找到这些资料的链接。为了能引导用户使用，IBIM 设定了一些条件限制如地方编码和标准。为了避免歧义，将会设计和使用一个包含术语的标准词典。

第三阶段（IBIM）的发展可能会依赖于云技术，也可能会让用户使用它的软件，这是云服务的一种方式。这将消除用户对短生命周期、高端工作站的需求，解决年度软件成本问题：用户使用了才需要付费。云端工作模式的相关协定应该尽快出炉，这样才能确保管理上的安全性。智能代理技术的应用，也能通过搜索网站，提供相关资料，满足设计方面的需求。

要完善合同形式，为一体化工作团队提供合适的保险，为第三阶段的到来做好准备。现在的合作合同包括 BIM 协定，需要进一步发展，成为既可以支持责任分担，又能很好解决管理争端的模式。综合工程保险目前仍在早期的试验阶段，它将成为让更多客户和供应商接受合作模式的关键因素。在以后的工程项目中，保险将更重要，因为它能使客户有保险做支撑，为从前期设计到投入运营整个生命周期提供保障。

要建立一个商业模型对 BIM 行业进行维护。这个模型要支持国际开放型 BIM 的发展和维护。这个模型要独立于专门的建筑环境之外，作为具有衡量标准的工作方法。支持基础设施的收入，必须来源于政府，商人或用户，仅靠自愿的投入是有限的并且会阻碍进程。

麻省理工的尼古拉斯·尼葛洛庞帝（Nicholas Negrophonte），1973 年发表了他的学术著作"建筑机器"，在此书中，他设想了计算机辅助设计（CAD）的状况，认为它是机器智能的发展。不管是 CAD 还是现在的 BIM 都不曾是智能的，它们只是默默地做手动流程的助手。现在我们进入了人工智能（AI）的时代，系统可以代替人类智力劳动来作决定。在第三阶段之后还有第四阶段，以大数据为代表。大数据通过建成环境收集，再反过来引导此环境的运行和调整。在第四阶段，许多环节都将是自我管理的。

BIM 未来的发展程度要靠英国引导和掌控。尽管美国主导着生产方和使用方市场，但是 BIM 发展背后的智力支持和动力是英国，而且，英国的 BIM 政策、数字化英国概念以及公开资料价值都是世界领先的水平。英国应该在政府和商业层面上先发制人，开发利用我们作为 BIM 领头羊的潜能，这样才能占据优势地位。

二、BIM 技术人才储备和队伍建设

（一）BIM 技术发展措施

我国建筑业产值规模虽大，但产业集中度不高，信息化水平落后，建筑业生产效率更与国内其他行业、国外建筑业有着较大的差距。虽然大部分建筑企业一直在提倡集约化、精细化管理，但因缺乏信息化技术的支持，始终难以落实。而近年来掀起行业热潮的 BIM 技术为实现建筑企业精细化管理提供了可能，首先认识到 BIM 对施工企业的价值所在，着重开展 BIM 人才培养、BIM 平台研究以及 BIM 技术应用等各项工作，旨在通过 BIM 技术，实现对项目的信息化、智能化、数字化、精细化、电子化管理，从而提高项目管理水平及生产效率，节约成本，节省资源，形成具有国际化的核心竞争力优势。

1. 创建 BIM 发展良好环境

坚持以科学发展观为指导，全面贯彻中建"十二五"科技发展规划和科技大会精神，落实"数字中建"发展策略，以品质保障和价值创造为原则，以加强 BIM 人才队伍建设、标准化体系建设和示范工程建设为核心，以服务工程建设全产业链为主线，中建四局整体 BIM 发展原则为：统筹规划、整合资源、积极推进、普及提高。为确实推进 BIM 技术的应用，中建四局在制度保障、人才培养等方面做了积极探索。

2. 制度保障

制度建设是科技工作的一项基础性工作，规范的管理、高效的运作，离不开完善和可持续优化的制度保障机制。结合过往科技工作的成功经验，中建四局总结制定了合理有效

的管理制度，确保 BIM 工作的顺利开展。

3. 科技投入

明确规定将营业收入的 7‰用做科技投入，并采取"先交后支"的强制措施，严格要求下属单位做好科技工作，极大地推动了 BIM、绿色施工等核心技术的应用与研发工作。

（二）借鉴中建四局 BIM 技术应用实践探索

中建四局 BIM 技术实施推广实践策略：

1. 设备保障

针对 BIM 技术的实施需求，中建四局采购了 BIM 工作站的专属服务器及手持移动端（图 5.4-1），建立 BIM 工作平台，实时指导考察项目数据更新及录入。

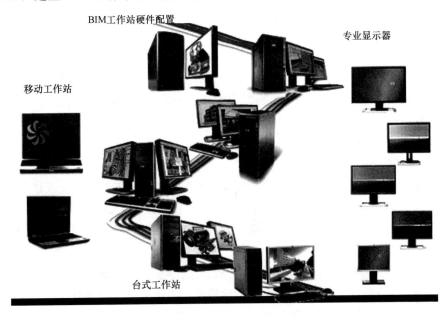

图 5.4-1　服务器架构

2. BIM 示范引领应用

在初期阶段确立 BIM 示范项目，结合实际工程的具体实施，探索 BIM 技术在项目管理中的应用路线。通过总结初期 BIM 示范项目的实施经验，明确了后续工程 BIM 实施的标准应用，包括图纸审查、碰撞检查、方案 BIM 化、质量管理、可视化协调沟通、移动端应用以及模型交付运营。现阶段中建四局持续加大 BIM 示范项目的应用研发工作，并推广普及 BIM 技术标准应用的具体实施。

3. BIM 月例会考核机制

每月召开 BIM 示范项目应用总结交流例会，会议由主要分管领导主持，各示范项目项目经理、项目总工、具体实施人员参加。通过 BIM 月例会实时掌握示范项目 BIM 技术应用的实际情况，及时总结经验教训，加强各项目之间的沟通合作，并达到集思广益、协调解决方案、确定下月工作内容与节点计划等目的。最终对 BIM 示范项目排名，对相应项目进行奖惩。

4. 专业人才培养

BIM 人才培养是人才工作的重要组成部分，是盘活现阶段 BIM 工作的主要措施。建立充满生机和活力的人才工作政策机制，是激发 BIM 人才创造活力、实现 BIM 人才资源优化配置的关键。

5. 分公司轮岗培训

按照中建 BIM 中长期目标，2020 年项目 80％以上技术人员基本掌握 BIM 技术的要求，中建四局引进并培养了一批 BIM 技术高级讲师，并制定详细的年度培训计划，培训范围覆盖全局各下属单位，积极推广 BIM 技术的应用意义与实际操作。

6. BIM 站内部周计划培训

制定 BIM 工作站的每周内部培训计划，促进站内 BIM 工程师的交流讨论，相互学习，共同进步。通过这种集思广益的讨论性质培训，使得各专项 BIM 工程师对其他专业、具体施工作业流程有了更多更好的了解，对 BIM 人才及 BIM 工作的效益提升明显。

7. 应用手册指导，统一 BIM 实施标准

为使项目管理人员能更快地跨越 BIM 技术使用障碍，更容易接受数字化建造的 BIM 思想，更深刻地认识 BIM 在项目全生命周期驱动的潜在效益，BIM 工作站编写了指导项目 BIM 技术实施的应用标准《中建四局 BIM 应用手册》。本手册的发布执行，拉开了中建四局全面开展 BIM 技术实施应用的序幕。

8. 项目服务指导，后续"师带徒"制度

各项目 BIM 技术实施应用前，由局 BIM 工作派遣相应负责人开展交底培训工作，并选拔优秀的项目管理人员担任"BIM 培训牵头人"，作为项目后续 BIM 培训工作的主要牵头人，并结合传统"师带徒"制度，将项目 BIM 技术的培训工作持续开展落实下去。

9. 建立 BIM 人才库

通过对已培训的学员进行考核，统计、追踪优秀学员的学习动态，建立 BIM 人才库，根据实际情况统一调遣，视人才类型安排创建模型、成本分析、方案分析、动画制作等专项工作。BIM 人才库的建立极大地推动了 BIM 技术在重点投标、大型项目、复杂方案等方面的应用。

10. 推行重点研究，有的放矢

目前，中建四局重点研究的 BIM 工作主要有：项目 BIM 平台研发、国外 BIM 平台应用、进度管控平台研发、资源数据库建立、项目全生命周期 BIM 实施探索。

11. 东塔 BIM 5D 系统研发

以广州周大福国际金融中心为项目载体，中建四局与广联达公司共同研发出东塔 BIM 5D 系统项目管理平台（图 5.4-2）。主要建立了统一的土建、钢构、机电建模规则，确保各个专业模型导入至 BIM 平台后有明确的空间定位，并准确融合成集成模型，最终实现"全专业深化设计 BIM 模型"。

在进度编制和图纸录入等工作模块中，添加属性与模型具体构件相对应，运用进度、图纸、清单、合同条款与模型构件的自动关联规则，实现信息数据与模型的挂接及共享，并对"实体工作库"、"配套工作库"的设计及应用，施工现场工作面的划分管理等进行了细部的研发。

12. 德国 RIB iTWO 平台应用

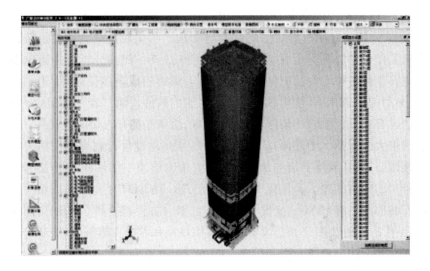

图 5.4-2 东塔 BIM 系统界面展示

中建四局 BIM 技术应用平台现阶段以德国 RIB 集团的 iTWO 系统 5D 系统（图 5.4-3）为主，鉴于国内 5D 虚拟建造技术的发展现状和中建四局所具备的能力，初期研究重点内容是 5D 虚拟建造技术在项目实施阶段施工过程的研究与应用。包括建立健全企业定额库，形成企业级 5D 虚拟建造技术的应用流程及规范，将 5D 虚拟建造技术贯穿项目进度管理，实现项目成本与进度的实时管控，总包对业主和各分包的合约及资金管理。

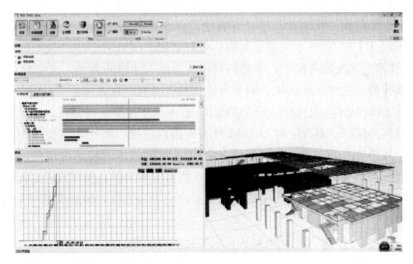

图 5.4-3 德国 RIB iTWO 系统界面展示

13. 进度管控软件研发

中建四局与北京起步方略科技有限公司、哈尔滨工业大学、清华大学合作研发一款基于 BIM 模型与 4D 时间轴的施工模拟进度管控软件，主要包括进度计划自动生成、施工模拟、数据互通、自动编制赶工建议、自动预警、移动端录入反馈信息等功能，从而实现 BIM 4D 在施工企业的价值所在。

14. 资源数据库建立

针对中建四局自身的 BIM 技术发展需求，建立了企业内部工效库、模型族库、中心数据库，便于 BIM 技术应用过程数据的存储与管理。明文规定局属各项目按月提交各分部工程的实际工作效率情况等量化数据。BIM 工作站统一归纳分析，并通过不断增加的统计数据，完善企业各种专业及工种的工效数据，最终形成企业工效库。①工效库。Autodesk Revit 软件是目前 BIM 建模软件中较为主流的软件，而"族"是 Revit 中的一个功能强大的概念，有助于轻松管理数据和二次修改，而事先拥有大量的族文件，对设计工作进程和效益有很大的帮助。中建四局 BIM 工作站目前通过自行制作或按需采购的方式建立企业模型族库，Revit 族库共有主族 500 多个，嵌套族及小构件族 2000 多个，仍有待进一步充实完善。②模型族库。为优化 BIM 数据管理，局 BIM 工作站采取在计算机服务器上创建数据库的办法，将 BIM 示范项目的各类数据（如模型文件、基础文件和应用文件等）及 BIM 工作的其他数据（如会议资料、建模规范和参考文献等），按照母文件夹和子文件夹层层嵌套的方法，放置于服务器中。服务器根据不同人员的工作内容设立不同的权限，一方面可以确保文件的保密性，另一方面可使工作人员在查找文件资料时更加方便和快捷，提高工作效率。③中心数据库。

15. 全生命周期 BIM 实施的探索

BIM 技术在进度和标准化作业上的优势，以及 BIM 技术对图纸的检验作用已逐渐受到开发商的重视。中建四局积极与国内一流开发商合作，探索工程项目全生命周期 BIM 实施的应用路线，在实践中推动 BIM 技术逐步成长。

经验借鉴：在 BIM 技术实施推广的一年中，中建四局也取得了一定成果，参加了中国建筑业协会组织的相关竞赛并取得较好成绩，在全局范围内推广实施 BIM 技术示范工程，目前在施示范工程有 15 个之多，均取得较好效果。

在 BIM 技术未来发展道路上，中建四局将主要以人才培养为主，建立健全局 BIM 工作站组织机构保障、人才队伍保障、财务资金保障和考核制度保障，对局属各单位培养相关人才并推广 BIM 技术，最终形成全局的 BIM 技术人才保障管理制度，逐渐发展成为一个成熟的科技实施部门。其次，针对 BIM 技术应用点的推广研究，主要集中以少数应用点为主，应用点不在广而在精，从而形成中建四局 BIM 技术的特色应用点，打造成 BIM 技术实施"明星产品"。第三，进一步完善 BIM 技术应用手册，根据研究的深入程度不断完善指导手册的详细程度，以过程中的实践经验作为编写依据，最终形成一个全面并且详细的 BIM 技术应用手册。

（三）人才培养：解决人才短缺要从在校学生培养抓起

"目前，BIM 技术人才短缺是不争的事实，也正是因为 BIM 技术人才的缺乏，造成了应用 BIM 的企业或单位，大多采用后 BIM 模式，削弱了 BIM 技术应有的效率和效益。造成上述现象，有客观原因也有主观原因，如果说体制和机制的原因短期内不好解决，那么就让我们从关注 BIM 人才队伍的建设入手，从关注在校学生的培养做起，因为学生是 BIM 技术的后备军、未来的生力军，是 BIM 技术应用和发展的希望所在"，人力资源和社会保障部教育培训中心副主任陈伟讲到。他表示，当前建筑行业信息化快速发展，对学生的培养提出了更新、更高的要求，用人单位也更关注学生的实际能力和综合素质。事实上，学生毕业后无论到建筑企业还是到设计院所就业，都不能单一地只做本专业工作。一个建筑物，是由建筑、结构、设备、能源、环保、管理等多个专业构成的有机协调的统一体，各专业彼此融合，相辅相成，在一个总的目标下既独立又合作地开展工作。而目前学校教育却是分专业教学，很少有多专业集成设计的训练环节，即使是毕业设计，也是各专业独立选题，很少交叉。这实际上并不能真实、完整地反映各专业知识和设计技能间的协调与配合。这种状况，短期内还较难解决。政府要做的是以积极的态度，从不同方面以不同方式加以推动和引导。

参 考 文 献

[1]　建设部．绿色施工导则．建设部建质[2007]223号．

[2]　建设部，科学技术部．绿色建筑技术导则．建设部、科学技术部建科[2005]199号．

[3]　GB/T 50378—2014．绿色建筑评价标准[S]．北京：中国建筑工业出版社，2014．

[4]　GB/T 50640—2010．建筑工程绿色施工评价标准[S]．北京：中国计划出版社，2011．

[5]　GB/T 50905—2014．建筑工程绿色施工规范[S]．北京：中国建筑工业出版社，2014．

[6]　中国建筑业协会主编．全国建筑业绿色施工示范工程申报与验收指南[M]．北京：中国建筑工业出版社，2012．

[7]　肖绪文，罗能镇，蒋立红，马荣全．建筑工程绿色施工[M]．北京：中国建筑工业出版社，2013．

[8]　陈浩．建筑工程绿色施工管理[M]．北京：中国建筑业工程出版社，2014．

[9]　住房和城乡建设部工程质量安全监管司．建筑业10项新技术(2010)[M]．北京：中国建筑工业出版社，2010．

[10]　陕西省土木建筑协会，陕西省建筑集团总公司．建筑工程绿色施工指南．陕西：陕西科学技术出版社，2015．

[11]　GB 16297—1996．大气污染物综合排放标准[S]．北京：中国环境科学出版社，1996．

[12]　HJ/T 393—2007．防治城市扬尘污染技术规范[S]．北京：中国环境科学出版社，2008．

[13]　GB 50325—2010．民用建筑工程室内环境污染控制规范[S]．北京：中国计划出版社，2013．

[14]　GB 12523—2011建筑施工场界环境噪音排放标准[S]．北京：中国环境科学出版社，2012．

[15]　江见鲸，等．建筑工程事故分析与处理．北京：中国建筑工业出版社，2006．

[16]　中华人民共和国国务院令(第493号)．生产安全事故报告和调查处理条例．北京：中国法制出版社，2007．

[17]　中华人民共和国国务院令第279号．建设工程质量管理条例．北京：中国建筑工业出版社，2000．

[18]　GB 50300—2013建筑工程施工质量验收统一标准[S]．北京：中国建筑工业出版社，2014．

[19]　GB/T 50430—2007工程建设施工企业质量管理规范[S]．北京：中国建筑工业出版社，2008．

[20]　GB/T 19001—2008质量管理体系要求[S]．北京：中国标准出版社，2009．

[21]　GB/T 50375—2006建筑工程施工质量评价标准[S]．北京：中国建筑工业出版社，2006．

[22]　ISO 8402—1994质量管理和质量保证术语[S]．北京：中国建筑工业出版社，1994．

[23]　GB/T 19580—2012卓越绩效评价准则[S]．北京：中国标准出版社，2012．

[24]　建筑工程五方责任主体项目负责人质量终身责任追究暂行办法(建质〔2014〕124号)[S]．

[25]　山西建筑工程(集团)总公司．建筑工程施工细部做法[M]．山西：山西科学技术出版社．

[26]　耿贺明．建筑创优工程细部做法[M]．北京：中国建筑工业出版社，2008．

[27]　高秋利．建筑工程全过程策划与施工控制[M]．北京：中国建筑工业出版社，2007．

[28]　中国建筑一局(集团)有限公司．住宅工程创优施工技术指南[M]．北京：中国建筑工业出版社，2007．

[29]　周桂云．绿色公共建筑精品工程范例详解[M]．北京：中国建筑工业出版社，2007．

[30]　建筑工程质量通病防治手册[M]．北京：中国建筑工业出版社，2014．

[31] 北京海德中安古城技术研究院. 建筑企业安全生产标准化实施指南[M]. 北京：中国建筑工业出版社，2007.

[32] 中国建设教育协会. 安全员专业管理实务[M]. 北京：中国建筑工业出版社，2007.

[33] 全国一级建造师执业资格考试用书编写委员会. 建设工程项目管理[M]. 北京：中国建筑工业出版社，2007.

[34] 吴生盈. 论建筑工程施工安全风险分析与控制[J]. 建筑安全，2011，(8).

[35] 中华人民共和国安全生产法. 北京：中国法制出版社，2014.

[36] JGJ/T 250—2011. 建筑与市政工程施工现场专业人员职业标准[S]. 北京：中国建筑工业出版社，2011.

[37] JGJ 59—2011. 建筑施工安全检查标准[S]. 北京：中国建筑工业出版社，2011.

[38] GB/T 28001—2011. 职业健康安全管理体系 要求[S]. 北京：中国标准出版社，2012.

[39] 住房城乡建设部工程质量安全监管司. 全国房屋市政工程生产安全事故情况[R].

[40] 中华人民共和国住房和城乡建设部. 工程质量治理两年行动方案. 2014.

[41] "5·14"重大溜灰管坠落事故调查报告.

[42] 武汉市"9·13"重大建筑施工事故调查报告.

[43] 西安地铁3号线"5·6"隧道坍塌较大事故调查报告.

[44] 李乔，赵世春. 汶川大地震工程震害分析[M]. 西安：西安交通大学出版社，2008.

[45] 胡聿贤. 地震工程学[M]. 北京：地震出版社，2006.

[46] 傅学怡. 实用高层建筑结构设计(第2版)[M]. 北京：中国建筑工业出版社，2010.

[47] 11G329-1. 建筑物抗震构造详图(多层和高层钢筋混凝土房屋)[S]. 北京：中国建筑工业出版社，2010.

[48] JGJ 3—2010. 高层建筑混凝土结构技术规程[S]. 北京：中国建筑工业出版社，2011.

[49] 11G101-1. 混凝土结构施工图平面整体表示方法制图规则和构造详图(现浇混凝土框架、剪力墙、梁、板)[S]. 北京：中国计划出版社，2011.

[50] 11G101-2. 混凝土结构施工图平面整体表示方法制图规则和构造详图(现浇混凝土板式楼梯)[S]. 北京：中国计划出版社，2011.

[51] 11G101-3. 混凝土结构施工图平面整体表示方法制图规则和构造详图(独立基础、条形基础、筏形基础及桩基承台)[S]. 北京：中国计划出版社，2011.

[52] 苏经宇. 隔震建筑概论[M]. 北京：冶金工业出版社，2012.

[53] 刘军生，石韵. 采用新型分离式摩擦滑移系统的隔震结构振动台试验研究[J]. 建筑结构.

[54] 刘军生，石韵. 带限位装置的新型摩擦滑移隔震结构振动台试验研究[J]. 建筑结构.

[55] 邵明炬. 建筑施工企业BIM管理的优秀前景[J]. 建设科技，2012，18：91-92.

[56] 肖绪文. BIM在绿色施工实践中的应用与探索[J]. 施工技术，2015，1.

[57] 毛志兵. 发展建筑信息模型(BIM)技术是推进绿色建造的重要手段[J]. 施工技术，2015，3.

[58] 畅永奇，赵晓娜，曹少卫. BIM技术在工程管理中的应用与探索[J]. 施工技术，2014，10.

[59] EastmanC, TeicholzP, SacksR, et al. BIMhandbook：aguide to building information modeling forowners, managers, designers, engineers and contractors[M]. New York：John Wiley & SonsInc，2008.

[60] WangHJ, ZhangJP, ChauKW, et al. 4Ddynamic management for construction planning and resource utilization[J]. Automation in Construction，2004，13(5)：575-589.

[61] 祝元志. 数字技术再掀建筑产业革命？——BIM在建筑行业的应用、前景与挑战[J]. 建筑，2010(3)：8，14-26.

[62] 张建平，曹铭，张洋．基于 IFC 标准和工程信息模型的建筑施工 4D 管理系统[J]．工程力学，2005，22(S1)：221-227.

[63] GB 50500—2013. 建设工程工程量清单计价规范[S]．北京：中国计划出版社，2013.

[64] 杨娟，张星．建设项目信息集成模型与支撑技术标准[J]．施工技术，2009，38(10)：109-112.

[65] 胡振中．基于 BIM 和 4D 技术的建筑施工冲突与安全分析管理[D]．北京：清华大学，2009.

[66] 张建平，范喆，王阳利，黄志刚．基于 4D-BIM 的施工资源动态管理与成本实时监控[J]．施工技术，2011，4(40)：37-39.

[67] 李国敏．BIM 渐成"香饽饽"人才培养引关注．科技日报，2014，4.

[68] 黄顺雄，谢喜凤，令狐延，晏平宇．打造特色 BIM 技术——中建四局 BIM 技术的发展与实践重点推进[J]．施工技术，2014，10.

[69] 张春霞．BIM 技术在我国建筑行业的应用现状及发展障碍研究[D]．上海：上海师范大学建筑工程学院．

[70] 杨富华．建筑信息模型(BIM)与传统 CAD 的比较分析[C]．第十届沈阳科学学术年会论文集(信息科学与工程技术分册)．

[71] 朱佳佳．BIM 技术在国内的应用现状探究[J]．土木建筑工程信术，2012，4：2，52-57.

[72] 曾旭东，赵昂．基于 BIM 技术的建筑节能设计应用研究[J]．重庆大学学报，2006，28：2，33-35.

[73] 李骁．绿色 BIM 在国内建筑全生命周期应用前景分析[J]．土木建筑工程信息技术，2012，6，4，2；52-57.

[74] 张戈，郭超，冯程远，杨鸣鹤．BIM 技术在国内建筑领域的应用前景分析[D]．北京：中国矿业大学．

[75] 张建平．BIM 技术的研究与应用[D]．北京：清华大学．

[76] 华敏玉，刘洪亮．如何让 BIM 在项目施工中"落地"[J]．施工技术，2013，11.

[77] 刘立明．建筑企业 BIM 推进策略及实施方法论[J]．施工技术，2013，11.

[78] 于晓明．BIM 在施工企业的运用[J]．中国建设信息，2010，12.

[79] 贺启明．BIM 技术在施工阶段的应用策略研究[C]．中安协高峰论坛论文汇编，2010.

[80] 苏元颖．BIM 在医院建设和运营中的作用及实施．北纬华元，2015，3.

[81] 王廷魁．建筑信息模型—在造价管理上的应用．